国家新闻出版改革发展项目库入库项目
普通高等教育"十三五"规划教材
全国高等院校计算机基础教育研究会重点立项项目

数据结构

U0282515

（C语言版）

袁和金　刘　军　牛为华
王　妤　王翠茹　编著

"互联网+"创新型教材

北邮智信

北京邮电大学出版社
www.buptpress.com

内 容 简 介

　　本书从抽象数据类型的观点出发，系统全面地介绍了"数据结构"课程中的基本理论、方法及技巧。本书共 9 章，包括绪论、顺序表、链表、数组和广义表、字符串、树、图、查找表、内排序，介绍了各种数据结构的定义和性质，详细分析和讨论了这些结构的逻辑特点、存储表示以及在这些结构上定义的一些运算的实现方法及其复杂性。在每章的末尾配备了足够的习题，附录对实验步骤和内容作了较详细的介绍。

　　本书适合作为计算机科学与技术、软件工程、网络工程、信息安全以及电子、信息相关专业的教材，也可供从事相关工作的科技与工程人员参考。

图书在版编目（CIP）数据

数据结构：C 语言版 / 袁和金等编著． - - 北京：北京邮电大学出版社，2019.8（2021.7 重印）
ISBN 978-7-5635-5797-4

Ⅰ．①数…　Ⅱ．①袁…　Ⅲ．①数据结构②C 语言—程序设计　Ⅳ．①TP311.12②TP312.8

中国版本图书馆 CIP 数据核字（2019）第 161441 号

书　　　名：数据结构（C 语言版）	

书　　　名：数据结构（C 语言版）
作　　　者：袁和金　刘　军　牛为华　王　妤　王翠茹
责任编辑：刘春棠
出版发行：北京邮电大学出版社
社　　　址：北京市海淀区西土城路 10 号（邮编：100876）
发 行 部：电话：010-62282185　传真：010-62283578
E-mail：publish@bupt.edu.cn
经　　　销：各地新华书店
印　　　刷：保定市中画美凯印刷有限公司
开　　　本：787 mm×1 092 mm　1/16
印　　　张：17
字　　　数：442 千字
版　　　次：2019 年 8 月第 1 版　2021 年 7 月第 2 次印刷

ISBN 978-7-5635-5797-4　　　　　　　　　　　　　　　　　　　　定　价：39.00 元

前　　言

　　"数据结构"是计算机类专业的重要专业基础课,是算法设计与分析、操作系统、软件工程、数据库原理、编译技术、计算机图形学、人工智能等专业基础课和专业课的先修课。它所讨论的知识内容和技术方法,对进一步学习计算机科学领域的相关知识和大型信息系统的开发,都有着重要作用。

　　本书从抽象数据类型的观点出发,系统全面地介绍了"数据结构"课程中的基本理论、方法及技巧。本书共9章,包括绪论、顺序表、链表、数组和广义表、字符串、树、图、查找表、内排序,介绍了各种数据结构的定义和性质,详细分析和讨论了这些结构的逻辑特点、存储表示以及在这些结构上定义的一些运算的实现方法及其复杂性。附录对实验步骤和内容作了较详细的介绍。

　　本书是作者在多年来讲授"数据结构""算法设计与分析"等课程的基础上,结合自身的教学体会和学生的建议编著而成的,适合作为计算机科学与技术、软件工程、网络工程、信息安全以及电子、信息相关专业的教材,也可供从事相关工作的科技与工程人员参考。

　　本书由袁和金副教授组织并统稿。其中,第1~3章由牛为华编写,第4、5章由王妤编写,第6~8章由袁和金编写,第9章及附录部分由刘军编写,王翠茹教授认真审阅了全部书稿并提出了许多宝贵的修改意见。

　　由于作者水平和编写时间有限,书中必定存在错误和缺点,恳请读者批评指正。

　　读者可以扫描封底二维码下载安装"北邮智信"App,加载配套资源。

作　者

"北邮智信"App 使用说明

目　　录

第1章　绪　　论

程序设计的实质是数据表示和数据处理,而这种表示和处理应通过一个渐进的过程逐步完成。"数据结构"课程主要讨论这个过程中一些最基本的问题。本章将概括地介绍有关数据结构的基本概念、基本思想及本课程所用的算法语言,并给出度量算法代价的大"O"表示法。

1.1　引　　言

计算机科学是一门研究数据表示和数据处理的科学,数据则是计算机化的信息,它是计算机可以直接处理的最基本、最重要的对象。无论是进行科学计算、数据处理、过程控制还是对文件进行存储和检索,都是对数据进行加工处理的过程。因此要设计出一个结构好、效率高的程序,必须研究数据的特性、数据间的相互关系及其对应的存储表示,并利用这些特性和关系设计出相应的算法和程序。这一过程的归纳和抽象就是数据结构这门学科产生和发展的由来。

数据结构作为一门独立的课程在国外是从 1968 年才开始的,但在此之前其有关内容已散见于编译原理及操作系统之中了。20 世纪 60 年代中期,美国的一些大学开始设立有关课程,但当时的课程名称并不叫"数据结构",而被称作"表处理语言",其主要内容是研究当时已经出现的几种表处理语言,如 J. Weizenbaum 在 20 世纪 50 年代初设计的 SLIP 语言(简单表处理语言)、50 年代后期由 A. Newell 等人设计的 IPLV 语言(信息处理语言)、1959—1960 年 J. McCarthy 设计的著名的 LISP 语言(表处理语言),以及 1962 年由 D. J. Farber 等人设计的 SNOBOL 语言(串处理语言)。这些语言系统的共同特点是,处理的数据对象的结构形式或者是表结构,或者是树结构。例如,LISP 语言的数据结构就是二叉树形式,SONBOL 的数据结构则是表和树的形式。

上述几种语言是以数据为中心,为处理非数值问题而设计的,如 LISP 就是为实现人工智能而设计的表处理语言。而像 FORTRAN、ALGOL 等一般人较为熟悉的算法语言则主要是为解决数值计算问题而设计的,它们侧重以建立程序为中心,只有当数据成为程序的加工对象时,才考虑到数据。这种观点显然适用于数值计算问题,这类问题属于在简单数据结构上进行复杂的函数变换问题。以数据为中心的观点则把数据结构作为问题的中心(如数据库),而把程序看成是围绕着数据结构缓慢爬行的小虫,它时而询问,时而修改或扩充当前放在内存中的数据。这种观点适用于诸如人事档案管理系统、航空订票系统及情报检索系统等非数值计算问题的处理,这些大的系统都要求采用复杂的数据结构描述系统的状态,它们的运算(或操作)是实现对数据结构的访问或修改等。

由于数据必须在计算机中进行处理,因此除去对数据本身的数学特征需要加以注意和研究之外,还必须考虑数据的物理结构,以及这种数据结构的相关操作及其合理实现。

1.2 基 本 概 念

本节介绍本书中常用的名词和术语的含义。

1. 数据

随着计算机科学的发展和计算机应用的普及,计算机加工处理的对象已从早期的数值、布尔值等扩展到字符串、表格、图像、声音等。因此,凡是能被计算机存储、加工的对象通称为数据,它是计算机程序加工的"原料"。

2. 数据元素和数据项

数据元素是数据的基本单位,在程序中作为一个整体加以考虑和处理。有时,一个数据元素可由若干个数据项组成,数据项是数据不可分割的最小单位。

3. 数据对象

数据对象是性质相同的数据元素的集合,是数据的一个子集。例如,整数数据对象是集合 $D=\{0, \pm1, \pm2, \cdots\}$,字母字符数据对象是集合 $C=\{'A', 'B', \cdots, 'Z'\}$。

4. 数据结构

数据结构不同于数据类型,也不同于数据对象,它不仅涉及数据类型和数据对象,而且要描述数据对象各元素之间的相互关系。这种数据元素之间的相互关系就称为结构。根据数据元素之间关系的不同,通常有如图 1.1 所示的四类基本的结构形式。

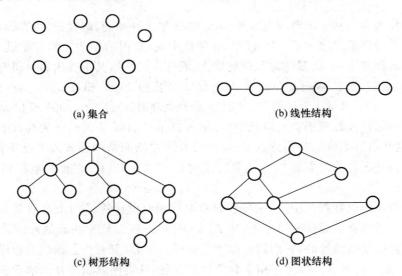

(a) 集合　　　　　　　　　　(b) 线性结构

(c) 树形结构　　　　　　　　(d) 图状结构

图 1.1　四种基本结构关系图

① 集合:集合中的任何两个元素之间都没有逻辑关系,组织形式松散。

② 线性结构:结构中元素之间存在一对一的关系,依次排列形成一条"锁链"。

③ 树形结构:结构中元素之间存在一对多的关系,具有分支、层次特性。

④ 图状结构:结构中元素间存在多对多的关系,元素间互相缠绕,任何两个元素都可以邻接。

数据结构可以用二元组的形式来进行数学意义上的形式定义:

Data_structure$=(D,S)$

式中，D 是数据元素的有限集，S 是 D 上关系的有限集。它是从操作对象中抽象出来的数学模型，仅仅描述了数据元素之间的某种逻辑关系。为了在计算机中实现对数据元素的操作，还需要考虑数据关系在计算机中的存储。因此数据结构应包括三方面的内容。

① 数据的逻辑结构：数据元素之间的逻辑关系。

② 数据的存储结构：数据元素及其关系在计算机存储器中的表示。

③ 数据的运算：对数据对象施加的操作。

（1）数据的逻辑结构

从逻辑关系上描述数据，它与数据的存储无关，是独立于计算机的。因此，数据的逻辑结构可以看作是从具体问题上抽象出来的数学模型，通常把数据元素之间的关联方式（邻接关系）称为数据元素间的逻辑关系。数据元素之间逻辑关系的整体称为逻辑结构。

（2）数据的存储结构

数据结构在计算机中的表示称为数据的存储结构。它包括数据元素的表示和关系的表示。在计算机中表示信息的最小单位是二进制数的一位，称作位（bit）。在计算机中，我们可以用一个若干位组合起来形成的一个位串表示一个数据元素，通常称这个位串为元素或结点（node）。当数据元素由若干数据项组成时，位串中对应于各个数据项的子位串称为数据域（data field）。元素间的关系在计算机内的表示方法通常有四种。

① 顺序存储方法：该方法是指每个存储结点只含有一个数据元素，所有存储结点相继存放在一个连续的存储区里。用存储结点间的位置关系表示数据元素之间的逻辑关系。

② 链式存储方法：该方法是指每个存储结点不仅含有一个数据元素，还包含一组指针。每个指针指向一个与本结点有逻辑关系的结点。

③ 索引存储方法：该方法是指在存储结点信息的同时，还建立索引表，索引表的每一项称为索引项，索引项的一般形式是：（关键字，地址）。关键字是能唯一标识一个结点的那些数据项，地址表示该关键字所在结点的起始存储位置。

④ 散列存储方法：该方法是指根据结点的关键字值，采用某种方法，直接计算出该结点的存储地址。

5. 数据类型

数据类型是一个值的集合和定义在这个值集上的一组操作的总称。例如 C 语言中的整数类型，其值集为 [−Maxint,Maxint] 上的整数，定义在其上的一组操作为加、减、乘、整除和取模等。按"值"的不同特性，数据类型可分为两类：非结构的原子类型和结构类型。原子类型的值是不可分解的，如 C 语言中的标准类型（整型、实型、字符型、布尔型）、枚举类型、子界型和指针类型。结构类型的值是由若干成分按某种结构组成的，因此其值是可分解的，并且它的成分可以是非结构的，也可以是结构的。例如，一个记录类型的元素的值由若干个分量组成，每个分量可以是整数或数组，也可以是指针类型等。引入"数据类型"的目的，仅从使用数据类型的角度来说，实现了信息的隐蔽，将一切不必了解的细节都封装在类型中。例如，用户在使用"整数"类型时，既不需要了解"整数"在机内的表示，也不需要知道其操作是如何实现的。如"两整数求和"程序设计者注重的仅仅是其"数学上求和"的抽象特性，而不是其硬件的"位"操作如何进行。

6. 抽象数据类型

抽象数据类型和数据类型实质上是一个概念，是指一个数学模型及定义在该模型上的一组操作。抽象数据类型的定义仅取决于它的一组逻辑特性，而与其在机内的表示和实现无关，即不论其内部结构如何变化,只要它的数学特性不变,都不影响其外部的使用。抽象数据类型与数据类型相比范畴更广些,它不再局限于前述程序语言中已定义并实现的数据类型(固有的数据类型),还包括用户在设计软件系统时自己定义的数据类型。

假设要设计一个圆(circle)为抽象数据类型,它提供的操作除了按给定半径构造一个圆外,还要包括计算面积(area)和周长(circumference)的操作。下面是 circle 的一个抽象数据类型定义,关于这个类型的具体实现(包括数据结构的表示和完成操作的代码)请读者自己完成。

```
ADT circle is
    data
        非负实数表示圆的半径
    operations
        constructor
            输入的初值:非负实数
            处理:构造一个圆
        area
            输入:无
            输出:圆的面积
            处理:计算圆的面积
        circumference
            输入:无
            输出:圆的周长
            处理:计算圆的周长
    end ADT circle
```

和数据结构的形式定义相对应,抽象数据类型可以用以下三元组表示:

$$\text{ADT} = (D, S, P)$$

式中,D 是数据对象,用结点的有限集合表示;S 是 D 上的关系集,用结点间序偶的集合表示;P 是对 D 的基本操作集。其操作的定义格式为:

基本操作名(参数表)

初始条件:

<初始条件描述>

操作结果:

<操作结果描述>

【例1.1】 构造复数。

```
ADT Complex
{
    数据对象:D = {e1, e2|e1, e2 ∈ Realset}
    数据关系:R1 = {< e1, e2 >|e1 是复数的实数部分,e2 是复数的虚数部分}
    基本操作:
    InitComplex(e1, e2);              //初始化:以 e1 和 e2 为实部和虚部构造一个复数
    DestroyComplex(Z);                //销毁复数 Z
```

```
GetReal(Z, realPart);              //得到复数 Z 的实部
GetImag(Z, ImagPart);             //得到复数 Z 的虚部
Add(Z1, Z2, Sum);                 //复数 Z1 和 Z2 相加,结果保存到 Sum 中
Subtract(Z1, Z2, Difference);     //复数 Z1 和 Z2 相减,结果保存到 Difference 中
Multiply(Z1, Z2, Product);        //复数 Z1 和 Z2 相乘,结果保存到 Product 中
}ADT Complex
```

至于上述抽象类型具体如何实现,读者可以根据所学过的知识来思考一下,此处不再详细介绍。

7. 基本运算

基本运算只描述处理功能,不包括处理步骤和方法,是在逻辑结构上的操作。

8. 运算实现

运算实现的核心是处理步骤的规定,即算法设计。对一个复杂的运算仍需按照逐步求精的方法构造它的实现。

9. 算法

算法是指解决某一特定类型问题的有限运算序列。一个算法应该具有下列特性。

① 有穷性:一个算法必须总是在执行有穷步之后结束。

② 确定性:算法的每一步必须有确切的定义,读者理解时不会产生二义性。

③ 输入:一个算法有零个或多个输入,这些输入取自于特定的对象集合。

④ 输出:一个算法有一个或多个输出,它们是同输入有某种特定关系的量。

⑤ 可行性:算法应该是可行的,即算法中所有待实现的运算都是能够正确地执行的。

1.3 "数据结构"课程的内容

数据结构与数学、计算机硬件和软件有着十分密切的关系。数据结构是介于数学、计算机硬件和计算机软件之间的一门计算机科学专业的核心课程,是高级程序设计语言、编译原理、操作系统、数据库、人工智能等课程的基础。同时,数据结构的技术也广泛应用于信息科学、系统工程、应用数学以及各种工程技术领域。

数据结构课程集中讨论软件开发过程中的设计阶段,同时涉及编码和分析阶段的若干基本问题。此外,为了构造出好的数据结构并实现,还需考虑数据结构及其实现的评价与选择。因此,数据结构课程的内容包括三个层次的五个"要素",其内容体系如表 1.1 所示。

表 1.1 "数据结构"课程的内容体系

层次 \ 方面	数据表示	数据处理
抽象	逻辑结构	基本运算
实现	存储结构	算法
评价	不同结构的比较及算法分析	

1.4　类 C 语言和算法评价

1.4.1　类 C 语言

本书算法的描述采用类 C 语言,它精选了 C 语言的一个核心子集,同时做了若干扩充和修改,增强了语言的描述功能。以下对其进行简要说明。

(1) 数据结构的表示(存储类型)用类型定义(typedef)描述。数据元素类型约定为 ElemType,由用户在使用该数据类型时自行定义。

(2) 基本操作的算法都用以下形式的函数描述:

```
函数类型　函数名(函数参数表)
{　//算法说明
    语句序列;
}　//函数名
```

除了函数的参数需要说明类型外,算法中使用的辅助变量可以不做变量说明,必要时对其作用给出注释。一般而言,a、b、c、d、e 等用作数据元素名,i、j、k、l、m、n 等用作整型变量名,p、q、r 等用作指针变量名。

为了便于描述,在函数表中除了值调用方式外,增添了 C++语言的引用调用的参数传递方式。在形参表中,以 & 打头的参数即为引用参数。引用参数能被函数本身更新参数值,可以此作为输出数据的管道。参数表中的某个参数允许预先用表达式的形式赋值,作为默认值使用,以简化参数表。

(3) 内存的动态分配与释放过程为:使用 new 和 delete 动态分配和释放内存空间。

分配空间　　　指针变量 = new 数据类型;

释放空间　　　delete 指针变量;

(4) 赋值语句有:

简单赋值　　　变量名 = 表达式;

串联赋值　　　变量名 1 = 变量名 2 = ⋯ = 变量名 k = 表达式;

成组赋值　　　(变量名 1,⋯,变量名 k) = (表达式 1,⋯,表达式 k);

　　　　　　　结构名 = 结构名;

　　　　　　　结构名 = (值 1,值 2,⋯,值 k);

　　　　　　　变量名[ ] = 表达式;

　　　　　　　变量名[起始下标..终止下标] = 变量名[起始下标..终止下标];

交换赋值　　　变量名 ⟷ 变量名;

条件赋值　　　变量名 = 条件表达式? 表达式 T: 表达式 F;

(5) 选择语句有:

条件语句 1　if(表达式)
```
            {
                语句序列;
            }
```
条件语句 2　if(表达式)

```
            {
                 语句序列;
            }
            else
            {
                 语句序列;
            }
```

开关语句 1 switch (表达式)
```
            {
                 case  值1: {语句序列1; break;}
                 case  值2: {语句序列2; break;}
                 ...
                 case  值n: {语句序列n; break;}
                 default:   {语句序列n+1;}
            }
```

开关语句 2 switch
```
            {
                 case  条件1: {语句序列1; break;}
                 case  条件2: {语句序列2; break;}
                 ...
                 case  条件n: {语句序列n; break;}
                 default:     {语句序列n+1;}
            }
```

（6）循环语句有：

for 语句   for (赋值表达式序列; 条件; 修改表达式序列)
```
            {
                 语句序列;
            }
```

while 语句 while (条件)
```
            {
                 语句序列;
            }
```

do-while 语句 do
```
            {
                 语句序列;
            } while (条件)
```

（7）结束语句有：

函数结束语句   return 表达式;
                return;

异常结束语句   exit (异常代码);

（8）输入和输出语句有：

输入语句   scanf([格式串], 变量1, …, 变量n);

输出语句   printf([格式串], 表达式1, …, 表达式n);

（9）注释为：

单行注释　　//文字序列；

（10）基本函数有：

求最大值　max(表达式1，…，表达式 n)；

求最小值　min(表达式1，…，表达式 n)；

求绝对值　abs(表达式)；

求进位整数值　ceil(表达式)；

求不足整数值　floor(表达式)；

判定文件结束　eof(文件变量) 或 eof；

判定行结束　eoln(文件变量) 或 eoln；

（11）逻辑运算约定有：

与运算 && 　　对于 $A\&\&B$，当 A 的值为 0 时，不再对 B 求值；

或运算 || 　　对于 $A||B$，当 A 的值为非 0 时，不再对 B 求值。

1.4.2　算法评价

解决同一问题，常常可以设计出不同的算法，如何比较这些算法的优劣是一个有意义的问题。本书第 9 章对排序问题就介绍了多种不同的方法，这些方法的排序速度和占用内存的多少存在着很大的差异。评价算法既是为了从解决同一问题的不同算法中选出较为适用的一种，同时也有助于考虑对现有的算法如何进行改进或设计出新的算法。

1. 评价算法的一般原则

一个好的算法通常应具有如下特点。

（1）正确性：指算法在允许的输入数据范围内，能在有穷时间内得出正确的结果。关于算法正确性的证明需要使用有关的数学理论（如集合论、代数学的定理及离散数学等知识），严格地说它属于程序设计方法学课程所研究的内容。通常，对于较复杂的问题，可以将算法分解成一些局部的模块来分析，只有每个模块都是正确的，才能保证整个算法的正确性。对于本书中所讨论的算法，有些正确性是显而易见的，有些则对其正确性做了简单证明，还有些则将正确性证明过程省略了，因为这部分内容不属于本书所要讨论的范围。

在实践中，对于算法的正确性，一般采用测试的方法来验证。算法的正确性可以分为以下四个层次：①程序不含语法错误；②程序对于几组输入数据能够得出满足规格说明要求的结果；③程序对于精心选择的典型、苛刻而带有刁难性的几组输入数据能够得出满足规格说明要求的结果；④程序对于一切合法的输入数据都能产生满足规格说明要求的结果。显然，达到第④层意义下的正确是极为困难的，所有不同输入数据的数量相当大，逐一验证的方法是不现实的。对于大型软件需要进行专业测试，而一般情况下，通常以第③层意义的正确性作为衡量一个程序是否合格的标准。

（2）算法执行速度快：依据算法编程后在计算机上运行时所消耗的时间越少越好。

（3）算法所占用的空间省：依据算法编程后在计算机上运行时所占的存储量较少。其中主要考虑程序运行时所需辅助存储量的多少。

（4）算法结构简单，易写，易读，易于转换成可运行的程序且易于调试和修改。这里应当指出，结构简单、易写、易读的算法常常不一定是运行效率最高的方法，其运算工作量可能较大（如递归算法）。

2. 算法的复杂性

复杂性是指实现或运行某一算法所需资源的多少,包括时间复杂度(time complexity)、空间复杂度(space complexity)和人工复杂度(manual complexity,指编程及改错等所需人工)。从主观上讲,人们希望选用一个不占用很多存储空间、运行时间短,其他性能指标好的算法。然而实际上往往不可能做到十全十美,一个看上去很简单的程序,其运行时间可能要比一个形式上复杂的程序慢得多,而一个运行时间较短的程序常常要占用较多的附加存储空间。因此,应针对不同情况选用不同的算法。当前由于计算机硬件的迅猛发展,扩展内存或外存的容量已经没有什么困难了,而高级语言的出现使编程、改错等也较以前容易多了,所以本书中研究算法的复杂性,一般主要是指时间复杂度,偶尔也讨论某些算法的空间复杂度。

显然,同一个算法用不同的语言实现,或者用不同的编译程序进行编译,或者在不同的计算机上运行时,效率均不相同。这表明使用绝对的时间单位衡量算法的效率是不合适的。撇开这些与计算机硬件、软件有关的因素,可以认为一个特定算法"运行工作量"的大小,只依赖于问题的规模(通常用整数量 n 表示),或者说,它是问题规模的函数。

例如,在如下所示的两个 n 阶矩阵相乘的算法中,"乘法"运算是"矩阵相乘问题"的基本操作,整个算法的执行时间与该基本操作(乘法)重复执行的次数(n^3)成正比。

```
for(i = 1; i <= n; i++)
    for(j = 1; j <= n; j++)
    {
        c[i][j] = 0;
        for(k = 1; k <= n; k++)
            c[i][j] += a[i][k] * b[k][j];
    }
```

一般情况下,算法中基本操作重复执行的次数是问题规模 n 的某个函数 $f(n)$,算法的时间量度记作 $T(n)=O(f(n))$,它表示随问题规模 n 的增大,算法执行时间的增长率和 $f(n)$ 的增长率相同,称为算法的渐近时间复杂度(asymptotic time complexity),简称时间复杂度。

显然,某一算法运行所需时间(不考虑它所处的软、硬件环境)主要与算法中各语句重复执行的次数有关,同时与所解决问题的规模大小也有关,当解决的问题规模固定时,常常把语句重复执行的次数作为算法的时间耗用量度。为此,需引入一个语句频度的概念,所谓语句的频度是指语句重复执行的次数。

由于语句执行频度与算法要解决问题的规模有密切关系(如上面例子中矩阵的阶 n 决定了语句执行频度),因此,一般情况下,若用 n 表示问题规模的量(例如,排序问题中 n 为需排序的元素个数;图的问题中 n 是图中的顶点数或边数;矩阵运算中 n 为矩阵的阶数等),则一个算法的时间复杂度为 n 的函数,记为 $T(n)$,且 $T(n)=O(f(n))$。它表示了时间复杂度的一个数量级的概念,即如果 $f(n)$ 是正整数 n 的一个函数,则上式表示存在一个正的常数 M,使得当 $n \geq n_0$ 时,都满足 $|T(n)| \leq M|f(n)|$。对于这里的 M 和 n_0 不必也无法说出它的确切数量。

对解决同一问题的不同算法,若对应的 $f(n)$ 不同,其算法的时间复杂度当然也不同。

例如,对下列三个简单的程序段:

(1) k = k + 1;

(2) for(i = 1; i <= n; i++)
        k = k + 1;

（3）for(i = 1; i <= n; i++)

      for(j = 1; j <= n; j++)

          k = k+1;

在程序段（1）中，语句"k=k+1"，不在任何一个循环中，则它的频度为 1，执行时间为一常量。在程序段（2）中，同一语句被执行 n 次，则其执行时间正比于 n。在程序段（3）中，该语句的执行频度为 n^2，执行时间正比于 n^2。因此，上述三个程序段（算法）的时间复杂度分别为 $O(1), O(n)$ 和 $O(n^2)$，分别称它们为常量阶、线性阶和平方阶（多项式阶），且有 $O(1) < O(n) < O(n^2)$。

当然，要想事先对一个算法的计算量做出仔细的分析，常常是一件很复杂的事情，由于这不属于本课程的主要内容，因此，本书中对算法时间复杂度的估计都是按算法中语句执行的最大频度来衡量的，这看起来虽然粗糙，但结果却是很有用的。

对于足够大的 n，存在如下的顺序关系：

$$O(\log_2 n) < O(n) < O(n\log_2 n) < O(n^2) < O(n^3) < \cdots < O(2^n) < O(3^n) < \cdots < O(n!)$$

最后还要说明，某个算法执行所需的时间除与问题的规模 n 有关外，常常还与它所处理的具体数据集合有关。例如，有的排序算法对排列已大体有序的数据和完全杂乱无章的数据的排序效率可能相差很大（尽管要排序的数据个数相同），如对某些数据其时间复杂度为 $O(n)$，而对另一些数据复杂度可能达到 $O(n^2)$。又如，在一个一维数组中要想查找某一数据，若采用从头至尾顺序查找的算法，当恰巧待查找的数据就是数组的第一个元素时，仅需一次比较即可查到；而在最坏的情况发生时，即待查找的数据处在数组的最后一个位置时，则需比较 n 次才能查到。因此，在研究某算法的时间复杂度时可有两种策略：一种策略是考虑平均情况，即研究同样 n 值各种可能的输入，取它们运算时间的平均值；另一种策略是考虑最坏情况，即以各种可能出现的数据集中最坏的情况来估计算法的时间复杂度。乍看起来似乎取平均值的办法较合理，但由于这时要考虑所有可能的输入情况，在数学上分析起来比较困难，有时甚至是无法做到的。特别是当各种可能性出现的概率不相等时就更加复杂，所以更多的情况下只研究最坏的输入下的执行时间。对于实时性较强的应用问题，如巡回检测、计算机过程控制等，考虑最坏的情况尤为重要。否则，可能会在某些输入数据的情况下所预留的运算时间不够用而发生错误。

上述思想也适用于对空间复杂度的分析。

习 题 1

1. 什么是数据结构？有关数据结构的讨论涉及哪三个方面？

2. 设有数据逻辑结构：line=(D, R)，其中：

D={01, 02, 03, 04, 05, 06, 07, 08, 09, 10}

R={r}

r={<05, 01>, <01, 03>, <03, 08>, <08, 02>, <02, 07>, <07, 04>, <04, 06>, <06, 09>, <09, 10>}

试分析该数据结构属于哪种逻辑结构。

3. 什么是算法？试根据这些特性解释算法与程序的区别。

4. 设有 3 个值大小不同的整数 a、b 和 c，试求：

（1）其中值最大的整数；

（2）其中值最小的整数；

（3）其中位于中间值的整数。

5. 为字符串定义一个 ADT，该 ADT 要包含字符串的常用操作，每个操作定义一个函数，每个函数由它的输入输出来定义。

6. 设 n 为整数，指出下列各算法的时间复杂度。

（1）void prime(int n) //n 为一个正整数

```
{
    int i = 2;
    while(((n % i) != 0) && (i * 1.0 < sqrt(n)))
        i++;
    if(i * 1.0 > sqrt(n))
        printf("%d 是一个素数\n",n);
    else
        printf("%d 不是一个素数\n",n);
}
```

（2）int sum1(int n) //n 为一个正整数

```
{
    int p = 1, sum = 0, i;
    for(i = 1; i <= n; i++)
    {
        p *= i;
        sum += p;
    }
    return sum;
}
```

（3）int sum2(int n) //n 为一个正整数

```
{
    int sum = 0,i,j;
    for(i = 1;i <= n;i++)
    {
        p = 1;
        for(j = 1;j <= i;j++)
            p *= j;
        sum += p;
    }
    return sum;
}
```

7. 考查下列两段描述。它们是否满足算法的特征？若不满足，说明违反了哪些特征。

（1）void exam1( )

```
{
    n = 2;
    while(n % 2 == 0)
```

```
            n = n + 2;
        printf(" % d\n");
    }
(2) void exam2( )
    {
        y = 0;
        x = 5/y;
        printf(" % d, % d\n",x,y);
    }
```

第2章 顺 序 表

线性表的顺序存储结构也称为顺序表,顺序表是线性表的一种最简单的存储结构。本章将详细介绍线性表及限定性线性表(栈和队列)的基本概念、顺序存储结构和基本运算在顺序表上的实现过程。

2.1 线 性 表

2.1.1 线性表的逻辑结构

线性表(linear list)是零个或多个数据元素的有穷序列,通常可表示为:

$$a_1,a_2,\cdots,a_n(n\geqslant 0)$$

这里,n 称为表的长度。若 $n=0$,则线性表为空表。当 $n\geqslant 1$ 时,a_1 称为第一元素,a_n 称为最后一个元素,称 a_i 是 a_{i+1} 的前驱,a_{i+1} 是 a_i 的后继,i 称为 a_i 的序号(或叫索引)。

线性表的逻辑结构是线性结构。在线性结构中所有结点按“一个接一个排列”的方式相互关联从而组成一个整体。线性结构的基本特征是:若至少含有一个结点,则除起始结点没有直接前驱外,其他结点有且仅有一个直接前驱;除终端结点没有直接后继外,其他结点有且仅有一个直接后继。直接前驱和直接后继从不同的角度刻画了同一种关系,即结点间的逻辑关系(邻接关系)。在线性结构中这种邻接关系是一对一的,也就是说每个结点至多只有一个直接前驱并且至多只有一个直接后继。而所有结点按一对一的邻接关系构成的整体就是线性结构。

线性结构中的一个结点代表一个数据元素,其含义可以是各种各样的,但同一线性表中的元素必定具有相同特性,因此属于同一数据对象。

例如,一个星期中的七天(Sun, Mon, Tue, Wed, Thu, Fri, Sat)是一个线性表,表中的数据元素是一周中每一天的名称。

又如,美国在第二次世界大战中参战的年份(1941,1942,1943,1944,1945)也是一个线性表,表中元素是一个年份。

对于较复杂的线性表,一个数据元素可以由若干个数据项(item)组成。在这种情况下,常把数据元素称为记录(record),含有大量记录的线性表又称文件(file)。

例如,一个单位的职工基本情况登记表,表中每个职工的情况就是一个记录。一个记录由编号、姓名、性别、年龄、婚否、职务、工资七个数据项组成,显然这个登记表也是一个线性表。

2.1.2 线性表的基本运算

对于给定的线性表,根据程序的需要,可能要进行各种不同的运算,主要有如下几种。

(1) Initiate($\&L$):初始化操作,设定一个空的线性表 L。

（2）Length(L)：求长度，其结果是线性表 L 的长度。

（3）Get(L,i)：读表元，若 $1 \leqslant i \leqslant$ Length(L)，其结果是线性表 L 的第 i 个数据元素；否则，结果为一特殊值。

（4）Locate(L,x)：定位运算，若 L 中存在一个或多个与 x 值相等的元素，则运算结果为这些元素的序号的最小值；否则运算结果为 0。

（5）Insert(L,i,x)：插入运算，其作用是在线性表 L 的第 i 个位置上（即原第 i 个元素之前）增加一个以 x 为值的新元素，使 L 由 $(a_1,a_2,\cdots,a_{i-1},a_i,\cdots,a_n)$ 变为 $(a_1,a_2,\cdots,a_{i-1},x,a_i,\cdots,a_n)$。参数 i 的合法取值范围是 $1\sim(n+1)$。

（6）Delete(L,i)：删除运算，其作用是删除线性表 L 的第 i 个数据元素 a_i，使 L 由 $(a_1,a_2,\cdots,a_{i-1},a_i,a_{i+1},\cdots,a_n)$ 变为 $(a_1,a_2,\cdots,a_{i-1},a_{i+1},\cdots,a_n)$。参数 i 的合法取值范围是 $1\sim n$。

对于线性表还可以进行一些其他的运算，如求任一给定元素的直接后继或直接前驱，将两个线性表合并成一个线性表，将一个线性表拆成两个或两个以上的线性表，重新复制一个线性表，对线性表中的数据元素按某个数据项递增（或递减）的顺序进行重新排列等。另外，在实践中，当线性表作为一个操作对象时，所需进行的操作种类不一定相同，不同的操作组合将构成不同的抽象数据类型。由于线性表的应用广泛，其数据元素可能属于多种类型，因此在面向对象的程序设计中，它是多型数据类型。

例如，在下面的例子中，将线性表定义为如下说明的抽象数据类型。

规格说明：2.1 ADT Linear_List。

数据元素：a_i 是整数，$i=1,2,\cdots,n(n \geqslant 0)$。

结构：对所有的数据元素 $a_i(i=1,2,\cdots,n-1)$ 存在次序关系 $<a_i,a_{i+1}>$，a_1 无前驱，a_n 无后继。

操作：设 L 为 Linear_List 类型的线性表，则可进行下列操作。

Length(L)：求表长函数。

Get(L,i)：取位序为 i 的数据元素。

Locate(L,x)：定位函数。

Insert(&L,i,x)：插入操作。

【例 2.1】 设有两个线性表 La 和 Lb，现将 La 和 Lb 两个表合并成一个新表存于 La 中。要求对线性表进行如下的操作：扩大表 La，将 Lb 中存在而 La 中不存在的数据元素插入表 La 中。只要依次取得 Lb 中每个数据元素，按其值查找表 La，若不存在，则将其插入 La 的最后面。上述运算可用如下形式算法描述。

```
void union(Linear_list &La, Linear_List &Lb)
//将所有在线性表 Lb 中存在而线性表 La 中不存在的数据元素插入线性表 La 中
{
    n = Length (La);              //确定线性表 La 的长度
    for(i = 1; i <= Length(Lb); i++)
    {
        x = Get(Lb, i);          //取 Lb 中的第 i 个数据元素
        k = Locate(La, x);       //在 La 中进行搜索
        if (k == 0)
        {
```

线性表合并

```
        Insert(La, n + 1, x);
        n = n + 1;
    }
}
}
```

【例 2.2】 按照字典序比较两个线性表 A 和 B 的大小,算法代码如下:

```
int Compare(Linear_list &A, Linear_list &B)
//若 A < B,则返回 -1;若 A = B,则返回 0;若 A > B,则返回 1
{
    j = 1;
    while ((j < = Length(A) && (j < = Length(B))
    {
        if (Get(A, j) < Get(B, j))
            return - 1;
        else if (Get(A, j) > Get(B, j))
                return1;
            else
                j = j + 1;
    }
    if ((Length(A)  ==  Length(B))
        return0;
    else if ((Length(A) < Length(B))
            return - 1;
        else
            return 1;
}
```

2.1.3　线性表的顺序存储结构

在计算机内,可以用若干种不同的方式来表示线性表,本章先介绍一种最简单、最直观的方式——顺序存储分配(sequential allocation),即用一组连续的存储单元依次存储线性表的各个元素,如图 2.1 所示。

由于一个线性表和计算机内一块连续存储地址均可用一个一维数组表示,自然可以把一个线性表的元素按顺序依次存入一块连续的存储器中,当表中的第 i 个元素 a_i 存放在地址为 K 的存储单元时,若每个元素占用一个存储单元,则线性表中的第 $i+1$ 个元素 a_{i+1} 必然存放在地址为 $K+1$ 的单元中。这时若已知第一个元素 a_1 的存储地址为 $\mathrm{Loc}(a_1)$,则对线性表中任一元素 a_i 的寻址公式为:

$$\mathrm{Loc}(a_i) = \mathrm{Loc}(a_1) + (i-1) \qquad 1 \leqslant i \leqslant n$$

若线性表的每个元素占用 c 个连续的存储单元,则表中第 i 个元素的寻址公式为:

$$\mathrm{Loc}(a_i) = \mathrm{Loc}(a_1) + (i-1) * c \qquad 1 \leqslant i \leqslant n$$

这里 $\mathrm{Loc}(a_1)$ 已知,意义同上,且通常称为线性表的起始地址或基地址。显然,这时规定了每个元素的存储地址为它们所占用的 c 个存储单元中第一个单元的地址。

线性表的这种机内存储表示有时也称为顺序映像（sequential mapping）。这时，每个元素在计算机内的存储地址都与第一个元素的地址相差一个与序号成正比的常数。

由于程序设计语言中的向量（一维数组）在机内的表示也是顺序映像，因此可以借用向量这种数据类型来描述线性表的顺序存储结构。我们用 L 表示向量，用 $L[i]$ 表示向量的第 i 个分量，在顺序分配时，向量的第 i 个分量 $L[i]$ 是线性表的第 i 个元素 a_i 在计算机存储器中的映像，数据元素的存储位置可以用向量的下标值（即相对于线性表的起始位置的值）来表示。对属于随机存取装置的计算机内存来说，由于对表中各元素寻址的时间相等，访问表中任一元素所需的时间都是相等的。

用 C 语言定义线性表的顺序存储结构如下：

```
typedef ElemType Linear_list[n];
```

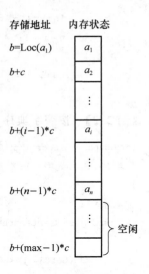

图 2.1　线性表的顺序分配

说明：

（1）结点类型定义中 ElemType 数据类型是为了描述的统一而自定义的，在实际应用中，用户可以根据实际需要来具体定义顺序表中元素的数据类型，如 int、char、float 或 struct 结构类型。线性表的元素个数 n 小于或等于某一个整数 Maxsize。

（2）从数组中起始下标为 0 处开始存放线性表的第一个元素。因此需注意区分元素的序号和该元素在数组中的下标之间的对应关系，即数据元素 a_1 在线性表中的序号为 1，其对应的数组的下标为 0；a_i 在线性表中的序号为 i，其对应的数组的下标为 $i-1$。

对于线性表还可以用非顺序映像方式存储，如链表方式和哈希表方式，这两种方式将分别在第 3 章和第 8 章中详细讨论。

2.1.4　线性表基本运算的实现

对线性表的基本运算，在不同的存储结构中，实现的方法也不同。本节中我们仅讨论在顺序存储分配的情况下，线性表的插入、删除和定位三种运算。

线性表插入

1. 线性表的插入运算 Insert(Linear_list &L, int i, ElemType x, int &n)

设有长度为 n 的线性表：$a_1,a_2,\cdots,a_n$，插入运算是把新的元素 x 插入元素 a_{i-1} 与 a_i 之间。

因为原来线性表的元素在向量中是连续排列的，中间并未给待插入的新元素留空单元，故 x 插入后，实际上是占用了原来第 i 个元素的位置，第 i 个元素以前的各元素仍保持不动，而第 i 个元素及其以后的各元素均需在向量中向后移动一个位置，且数据元素的总数由 n 变成 $n+1$。整个插入过程如图 2.2 所示。

将这些操作用类 C 语言描述出来，便可实现对顺序存储的线性表 L 插入元素 x 的算法。其插入算法代码如下：

```
void Insert(Linear_list &L, int i, ElemType x, int &n)
```

序号	元素		序号	元素
1	11		1	11
2	14		2	14
3	20		3	20
插入 4	25	→	4	25
27 5	28		5 →	27
6	31		6	28
7	43		7	31
8	78		8	43
			9	78

图 2.2　插入前后的线性表示例

```
/*在长度为 n 的线性表的第 i 个元素之前插入一个元素 x,L 为存储线性表的向量,且假定其上界大于 n */
{
    if ((i < 1) || (i > n + 1))
        error("插入的位置非法");
    else
    {
        for(j = n - 1; j >= i - 1; j -- )
            L[j + 1] = L[j];        //一些元素后移
        L[i - 1] = x;
        //新元素插入,第 i 个元素的下标为 i - 1
        n = n + 1;                  //修改长度
    }
}
```

2. 线性表中数据元素的删除 Delete (Linear_list &L, int i, int &n)

假设要求删去第 i 个数据元素,由于线性表中各元素在向量中必须连续排列,中间不允许有空单元出现,故元素删除后,它后面的所有元素从第 $i+1$ 个元素到第 n 个元素都要向前移动一个位置,且表的长度由原来的 n 变为 $n-1$,如图 2.3 所示。

线性表删除

其删除算法代码如下:

```
void Delete(Linear_list &L, int i, int &n)
//删除线性表中第 i 个元素
{
    if((i < 1) || (i > n))
        error("非法删除");
    else
    {
        for(j = i; j <= n - 1; j ++ )
            L[j - 1] = L[j];
        //将后面的元素依次前移
        n = n - 1;
    }
}
```

序号	元素
1	11
2	14
3	20
4	25
5	28
6	31
7	43
8	78

删除 → 4

序号	元素
1	11
2	14
3	20
4	28
5	31
6	43
7	78

图 2.3　删除前后的线性表示例

3. 定位运算 Locate (Linear_list &L, ElemType x, int &n)

在线性表中依次(从前往后)比较各元素的值是否等于 x,若相等则回传该元素在线性表中的序号,否则回传 0,算法代码如下:

```
int Locate(Linear_list &L, ElemType x, int &n)
{
    i = 0;
    while ((i < n) && (L[i] != x))
        i = i + 1;
    if(i < n)
        return (i + 1);        //若找到值为 x 的元素,则返回其序号
```

```
        else
            return (0);
    }
```

对前两个简单算法的时间复杂度进行分析,可以看出,执行过程中,其时间主要花费在表中元素的移动上。为此,我们来设法求出在线性表中进行一次插入或删除平均要移动元素的个数,即求出算法里 for 循环中,语句 L[j+1]=L[j]或 L[j-1]=L[j]的平均执行频度。

设在长度为 n 的线性表中第 j 个元素前发生插入操作的概率为 $P_j(j=1,2,\cdots,n,n+1)$,则在表中插入一元素时所需移动元素的平均值(数学期望值)由式(2.1)确定。

$$E_{in} = \sum_{j=1}^{n+1} P_j(n-j+1) \tag{2.1}$$

同理,若设 Q_j 是删除表中第 j 个元素的概率,则在长度为 n 的线性表中删除一个元素所需移动元素的平均值由式(2.2)确定。

$$E_{de} = \sum_{j=1}^{n} Q_j(n-j) \tag{2.2}$$

为简单起见(同时也具有一般性),我们可以假定在表中的任何位置发生的插入或删除元素为等概率事件,这样就有:

$$P_j = \frac{1}{n+1}, \quad Q_j = \frac{1}{n}$$

此时式(2.1)和式(2.2)可分别简化为式(2.3)和式(2.4)。

$$E_{in} = \frac{1}{n+1}\sum_{j=1}^{n+1}(n-j+1) = \frac{1}{n+1}(0+1+2+\cdots+n+n+1)$$
$$= \frac{1}{n+1}\frac{n(n+1)}{2} = \frac{n}{2} \tag{2.3}$$

$$E_{de} = \frac{1}{n}\sum_{j=1}^{n}(n-j) = \frac{1}{n}\frac{n(n-1)}{2} = \frac{n-1}{2} \tag{2.4}$$

由式(2.3)和式(2.4)可见,对于顺序存储的线性表作一次插入或删除,平均来说约需移动表中的一半元素,因此当 n 较大时,其插入或删除的效率是很低的。所以对具有这种存储方式的线性表多在表中元素不常变动,而只是经常需要进行随机访问时才采用。

由上面的讨论可知,线性表顺序表示的优点是:

① 无须为表示结点间的逻辑关系而增加额外的存储空间(因为逻辑上相邻的元素其存储位置也是相邻的);

② 可方便地随机存取表中的任一元素。

其缺点是:

① 插入或删除运算不方便,除表尾的位置外,在表的其他位置上进行插入或删除操作都必须移动大量的元素,其效率较低;

② 由于顺序表要求占用连续的存储空间,存储分配只能预先进行静态分配,因此当表长变化较大时,难以确定合适的存储规模。若按可能达到的最大长度预先分配表空间,则可能造成一部分空间长期闲置而得不到充分利用;若事先对表长估计不足,则插入操作可能使表长超过预先分配的空间而造成溢出。

2.2　栈 和 队 列

栈和队列是两种常用的数据结构,这两种结构的逻辑结构均为线性结构。栈和队列的基本运算与线性表的基本运算十分类似,因此称栈和队列是两种特殊的线性表。

2.2.1 栈

1. 栈的基本概念

栈的定义是:限定仅在表尾进行插入或删除操作的线性表。通常称表尾端为栈顶(top),称表头端为栈底(bottom),不含元素的空表称为空栈。例如,设栈 $S=a_1,a_2,\cdots,a_n$,则称 a_1 为栈底元素,a_n 为栈顶元素。

由于栈中元素的插入和删除只在其顶端进行,故总是最后放入的元素最先出来,最先放入的元素最后出来,如图 2.4(a)所示。因此,栈也被称为后进先出表或 LIFO(last-in,first-out)表。它的这个特点可用图 2.4(b)所示的铁路扳道站形象地表示。

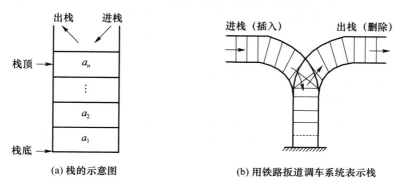

(a) 栈的示意图　　　　　　(b) 用铁路扳道调车系统表示栈

图 2.4　栈

栈是一种用途很广的数据结构,几乎所有的大型程序系统设计中都要用到栈,在操作系统与编译程序中使用得更多。

下面是一个在处理子程序(过程)嵌套调用时,如何用栈来正确保存返回地址的例子。设有一个主程序和三个过程,如图 2.5 所示。

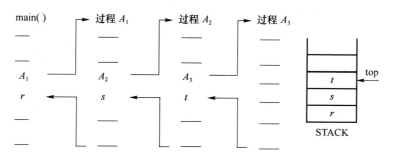

图 2.5　子程序嵌套调用的过程

首先,主程序调用过程 A_1,为了保证在 A_1 完成后主程序继续从语句 r 起执行,在调用 A_1 时就必须把返回地址 r 交给 A_1 保存(放入某个存储单元中),然后 A_1 调用 A_2,A_2 调用 A_3。在每次调用时都同样必须把返回地址传递给被调用的过程加以保存。如果我们观察 A_3 正在执行的内存,则似乎有一个保存着返回地址的表(r,s,t)。因为后调用的过程应先返回,即返回次序与调用次序相反,所以取返回地址的次序应为 t,s,r,在逻辑结构上此表应为栈结构。当然,这时若采用给每个子程序设置一个专门用于保存返回地址的工作单元也是可行的,但如果程序中出现有过程的递归调用(直接递归或间接递归),则必须设立栈来保存返回地址。例如,在上面的例子中,如果在过程 A_3 中插入一个调用过程 A_1 的语句并要求返回 u,则在执行这个调用时同样必须把 u 传递给 A_1 并保存于存放返回地址的工作单元。若 A_1 只设一个保存返回地址的存储单元,则新的返回地址 u 将冲掉原来存入的返回地址 r,这将使程序不能返回主程序中。因此,为实现递归调用,必须在执行过程中设立专用的返回地址栈,使每次调用后,最终都能按正确地址返回(当前调用的返回地址总是存放在栈顶位置)。

栈的基本操作除了在栈顶进行插入或删除外,还有栈的初始化、判空及取栈顶元素等。下面给出栈的抽象数据类型的定义。

规格说明:2.2 ADT Stack。

数据元素:可以是各种类型的,只要同属一个数据对象即可。

结构:数据元素之间呈线性关系。假设栈中有 n 个数据元素 $(a_1, a_2, \cdots, a_n)$,则对每一个元素 $a_i(i=1,2,\cdots,n-1)$ 都存在关系 (a_i, a_{i+1}),并且 a_1 无前驱,a_n 无后继。

操作:可进行下列操作。

Inistack($\&S$):初始化操作,其作用是设置一个空栈 S。

Push($\&S$, x):进栈操作,其作用是将元素 x 插入栈 S 中,使 x 成为栈 S 的栈顶元素。

Pop($\&S$):出栈操作,其作用是当栈不空时删除栈顶元素。

Top($\&S$):读栈顶操作,其结果是栈顶元素;当栈 S 为空时结果为一特殊标志。

Empty($\&S$):判栈空操作,若栈 S 为空栈,则结果为 true;否则结果为 false。

2. 栈的基本运算在顺序表上的实现

栈的存储结构与线性表一样还是利用向量最为简便。同时,由于栈顶位置经常变化,故需增设一指针 top 用以指向当前栈顶位置,这时 $S[\text{top}]$ 表示栈顶元素。我们用向量 S 表示栈,用 m 表示栈的最大容量。当在栈中进行插入、删除操作时,都要修改栈的指针,当 top=0 时,表示栈空;而当 top=m 时,则表示栈满。在栈空时若再执行删除运算,则此时将出现"下溢"(underflow)。反之,在栈满时若再执行插入运算,则将出现"上溢"(overflow)。假设用一维数组 $S[1..5]$ 表示一个栈,图 2.6 说明了顺序栈的几种状态。

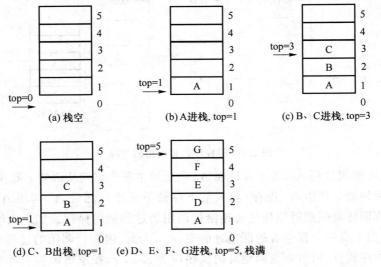

图 2.6　栈的几种状态

下面讨论栈的基本运算在顺序表上的实现。

（1）进栈。进栈的主要操作是：首先判断栈是否已满，若满转出错处理；若不满，则修改栈顶 top 的值，然后将入栈元素放入新的栈顶所指的位置上。算法代码如下：

```
void PushStack (Stack &S, ElemType x, int &top)
{
    if (top == m)
        error ("上溢");
    else
    {
        top = top + 1;
        S[top] = x;
    }
}
```

（2）出栈。出栈的主要操作是：先判栈是否为空，若栈空（top＝0），则应转"下溢"处理，否则，修改栈顶指针为 top＝top－1。算法代码如下：

```
void PopStack(Stack &S, int &top)
{
    if (top == 0)
        error ("下溢");
    else
        top = top - 1;
}
```

（3）判栈空。若栈空返回 true；否则返回 false。算法代码如下：

```
bool EmptyStack(Stack &S, int &top)
{
    if (top == 0)
        return true;
    else
        return false;
}
```

（4）读栈顶。读取栈顶元素。算法代码如下：

```
ElemType TopStack(Stack &S, int &top)
{
    return S[top];
}
```

栈的使用非常广泛，常常会出现在一个程序中同时需要多个栈的情形。每个栈所需空间大小是无法事先估计到的。在程序运行时，每个栈的大小都是动态变化的，可能会出现其中一个栈发生上溢而其余的栈却还有剩余空间的情况，因此，我们应设法重新调整内存空间，使程序不至于因一个栈发生上溢而夭折。

先看只有两个栈的情况。设现有内存空间的长度为 m，若用向量 L 表示，则可记为 $L[1..$

m],把两个栈的栈底设在内存的两端,在插入的过程中让它们各自向中间伸展,仅当两个栈的栈顶相遇时产生溢出,这时两个栈对内存空间的利用率最高。这种分配方案经常被采用,图 2.7是两个栈共享存储空间的示意图。

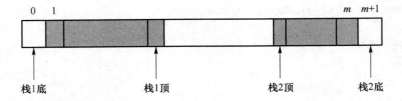

图 2.7　两个栈共享存储空间示意

初始状态:

栈 1 底＝栈 1 顶＝0

栈 2 底＝栈 2 顶＝$m+1$

上述结构的类型说明可描述如下:

```
#define  m = …;   //可用空间大小
typedef  ElemType  Stack[1..m];
```

双重栈的基本运算的实现如下。

(1) PushStack (Stack &S, int i, ElemType x, int top[ ]):将元素 x 压入第 i 个栈中。算法代码如下:

```
void PushStack(Stack &S, int i, ElemType x, int top[ ])
// S 为两个栈的共享空间
{
    if (top[2] == top[1] + 1)
        error("栈已满");
    else
    {
        switch (i)
        {
            case 1: { top[i] = top[i] + 1; S[top[i]] = x; break;}
            case 2: { top[i] = top[i] - 1; S[top[i]] = x; break;}
        }
    }
}
```

(2) PopStack (Stack &S, int i, int top[ ]):当第 i 个栈不空时弹出其栈顶元素。算法代码如下:

```
void PushStack(Stack &S, int i, int top[ ])
// S 为两个栈的共享空间
{
    switch (i)
    {
```

```
case1:
{
    if(top[i] == 0)
        error("栈空");
    else
        top[i] = top[i] - 1;
    break;
}
case2:
{
    if( top[i] == m + 1 )
        error("栈空");
    else
        top[i] = top[i] + 1;
    break;
}
}
}
```

在程序中有 n 个栈同时工作时,如何分配呢?若 n 个栈中的每个栈所需空间大小事先能估计出来,则可以在程序开始时,按每个栈所需空间的大小比例进行分配。设这 n 个栈每个所需最大栈空间长度分别为 $m_1,m_2,\cdots,m_n$。此时,如果有:

$$m_1+m_2+\cdots+m_n\leqslant m \tag{2.5}$$

则可按它们所需大小,顺序将 $L[1..m]$ 这块存储空间分配给这 n 个栈,栈 $S_1:L[1:m_1]$,栈 $S_2:$ $L[m_1+1:m_1+m_2],\cdots$,栈 $S_n:L[m_1+m_2+\cdots m_{n-1}+1:m]$。

若式(2.5)不成立,即可用栈空间长度小于 n 个栈所需长度的和,则可按各栈所需空间的比例关系,由式(2.6)决定分配给第 i 个栈的空间长度。

$$\frac{m_1}{m_1+m_2+\cdots+m_n}\times m \qquad i=1,2,\cdots,n \tag{2.6}$$

上面给出的 n 个栈的分配方法各栈的栈底都是固定的,其栈顶指针 $\text{top}[i]$ 在一定范围内变化,栈中元素一般不需平移。

然而,在多数情况下难以事先估计出各栈所用空间的大小(或上界),或 n 个栈增长快慢相差很大,若仍采用上述分配方式就不尽合理了。此时我们采用如下分配算法。

开始时,将 $L[1..m]$ 分成 n 个长度相等的部分并分给每个栈,即各栈所获得的存储空间大小为 $\lfloor m/n \rfloor$($\lfloor m/n \rfloor$ 表示不超过 m/n 的最大整数),只是第 n 个栈的长度可能略长些,并规定了一组栈底指针 $B[i]$($\text{Bot}[i]$ 的简写)和一组栈顶指针 $T[i]$($\text{Top}[i]$ 的简写)($i=1,2,3,\cdots,$ n)。其中,用 $B[i]$ 指向第 i 个栈的栈底(栈的底部元素的前一个位置),$T[i]$ 指向第 i 个栈的栈顶元素。对 $L[1..m]$ 将其从低地址向高地址依次分给 n 个栈,且假设第 i 个栈在第 $i+1$ 个栈的前面。这时,根据栈的长度 $\lfloor m/n \rfloor$ 及 i 可算出第 i 个栈的栈底指针值为:

$$B[i]=\lfloor m/n \rfloor(i-1) \qquad 1\leqslant i\leqslant n \tag{2.7}$$

即 $B[1]=0,B[2]=\lfloor m/n \rfloor,B[3]=2\lfloor m/n \rfloor,\cdots,B[n]=(n-1)\lfloor m/n \rfloor$。初始条件为 n 个栈均空,且每个栈的栈底指针和栈顶指针相等:

$$B[i] = T[i] \qquad 1 \leqslant i \leqslant n \tag{2.8}$$

这时，第 i 个栈可使用的空间为 $B[i]+l$ 到 $B[i+1]$，这里由于当 $i=n$ 时 $B[n+1]$ 无定义，且由于 m/n 不一定为整数，所以 $n \lfloor m/n \rfloor$ 一般小于 m，为以后设计算法简便起见，把 $m - n \lfloor m/n \rfloor$ 这部分空间也给第 n 个栈，且定义一个虚的第 $n+1$ 栈的栈底指针为 $B[n+1]=m$，这样就可以把第 i 个栈栈满的条件定义为：

$$T[i] = B[i+1] \qquad 1 \leqslant i \leqslant n \tag{2.9}$$

即第 i 个栈的栈顶与第 $i+1$ 个栈的栈底相遇。此时算法应转入第 i 个栈栈满溢出处理过程 overflow。

有了上述的说明和定义后，就可以用 C 语言写出在第 i 个栈中插入或删除一个元素的算法。该算法可以实现当第 i 个栈已满时，若其余 $n-1$ 个栈尚有闲置空间，则将对某些栈进行平移从而给第 i 个栈增加一个单元，使插入仍可在第 i 个栈上进行。只有当 n 个栈全满时才发生真正的溢出。

在第 i 个栈上插入一个元素的算法代码如下：

```c
void pushsi (int i, ElemType x, int T[], int B[])
{
    if (T[i] == B[i+1])
        overflow (i);        //转第 i 个栈溢出处理
    else
    {
        T[i] = T[i] + 1;
        L[T[i]] = x;
    }
}

void overflow (int i)
//在第 i 个栈上进行插入时发生栈满溢出的处理过程
{
    k = i + 1;
    while ((k <= n) && (T[k] == B[k+1]))
        k = k + 1;
    if (k > n)
        goto S;        //此时右边无空闲位置，转去左边找
    else
    {/* 找到第 k 个栈有空闲单元(i<k<=n)，将从第 k 个栈的栈顶元素起到第 i+1 个栈的栈底元素
        为止，依次向右移动一个位置 */
        for (j = T[k]; j >= B[i+1]+1; j--)
            L[j+1] = L[j];
        for (p = i+1; p <= k; p++)
            B[p] = B[p] + 1;        //修改移动后的栈底指针
        for (p = i; p <= k; p++)
            T[p] = T[p] + 1;        //修改移动后的栈顶指针
        L[T[i]] = x;
        return;
    }
    S: k = i - 1;                //准备从第 i 个栈左边起寻找空间位置
```

```
    while ((k >= 1) && (T[k] == B[k+1]))
        k = k - 1;
    if (k < 1)
    {
        printf ("All stacks are full");
        return;
    }
    else
    {/* 找到第 k 个栈有空闲(1<=k<=i-1),把从第 k+1 个栈的栈底元素起到第 i 个栈的栈
        顶元素止,各元素依次向左移动一个位置 */
        for (j = B[k+1]+1; j <= T[i]; j++)
            L[j-1] = L[j];
        for (p = k+1; p <= i; p++)
            B[p] = B[p-1];
        for (p = k+1; p <= i-1; p++)
            T[p] = T[p]-1;
        L[T[i]] = x;
        return;
    }
}
```

结合图 2.8 所示 n 个栈共享空间的示意图及算法中的注释,不难理解过程中各语句的含义,故对算法说明从略。

在第 i 个栈上进行删除的算法较简单,算法代码如下:

```
void popsi (int i, ElemType &y, int T[], int B[])
{
    if (T[i] == B[i])
        underflow (i);
    else
    {
        y = L[T[i]];
        T[i] = T[i] - 1;
    }
}
```

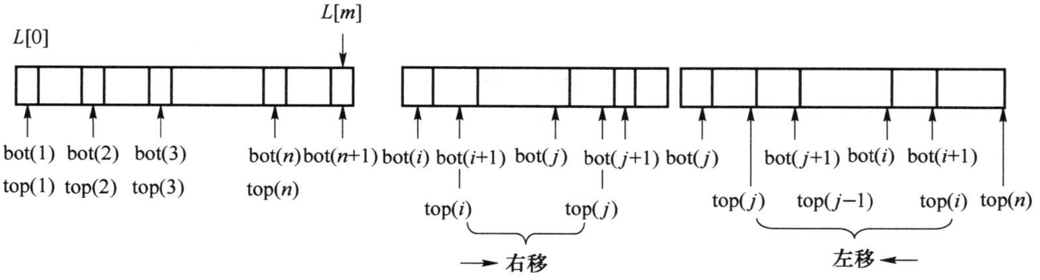

图 2.8 n 个栈共享空间示意图

25

3. 栈的应用举例

【**例2.3**】 括号匹配问题:假设表达式中有两种括号:圆括号和方括号,即(())和[]。其中,[([][])]为正确的格式,而[(])为不正确的格式,写一个算法检验表达式中的扩号是否匹配。

分析:检验括号是否匹配可以用"期待的紧迫程度"这个概念来描述。例如,考虑下面的括号序列:

```
[   (   [   ]   [   ]   )   ]
1   2   3   4   5   6   7   8
```

分析可能出现的不匹配情况:

① 到来的右括号并非所期待的;

② 到来的是"不速之客";

③ 直到结束,也没有到来所"期待"的。

检验括号是否匹配的算法代码如下:

基于栈的括号匹配

```c
bool matching(String exp)
//检验表达式中的括号是否匹配,若匹配返回 true,否则为 false
{
    State = 1;
    InitStack(S);
    while((i <= Length(exp)) && (State == 1))
    {
        switch (exp[i])
        {
            case    '[', '(': {
                        PushStack(S,exp[i]);
                        break;
                    }
            case    ')':    {
                        if(! EmptyStack(S) && (TopStack(S) == '('))
                            PopStack(S);
                        else
                            State = 0;
                        break;
                    }
            case    ']':    {
                        if (! StackEmpty(S) && (TopStack(S) == '['))
                            PopStack(S);
                        else
                            State = 0;
                        break;
                    }
        }
        i = i + 1;
```

```
    }
    if((State == 1)&& EmptyStack(S))
        return true;
    else
        return false;
}
```

【例 2.4】 高级语言编译程序中要处理的一个基本而重要的问题是表达式的计算,即如何把一个表达式翻译成正确求值的机器语言。这里首先遇到的一个问题是如何正确解释表达式。如下述一个复杂的赋值语句:

$$X = A/B * * C + D * E - A * C \tag{2.10}$$

可以有不同的解释。如果设 $A=4, B=C=2, D=E=3$,对人们来说很容易算出这个表达式的正确值是 $X=2$;但对于计算机来说,它可以自左至右顺序扫描解释为:

$$X = 4/2 * * 2 + 3 * 3 - 4 * 2$$
$$= 2 * * 2 + 3 * 3 - 4 * 2$$
$$= 4 + 3 * 3 - 4 * 2$$
$$= 7 * 3 - 4 * 2$$
$$= 21 - 4 * 2$$
$$= 17 * 2$$
$$= 34$$

这个结果显然是错误的。因此,为了使计算机能正确求值,必须事先明确定义出求值的顺序,通常采用算符优先法。

任何一个表达式都是由运算对象即操作数(operand)、运算符(operator)和定义符(delimiter)所组成的。在大多数程序设计中,运算对象可以是被说明的变量名和常量。每一种语言都可以有自己的运算符,大致可分成三类:算术运算符、关系运算符和逻辑运算符。为了固定求值的顺序,我们要为每个运算符规定一个优先数(priority),并且规定优先数高的运算符应先进行运算,但遇到括号时应另作处理。

假定给定的优先数如表 2.1 所示。

表 2.1 运算符的优先数表

运算符	* *	*	/	+	−
优先数	3	2	2	1	1

按这个表,指数运算具有最高的优先数,应最先运算,其他运算符按先乘除后加减的原则进行运算。对于具有同样优先数的运算符还规定从左到右执行运算,当遇到圆括号时,可以不考虑此规则,总是从最内层括号的表达式算起。

根据优先规则,可以规定式(2.10)所表示的赋值语句的计算顺序为:

$$X = ((A/(B * * C)) + (D * E)) - (A * C)$$

一个编译程序如何才能接受这样一个表达式而产生正确的代码呢?首先将这种表达式转换成一等价的无括号的后缀表达式,然后再求值。通常书写的表达式的运算符在运算对象中间(单目运算符是在它的运算对象之前),所以称为中缀表示法。如果每一个运算符均出现在被它运算的操作数之后,即操作数—操作数—运算符,则称此为一个表达式的后缀表示法(即

后缀表达式或逆波兰表示)。例如:

中缀表达式:$A * B/C$

后缀表达式:$AB * C/$

分析表达式 $A * B/C$ 的后缀表示就可以看到,运算符 $*$(乘)紧跟在它的两个运算对象 A 和 B 之后,若计算 $A * B$ 并设想将结果存于 T 中,则除法运算符/也跟在它的两个运算对象 T 和 C 之后。

再看前面的例子式(2.10):

中缀:$A/B * * C+D * E-A * C$

后缀:$ABC * * /DE * +AC * -$

并且按后缀表达式的定义走一遍,每次计算一个值并将它存入一个暂存单元 T_i 中,$(i \geqslant 1)$,从左向右扫描,第一个运算是求幂。

运算	后缀
$T_1 = B * * C$	$AT_1/DE * +AC * -$
$T_2 = A/T_1$	$T_2 DE * +AC * -$
$T_3 = D * E$	$T_2 T_3 +AC * -$
$T_4 = T_2 + T_3$	$T_4 AC * -$
$T_5 = A * C$	$T_4 T_5 -$
$T_6 = T_4 - T_5$	

T_6 中存储的值就是所求的结果。注意:如果表达式有括号,则仅当改变正常的计算次序时才能变成后缀表达式,因此 $A/(B * * C)+(D * E)-A * C$ 与先前没有括号的表达式有相同的后缀,而 $(A/B) * * (C+D) * (E-A) * C$ 的后缀形式为 $AB/CD+ * * EA- * C *$。

经仔细观察可以看到使用后缀表达式有如下优点:①可以省去圆括号;②运算符与优先级无关了,计算时可以从左到右扫描后缀表达式。如果当前扫描到的字符是操作数,则令其进栈(压入),否则从栈中弹出对应于该运算符的操作进行计算,并将运算结果压入栈中,如此重复直到后缀表达式扫描结束,此时栈顶所保存的值即为所求之结果。这个计算过程要比直接计算中缀表达式简单得多,因为后缀表示中运算符的次序就是它在计算过程中执行的次序,这很适于计算机处理。对此问题的详细讨论将在编译课程中进行,下面我们只给出实现上述求值过程的形式算法,然后对中缀表达式的转换问题作一些探讨。

```
void Eval (String e)
//对后缀表达式 e 求值的算法,且规定 e 以符号"#"为结束符
{
    x = Next_token(e);//Next_token 为一函数,其功能是取表达式 e 的下一个符号
    while (x !='#')
    {
        if x is an operand
            PushStack (S, x, n, top);//如扫描到操作数则进栈
        else
        {
            Remove the correct number of operands for operator x from stack,
            perform the operation and store the result, if any, onto the stack;
        }
        x = Next_token(e);
```

```
        }
    }
```

至此,我们看到,编译程序处理表达式求值的关键是需要将一个中缀表达式转换成相应的后缀表达式,显然这个工作也应由计算机来完成。下面我们来研究如何设计一个由中缀表示转换成后缀表示的算法。由于在两种表示中操作数的顺序是相同的,所以从中缀表示转换为后缀表示的算法并不复杂,其步骤如下:

(1) 将表达式完全用括号括起来;

(2) 移动所有的运算符,替换相应的括号;

(3) 删去所有的括号。

例如:$A/B**C+D*E-A*C$,当全用括号括起来后变成:

$$(((A/(B**C))+(D*E))-(A*C))$$

箭头从一个运算符指向它相应的右括号,执行步骤(2)、(3),后给出:

$$ABC**/DE*+AC*-$$

也就是说,当扫描中缀表达式时,遇到操作数则输出,遇到运算符则进栈直到某一适当时刻这个运算符才退栈输出。下面再看两个例子。

【例 2.5】 由 $A+B*C\sharp$ 转换成 $ABC*+$,我们观察栈和输出的情况(栈向右方增长):

扫描的符号	栈的状态	输出
无	空	无
A	空	A
$+$	$+$	A
B	$+$	AB

当后面扫描到 $*$ 时,须确定 $*$ 是否进栈(还是 $+$ 先退栈),因为 $*$ 比 $+$ 优先级高,所以应进栈(这样根据栈的 LIFO 原则,将来 $*$ 比 $+$ 先执行):

$*$	$+*$	AB
C	$+*$	ABC
$\sharp$	空	$ABC*+$

表达式已扫描完毕,栈中所保存的运算符需全部出栈并输出。这时即得到 $ABC*+$。

【例 2.6】 由 $A*(B+C)*D\sharp$ 转换成 $ABC+*D*$。这里,表达式中有括号。我们把括号也看作运算符,给它定义一个优先数,只是左括号"("和右括号")"的优先数不同,并且同一左括号进栈前与进栈后的优先数也不相同,详见表 2.2 所示。

表 2.2 产生后缀表示时的优先数

符号	在栈中的优先数	进栈前的优先数
$)$	—	—
$**$	3	3
$*,/$	2	2
$+-$	1	1
$($	0	4

再来观察栈和输出的情况,如表 2.3 所示。

表 2.3　栈和输出情况

扫描的符号	栈的状态	输出
无	空	无
A	空	A
$*$	$*$	A
$($	$*($	A
B	$*($	AB
$+$	$*(+$	AB
C	$*(+$	ABC

下面遇到")"时需将栈中与之相应的左括号"("以上的运算符全部出栈输出,之后删去左右括号,如表 2.4 所示。

表 2.4　遇到括号时的栈和输出情况

扫描的符号	栈的状态	输出
$)$	$*$	$ABC+$
$*$	$*$	$ABC+*$
D	$*$	$ABC+*D$
$\sharp$	空	$ABC+*D*$

为描述算法方便,我们规定用 ISP$[X]$ 表示运算符 X 在栈内的优先数,用 ICP$[X]$ 表示运算符 X 进栈前的优先数,则上面入栈的操作规则可描述为:若 ISP$[X]$ 大于或等于 ICP$[Y]$,则栈内运算符 X 退栈,否则 Y 进栈。

假设表达式 e(中缀表示)结束符为"$\sharp$",它也是转换好的后缀表达式的结束符。Stack$[1:n]$ 是一个栈,并且把一个 ISP$[\sharp]=-1$ 的"$\sharp$"置于栈底,则我们可以写出将表达式的中缀表示转换成后缀表示的算法代码:

```
void postfix(String e)
{
    Stack[1] ='#';
    top = 1;          //初始化
    x = Next_token(e);     //取表达式 e 中的下一个符号
    while (x !='#')
    {
        if x is an operand
            printf(x);
        else
        {
            if (x ==')')
            {
                while (Stack[top] != '(')
```

```
        {
            printf(Stack[top]);
            top = top - 1;
        }
        //输出栈中对应左括号之前的元素,并从栈中删去它们
        top = top - 1;    //删去左括号
    }
    else
    {
        while (ISP[Stack[top]] > = ICP[x])
        {
            printf (Stack[top]);
            top = top - 1;
        }
        //输出栈中所有优先级高于 ICP[x]的运算符
        call PushStack (Stack, x);
    }
}
x = Next_token(e);
}
while (top > 1)    //已扫描完 e 的最后一个字符,输出并删去栈中的元素
{
    printf (Stack[top]);
    top = top - 1;
}
printf ("♯");    //给后缀表达式加结束标志
}
```

该算法的时间复杂度:由于算法对表达式只扫描一次,如果表达式 e 有 n 个符号,则运算次数(时间)与 n 成正比,即时间为 $O(n)$,附加空间的耗用主要是栈,其大小不超过表达式 e 中的运算符个数。

【例 2.7】 递归与栈。

程序设计语言中的递归过程是借助于栈来实现的,一个直接调用自己或通过一系列的过程调用语句间接调用自己的过程,称为递归过程。例如,阶乘函数可递归定义如下:

$$n\ != \begin{cases} 1 & n=0 \\ n(n-1)! & n>0 \end{cases}$$

为了定义 n 的阶乘,必须首先定义 $n-1$ 的阶乘,为了定义 $n-1$ 的阶乘,又必须首先定义 $n-2$ 的阶乘……一个递归定义必须一步比一步简单,最后是有终结的,不能无限循环下去。在 n 阶乘的定义中,当 n 为 0 时定义为 1,它不再递归定义。

根据阶乘的递归定义,可以很自然地写出计算 $n!$ 的算法,为了便于在表达式中直接引用,我们把它写成一个函数的形式:

```
int f(int n)
{
```

```
if(n == 0)
    return 1;
else
    return n * f(n-1);
}
```

显然,这是一个递归过程,在过程的执行过程中,需多次调用过程本身。那么,这个递归过程是如何执行的? 先看任意两个过程之间进行调用的情形,调用的实现可分成下列三步来进行:

(1) 传送调用信息,即将所有的实在参数、返回地址等信息传递给被调用过程保存;

(2) 为被调用过程的局部变量、实参及返回地址等分配存储区;

(3) 将控制转移到被调过程的入口。

在被调过程运行结束,需要返回调用过程时,可进行下列三步的处理:

(1) 保存被调过程的计算结果,并传送给调用过程;

(2) 释放被调过程的数据区;

(3) 把控制按返回地址转移到调用过程中去。

当有多个过程构成嵌套调用时,按照"后调用先返回"的原则。上述过程之间的信息传递和控制转移必须通过"栈"来实现,即系统将整个程序运行时所需的数据空间安排在一个栈中,每当调用一个过程时,就为它在栈顶分配一个存储区,每当退出一个过程时,就释放它的存储区,则当前正运行的过程的数据区必在栈顶(栈中的每个结点就是一个数据区)。图 2.9(a)展示了递归、调用与返回次序,设 $n=3$。图 2.9(b)展示了执行求 $n!$ 算法过程中栈的变化状态。

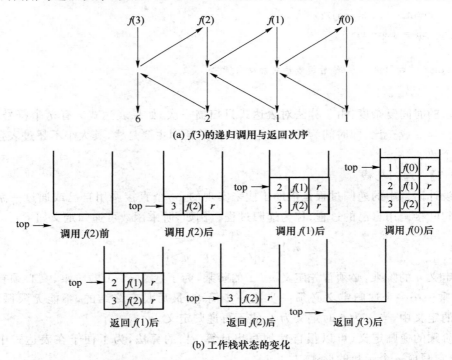

(a) f(3)的递归调用与返回次序

(b) 工作栈状态的变化

图 2.9 递归调用与返回次序及工作栈状态变化示意

上述求 $n!$ 的过程中只有两个参变量 n 和 f,没有局部变量,因此工作栈中记录应包含三个数据项,即值参 n、变参 f 和返回地址 r。工作栈是整个递归过程运行期间使用的数据存储区。每一层递归所需信息构成一个"工作记录"。其中包括所有的实在参数(变参和值参)、所有的局部变量以及上一层的返回地址。每进入一层递归,就产生一个新的工作记录压入栈顶。每退出一层递归,就从栈顶弹出一个工作记录。栈顶的工作记录,称为活动记录。指示活动记录的栈顶指针为"当前环境指针"。

2.2.2 队列

1. 队列的基本概念

队列也是一种运算受限的线性表,在这种线性表上,插入限定在表的某一端进行,删除限定在表的另一端进行。允许插入的一端称为队尾,允许删除的一端称为队头。设 $Q=(a_1,a_2,\cdots,a_n)$,那么,a_1 为队头元素,a_n 则为队尾元素。队列中的元素是按照 $a_1,a_2,\cdots,a_n$ 的顺序进入的,退出队列只能按照进队的次序依次退出,因此通常称队列为先进先出(first-in first-out,FIFO)的线性表。图 2.10 是队列的示意图。

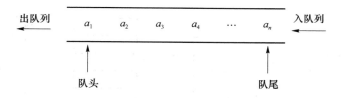

图 2.10　队列的示意图

队列在程序设计中也经常出现。一个最典型的例子就是操作系统中的作业排队。在允许多道程序运行的计算机系统中,同时有几个作业运行。如果运行的结果都需要通过通道输出,那就要按请求输出的先后次序排队。队列的逻辑结构也是线性结构。下面以抽象数据类型定义的形式给出队列的基本运算。

规格说明:2.3 ADT Queue。

数据元素:同属于一个数据对象即可。

结构:数据元素之间呈线性关系。

操作:可进行下列操作。

IniQueue($\&Q$):初始化操作,其作用是设置一个空队 Q。

InQueue($\&Q,x$):入队操作,其作用是将 x 插入到队列 Q 的队尾。

OutQueue($\&Q$):出队操作,其作用是若队列 Q 不空,则删除队头结点,而该结点的后继成为新的队头结点。

Empty($\&Q$):判队空操作,其作用是若队列 Q 不空结果为 false,否则结果为 true。

GetHead($\&Q$):取队头操作,其作用是若队列 Q 不空,则返回队头元素,否则返回空元素"NULL"。

2. 队列的顺序存储结构

队列通常有两种实现方法,即顺序实现和链接实现。队列的一种顺序存储结构称为顺序队列,它由一个一维数组(用于存储队列中元素)及两个分别指示队头和队尾的变量组成。这两个变量分别称为"队头指针"和"队尾指针"。并约定队尾指针指示队尾元素在队列中的当前位置,队头指针指示队列中的队头元素的前一个位置,如图 2.11 所示。

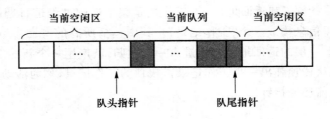

图 2.11　顺序队列示意图

顺序队列的类型定义格式为：

```
#define     m         //顺序队列的容量
ElemType    Q[1..m];
int         front, rear;
```

图 2.12 说明了在顺序队上实现入队、出队运算时队头、队尾指针的变化情况。

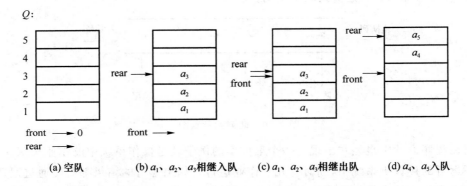

(a) 空队　　　　(b) a_1、a_2、a_3相继入队　　(c) a_1、a_2、a_3相继出队　　(d) a_4、a_5入队

图 2.12　顺序队列的几种状态

从图 2.12 中可以看出，队列空时，头、尾指针的关系为：front＝rear。

在顺序队列中，考虑队满（即上溢）的判定条件为：当 rear＝m 时，如图 2.12(d)所示，若不做其他调整的话，则显然不能做入队列操作。因为 rear＋1＞m，但队列中的实际容量并不足 m 个元素，这种现象称为假溢出。在发生假溢出时，可以将队列中的所有元素依次向排头方向移动，直至头指针为零，但这很浪费时间。一个较巧妙的办法是把队列设想为一个循环的表，即数组的首尾相连：Q[1]接在 Q[m]后，这种存储结构称为循环队列。为了便于算法实现，将数组的上、下界由 1～m 改为 0～$m-1$。循环队列的各种状态示意图如图 2.13 所示。

图 2.13 中的入队和出队操作是利用数学中的"模（％）运算"来实现的。入队操作可描述如下：

```
rear = (rear + 1) % m;
Q[rear] = x;
```

出队操作可描述如下：

```
front = (front + 1) % m;
```

现在讨论如何判别队满与队空的问题。容易看到，不论在循环队的哪个位置，都有可能发生下列情况：一方面，当队空时，队的头指针与尾指针将指向队列中的同一位置；另一方面，由于头指针总是落后于队列中第一个元素一个位置，因此当队装入第 m 个元素时（即队满时）亦

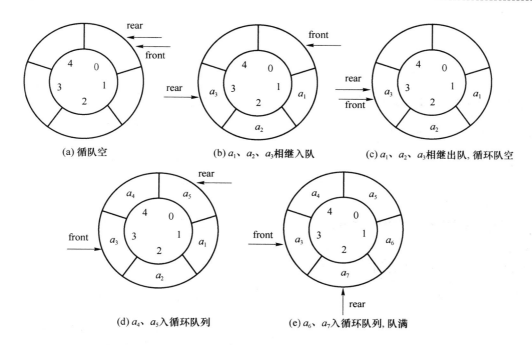

(a) 循队空   (b) a_1、a_2、a_3相继入队   (c) a_1、a_2、a_3相继出队, 循环队空

(d) a_4、a_5入循环队列   (e) a_6、a_7入循环队列, 队满

图 2.13 循环队列的各种状态

会出现头指针与尾指针指向同一位置的情况。因此,单纯凭条件 $f=r$ 不足以判断循环队列是满还是空。对这个问题,可以有两种解决办法,一种办法是,在算法中另设一计数器(或标志位),以区别当出现 $f=r$ 时队满还是队空。这种方法在判别标志时需要花时间,使操作变慢。另外一种较简单的方法是,不另设标志位,而是把插入时若发生"尾指针 r 从后面赶上头指针 f"为队满的标志,也就是说,把尾指针加 1 后等于头指针作为队满的标志,这时尽管因队列中实际上还有一个空间单元而损失了一点存储空间,如图 2.13(e)所示,但却避免了第一种方法中由于判别标志而损失的时间,并减少了算法的复杂性,因此仍不失为一种良策。

3. 循环队列的基本运算在顺序表上的实现

将前述的基本运算在循环队上得以实现。

(1)队列的初始化,算法代码如下:

```
void IniQueue(Queue &Q)
{
    front = 0;
    rear = 0;
}
```

(2)入队列,算法代码如下:

```
void InQueue(Queue &Q, ElemType x)
{
    if((rear + 1) % m == front)
        error("队满");    //队满
    else
    {
```

```
        rear = (rear + 1) % m;
        Q[rear] = x;
    }
}
```

（3）出队列,算法代码如下:

```
void OutQueue(Queue &Q)
{
    if(rear == front)
        error("队空");
    else
        front = (front + 1) % m;
}
```

（4）判队空,算法代码如下:

```
bool EmptyQueue(Queue &Q)
{
    if(rear == front)
        return true;
    else
        return false;
}
```

（5）取队头,算法代码如下:

```
ElemType GetHead(Queue &Q)
{
    if(rear == front)
        return NULL;
    else
    {
        return Q[(front + 1) % m];
    }
}
```

【例 2.8】 假设以一维数组 sequ[0..m−1]存储循环队列的元素,若要使这 m 个分量都得到应用,则另设一标志 tag,以 tag 为 0 或 1 来区分头指针和尾指针相等时队列的状态为"空"或"满",编写此队列的入队和出队算法。

数据结构类型定义如下:

```
#define  m  100
typedef  struct
{
    ElemType  sequ[0..m−1];
    int       front,rear;
    int       tag;
```

```
} Squeue;
```

插入算法：

```
void InQueue(Squeue &Q, ElemType x)
{
    if((Q.front == Q.rear) && (Q.tag == 1))
    {
        printf("Overflow");
        return;
    }
    Q.rear = (Q.rear + 1) % m;
    Q.sequ[Q.rear] = x;
    if(Q.rear == Q.front)
        Q.tag = 1;
}
```

删除算法：

```
ElemType OutQueue(Squeue &Q)
{
    if ((Q.front == Q.rear) && (Q.tag == 0))
    {
        printf("Underflow");
        return;
    }
    x = Q.sequ[Q.front];
    Q.front = (Q.front + 1) % m;
    if (Q.rear == Q.front)
        Q.tag = 0;
    return x;
}
```

习 题 2

一、简答题

1. 简述栈和队列的相同点和不同点。

2. 铁路进行列车调度时，常把站台设计成栈式结构的站台，如图 2.14 所示。

（1）设有编号为 1，2，3，4，5，6 的六辆列车，顺序开入栈式结构的站台，则可能的出栈序列有多少种？

（2）若进站的六辆列车顺序如上所述，那么是否能够得到 435612，325641，154623 和 135426 的出站序列？如果不能，说明为什么不能；如果能，说明如何得到（即写出"进栈"或"出栈"的序列）。

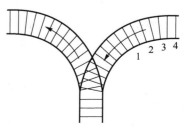

图 2.14 栈式结构

3. 对下面的递归算法,要求:

(1) 写出调用 $P(4)$ 的执行结果;

(2) 将其转换为等价的非递归算法。

```
void   P (int w)
{
    if (w > 0)
    {
        P (w - 1);
        printf ("d%",w);
        P (w - 1);
    }
}
```

4. 试将下列递归过程改写为非递归过程。

```
void test (int &sum)
{
    int x;
    scanf &x;
    if (x == 0)
        sum = 0;
    else
    {
        test (sum);
        sum += x;
    }
    printf (sum);
}
```

5. 写出下列中缀表达式的后缀形式:

(1) $A*B*C$

(2) $-A+B-C+D$

(3) $A*-B+C$

(4) $(A+B)*D+E/(F+A*D)+C$

(5) $A\&\&B||!(E>F)$ //注:按 C++的优先级

(6) $!(A\&\&((B<C)||(C>D)))||(C<E)$

6. 根据本书第 2 章中给出的优先级,回答以下问题:

(1) 在函数 postfix 中,如果表达式 e 含有 n 个运算符和分界符,问栈中最多可存入多少个元素?

(2) 如果表达式 e 含有 n 个运算符,且括号嵌套的最大深度为 6 层,问栈中最多可存入多少个元素?

7. 指出以下算法中的错误和低效(即费时)之处,并将它改写为一个既正确又高效的算法。

```
int DeleteK(Linear_list &L,int i,int k)
//本过程从顺序存储结构的线性表 L 中删除第 i 个元素起的 k 个元素,n 为表长
{
    if ((i < 1) || (k < 0) || (i + k > n))
        return 0;                              //参数不合法
    else
    {
        for(count = −1;count < k;count ++ )     //删除一个元素
        {
            for(j = n; j >= i + 1;j−− )
                L[j−1] = L[j];
            n = n − 1;
        }
    }
    return 1;
}
```

8. 阅读下列算法,并回答问题:

(1) 设顺序表 $L = (3, 7, 11, 14, 20, 51)$,写出执行 example$(L, 15)$ 之后的 L;

(2) 设顺序表 $L = (4, 7, 10, 14, 20, 51)$,写出执行 example$(L, 10)$ 之后的 L;

(3) 简述算法的功能。

```
void example (Linear_List &L, ElemType x, int &n)
{
    int i = 0, j;
    while ((i < n) && (x > L[i]))
        i ++ ;
    if ((i < n) && (x == L[i]))
    {
        for (j = i + 1; j < n; j ++ )
            L[j−1] = L[j];
        n −− ;
    }
    else
    {
        for (j = n; j > i; j−− )
            L[j] = L[j−1];
        L[i] = x;
        n ++ ;
    }
}
```

二、算法设计与分析题

1. 已知一个向量 A,其中的元素按值非递减有序排列,编写一个函数,实现在 A 中插入一个元素 x 后保持该向量仍按非递减有序排列。

2. 编写一个函数,用不多于 $3n/2$ 的平均比较次数,在一个向量 A 中找出最大值和最小值的元素。

3. 改写顺序栈的进栈成员函数 Push(x),要求当栈满时执行一个 StackFull() 操作进行栈满处理。其功能是:动态创建一个比原来的栈数组大 2 倍的新数组,代替原来的栈数组,原来栈数组中的元素占据新数组的前 MaxSize 位置。

4. 已知整数 a 和 b,假设函数 succ(x)$=x+1$,pred(x)$=x-1$,不允许直接用"$+$""$-$"运算符号,也不允许用循环语句,只能利用函数 succ(x) 和 pred(x),试编写计算 $a+b$ 和 $a-b$ 的递归函数 add(a, b) 和 sub(a, b)。

5. 假设栈中每个数据项占 K 个空间位置,试改写入栈和出栈的算法。

6. 试利用循环队列编写求 k 阶斐波那契序列中前 $n+1$ 项($f_0, f_1, \cdots, f_n$)的算法,要求满足:$f_n \leqslant \max$ 而 $f_{n+1} > \max$,其中 $\max$ 为某个约定的常数。(注意:本题所用循环队列的容量仅为 k,则在算法执行结束时,留在循环队列中的元素应该是所求 k 阶斐波那契序列中的最后 k 项)。

7. 请利用两个栈 S_1 和 S_2 来模拟一个队列。用栈的运算来实现该队列的三个运算:inqueue,插入一个元素入队列;outqueue,删除一个元素出队列;queue_empty,判断队列为空。

8. 某汽车渡口,过江渡船每次能载 10 辆车过江。过江车辆分为客车类和货车类,上渡船有如下规定:同类车先到先上船;客车先于货车上船,且每上 4 辆客车,才允许上一辆货车;若等待客车不足 4 辆,则以货车代替,若无货车等待允许客车都上船。试写一算法模拟渡口管理。

第 3 章　链　　表

从第 2 章的内容可知,当用一维数组(向量)形式存储线性表时,各元素是以顺序安排的方式存放的,因而可以随机存取表中任一元素,这时内存的开销也是比较节省的。但是,当需要进行插入或删除运算时,常常会引起很多元素向后或向前移动,若线性表较长,这种移动是很浪费时间的。另外,当有几个大小一定的表共享一块内存空间时,又出现一个如何分配内存的问题,若预先给每个表都分配一个最大的空间,将会造成内存浪费,有时硬件环境也不允许这么做。若让它们同时共享一个向量空间,则常导致大量的数据移动。而且,采用这种存储分配方式不利于表的扩充,因为有时很难在原表的后面找到一个比较大的、连续的存储空间,而一些零碎空间却无法得到利用。为了克服上述缺点,本章将研究另外一种存储结构——链表(linked list)。这种结构虽然要多占用一些内存,但对于插入、删除运算比较方便,且能充分利用计算机内存的闲散空间。

链表也可以用来表示非线性关系,如后面章节要讲到的树和图等,都可以用链表来表示,因此链表设计是程序设计中的一种极其重要的思想,它是表示复杂结构关系的有效手段,是"数据结构"课程中的一个主要概念。本章的重点是讨论存储线性结构的单链表、循环链表以及多重链表。

3.1　单　链　表

本节先以一个具体例子来说明什么是单链表。设有线性表 L,其元素为七个以 AT 为结尾的英文单词并按字典顺序排列在表中:

$L=$(BAT, CAT, EAT, FAT, HAT, VAT, WAT)

将该表按图 3.1 所示方式存放在计算机中,使每个结点不仅包括相应的数据信息,还包括指向下一个结点的指针(pointer)。图 3.1 所示即为单链表的物理状态。

用指针 Head 指出表 L 的第一个元素所在的位置,记号"∧"代表空指针,它表示 L 的结尾。每个结点有两个域:data 是数据域,它保存了与具体结点有关的信息,或称作数据元素的值;next 是指针域,或称作链域,有时也用 link 表示,它保存的是作为该结点直接后继结点的地址。由于每个结点中包含一个指针,故称其为单链表。若设 p 为指针变量,则 p 所指结点的数据域用 p—＞data 表示。这样,链表中由指针建立起来的结点间的逻辑顺序与线性表中结点的逻辑顺序是一致的。但链表中的结点在存储器中的物理地址却可以是任意的,并不要求它们处在一块连续的空间中,这种存储方式称为线性表的链式分配。

注意,为了确定链表中第一个结点(即线性表的第一个元素)的位置,需设立一个指向第一个结点的特殊指针,称为头指针。如图 3.1 中的指针 Head,它是不可缺少的。标志"∧"则出现在链表最后一个结点的指针域内,它标识着链表的结尾,有时也记作 NULL,表示指针域为"空"。

地址	数据	指针
1	HAT	40
6	CAT	10
10	EAT	36
17	WAT	∧
20	BAT	6
36	FAT	1
40	VAT	17

Head →（指向地址20的结点）

图 3.1　单链表的物理状态

人们只关心链表中结点的逻辑顺序，而对每个结点具体的存储地址并无兴趣，因为它对研究链表的性质和运算没有影响。因此，可以把一个单链表（如图 3.1 所示）用更简单、更形象的方式加以表示，如图 3.2 所示。

Head —→ BAT —→ CAT —→ EAT —→ FAT —→ HAT —→ VAT —→ WAT NULL

图 3.2　单链表的逻辑表示

在图 3.2 所示的单链表中，没有明确给出指针的值，只简单地以箭头表示它们，因为对这种链表只需着眼于它的逻辑顺序，在运行时，根据程序需求而申请，再由系统动态分配。

Head 为单链表的头指针（严格地讲，应该是头指针变量，该变量的值称为头指针。通常为叙述方便，将"指针型变量"简称为"指针"）。

单链表的类型定义如下：

```
typedef struct Node
{
    ElemType data;
    struct Node * next;
} * Pointer;
```

其中，Pointer 是一个指针类型，所指结点的类型为 Node（Node 是结点类型），它规定一个结点是由两个域 data 和 next 组成的结构体。其中，data 是结点的数据域，next 是结点的链域，而 next 本身又是一个与 Pointer 相同的类型，但名字不同。本节将用 Pointer 来说明头指针变量的类型，因而 Pointer 也就被用来作为单链表的类型。另外，Pointer 也可用于说明其他作用（如结点链域、工作变量等）的指针型变量。

3.1.1　基本运算在单链表上的实现

为了便于实现各种运算，通常在单链表的第一个结点之前增设一个类型相同的结点，称为头结点，其他结点称为表结点。表结点中的第一个和最后一个分别称为首结点和尾结点。头结点的数据域可以不存储任何信息，也可以存放一个特殊标志或表长，如图 3.3 所示。

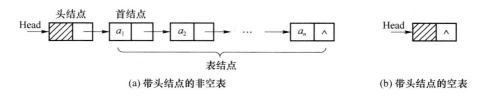

(a) 带头结点的非空表　　　　　　　　　　　(b) 带头结点的空表

图 3.3　带头结点的单链表

1. 初始化

Initial()的功能是建立一个如图 3.3(b)所示的空表。算法代码如下：

```
Pointer Initial()
//创建一个带头结点的空链表,Head 为指向头结点的指针
{
    Pointer Head;
    Head = new Node;
    if (! Head)
        exit (1);                //存储空间分配失败
    Head->next = NULL;
    return Head;
}
```

2. 求表长运算

线性表的表长等于单链表所含表结点的个数。设 Head 是指向某一单链表的头指针，p 是与 Head 同类型的变量，p 作为追踪变量，j 是一个整型计数器。初始时，p 指向头结点，j 置为 0。只要 p 所指结点的链域的值不为 NULL，应继续往下"点数"，p 后移一步，j 的值加 1。直到 p->next = NULL，此时说明 p 所指结点是尾结点，点数完毕。算法代码如下：

```
int Length(Pointer Head )
//求以 Head 为头指针的单链表的长度,p 是 Pointer 类型变量
{
    p = Head;
    j = 0;                       //计数器置初值
    while (p->next != NULL)       //继续点数
    {
        p = p->next;
        j++;
    }
    return j;                     //回传表长
}
```

3. 查找运算

按序号查找是线性表的一种常用运算，其功能是对给定的参数 i 查找线性表的第 i 个结点。容易看出，此运算可用与求表长算法类似的方法来实现，区别仅在于不是从头结点数到尾结点，而是数到第 i 个结点。在求表长的过程中，变量 j 的值始终是 p 所指结点的序号，故只需在每次执行"p 后移"操作之前增加一个判断"$j<i$"，此条件成立时说明尚未"数"到第 i 结

点,应继续往下"数"。因此得到按序号查找算法代码如下:

```
Pointer Find(Pointer Head, int i)
//在以 Head 为头指针的单链表中查找第 i 个结点,若找到则回传指向该结点的指针;否则回传 NULL
{
    p = Head;                //变量初始化,p 指向第一个结点
    j = 0;
    while ((p -> next != NULL) && (j < i))
    {
        p = p -> next;
        j++;
    } // while
    if (i == j)
        return p;
    else
        return NULL;
}
```

4. 定位运算

按从前往后的顺序,依次比较单链表中各表结点数据域的值与给定值 x,第一个值与 x 相等的表结点的地址就是运算结果。若没有这样的结点,运算结果为空。与按序号查找算法的区别在于"查找目标"不同,按序号查找的目标是"序号为 i 的结点",按值查找的目标是"第一个数据域值为 x 的结点"。算法代码如下:

```
Pointer Locate(Pointer Head, ElemType x)
{
    p = Head -> next;
    while ((p != NULL ) && (p -> data != x))
        p = p -> next;
    return p;
}
```

5. 插入运算

在单链表上找到插入位置,可用 Find 算法实现。生成一个以 x 为值的新结点,将新结点链入(不包括寻找插入位置)。设 p 指向单链表中第 $i-1$ 个结点,s 指向已生成的新结点。算法代码如下:

```
void Insert (Pointer &Head, int i, ElemType x)
//在以 Head 为头指针的单链表的第 i 个结点之前插入一个以 x 为值的新结点
{
    p = Find (Head, i - 1);
    if (! p)
        error ("Without");                //参数不合法,i 小于 1 或者大于表长 + 1
    else
    {
        s = new Node;
```

```
    if (! s)
        exit (1);                    //存储空间分配失败
    s -> data = x;                   //创建新元素的结点
    s -> next = p -> next;
    p -> next = s;                   //修改指针
    }
}
```

链表插入

插入结点时指针变化情况如图 3.4 所示。

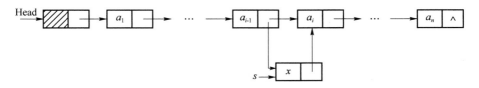

图 3.4 在单链表上插入结点时的指针状态

6. 删除运算

在单链表上删除第 i 个结点,基本思想是:利用 Find 算法找到第 $i-1$ 个结点;从单链表上摘除该结点(摘除与删除的区别在于前者不包括寻找待删结点)。设指针 p 指向待删结点的前一个结点,q 指向待删结点。算法代码如下:

删除链表节点

```
void Delete (PointerHead, int i, ElemType &x)
{
    p = Find (Head, i - 1);           //p 指向第 i-1 个结点
    if ((p != NULL) && (p -> next != NULL))
    {
        q = p -> next;
        p -> next = q -> next;        //修改指针
        x = q -> data;
        delete q;                     //释放结点空间
    }
    else
        error ("Without");
}
```

删除第 i 个结点时指针变化情况如图 3.5 所示。

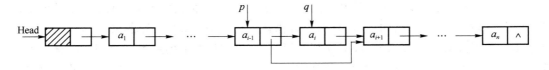

图 3.5 单链表上删除结点时的指针状态

7. 建立单链表

将一个线性表中的数据元素依次输入并建立该线性表的单链表。基本思想是:建立一个只含头结点的空表,其头指针为 Head,依次读入各个数据元素并插到以 Head 为头指针的单

链表的表尾。算法代码如下:

```
Pointer CreateList ()
{
    Pointer Head;
    Head = new Node;                    //生成头结点
    p = Head;                           //尾指针指向头结点
    getchar (x);                        //读入第一个元素
    while (x !='*')
    {
        q = new Node;
        if ( ! q )
            exit (1);                   //存储空间分配失败
        q -> data = x;
        p -> next = q;
        p = q;
        getchar (x);
    }
    p -> next = NULL;
}
```

创建链表

在有的高级语言中,如 BASIC 语言、FORTRAN 语言等,没有提供指针数据类型,也就不能动态生成结点,此时只能借用一维数组来描述线性链表。链表中的结点是数组的一个分量,同时用指示器代替指针结点在数组中的相对位置。数组的第零分量可看成头结点,其指针域指示链表的第一个结点。这种结点仍需要预先分配一个较大的空间,但在做线性表的插入和删除操作时不需移动元素,仅需修改指针,故仍具有链式存储结构的主要优点。这种用数组描述的链表称为静态链表。

3.1.2 单链表的应用示例

【例 3.1】 在一个线性表中可能含有重复结点。重复结点是指数据域的值相同的结点。试编写一个删除重复结点,只保留其中序号最小的一个的算法。例如,线性表(3,1,2,1,5,3,1)经过删除重复结点运算后为(3,1,2,5)。

在 3.1.1 节中实现各个运算时,或者直接写出算法,或者先设计出基本步骤,然后写出算法。清除重复结点运算比 3.1.1 节介绍的运算更复杂一些,可采用"逐步求精"的设计方法。

其基本思想是:在设计过程的开始阶段,先不考虑具体的实现细节,只对总体做出全局决策,并用可能包含非形式语句(即用自然语言描述的语句)的非形式算法来表达全局决策。然后逐步对非形式算法加以求精,即对非形式语句进行更具体的考虑,并代之以更具体的非形式算法或算法。这个过程要反复进行,直到完全设计出算法为止。按这一方法,清除重复结点运算算法的设计过程如下。

(1) 第一步,全局决策。可以采用下述方法实现清除重复结点运算:从前往后依次检查每一个结点,若它是重复结点,则保留它而删除所有排在它后面的重复结点。写成非形式算法(Ⅰ)如下:

```
i = 1;
while(a[i]不是终端结点 )
{
    删除 a[i + 1],…,a[n]中值与 a[i]相同的结点;
    i + + ;
}
```

(2) 第二步,求精(Ⅰ)。关键是非形式算法(Ⅰ)的循环体中的第一条非形式语句,先对它进行求精。显然可将它"分解"为下述更具体的语句组:

```
j = i + 1;
while ( j <= n)
{
    if (a[j] == a[i])
        撤销 a[j];
    else
        j = j + 1;
}
```

用此语句组代替非形式算法(Ⅰ)的循环体中的第一条非形式语句,得非形式算法(Ⅱ)如下:

```
i = 1;
while(a[i]不是终端结点 )
{
    j = i + 1;
    while ( j <= n)
    {
        if ( a[j] == a[i])
            撤销 a[j];
        else
            j + + ;
    }
    i + + ;
}
```

(3) 第三步,求精(Ⅱ)。非形式算法(Ⅱ)已经比较具体,可直接将其求精为算法。而这需考虑存储结构的特点。这里是以单链表为存储结构,而在单链表上通常用指针而不用序号指示操作位置。只要完成了上述更改(求精),循环条件和"撤销"操作的求精便可最终完成。最后得到如下算法:

```
void purge - lklist(Pointer &Head)
//删除表 Head 中多余的重复结点
{
    p = Head - > next;              //p 指向当前检查的位置
    if(p == NULL)
        return;                    //空表返回
```

```
        while (p->next != NULL)              //p不为尾结点时寻找并删除它的重复结点
        {
            q = p;
            while (q->next != NULL)
            {
                if (q->next->data == p->data)
                {
                    r = q->next;
                    q->next = r->next;
                    delete r;                //r指向待删结点
                }
                else
                    q = q->next;
            }
            p = p->next;
        }
    }
```

为了进行摘除操作,q指针始终指向"当前比较结点"的前驱结点。

(4)"逐步求精"的设计方法已经证明是小型程序设计的有效方法。对这种方法补充说明如下。

① 越是"高层"的非形式算法涉及的细节越少,其中的一条非形式语句(例如上述非形式算法(Ⅰ)中的循环)可以是一个复杂的运算。"求精"实际上是将这些复杂运算"分解"为一些较简单的运算,这样便得到层次越来越低的非形式算法,最后得到算法。这是一个"自顶向下"的分解过程。

但有时高层决策会出现某种失误,而这些失误直到较低层次才反映出来。这就需要返回高层进行修改。这是一个"自底向上"的调整相结合的设计方法。

② 高层的设计可以不考虑存储结构而直接在逻辑结构上进行。例如,上面的非形式算法(Ⅰ)和(Ⅱ)的设计都直接在逻辑结构上进行,无须考虑存储结构的细节。一般情况下,存储结构的引入应推迟到不引入便无法继续求精的时刻。这说明逻辑结构也是一种表示工具,在这种表示之上,可以进行(非形式算法的)算法设计。事实上,这正是研究数据结构的一个重要原因。执行上述算法中的删除时,各指针状态如图3.6所示。

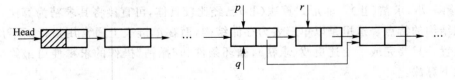

图 3.6　删除重复结点时指针的状态

【例 3.2】　一元多项式的表示及相加。

在数学上,一个一元多项式 $P_n(x)$ 可按升幂写成:

$$P_n(x) = p_0 + p_1 x + p_2 x^2 + \cdots + p_n x^n \tag{3.1}$$

它由 $n+1$ 个系数唯一确定。因此,在计算机里,它可用一个线性表 $P = (p_0, p_1, p_2, \cdots,$

p_n)来表示,其中每一项的指数 i 隐含在其系数 p_i 的序号里。

假设 $Q_m(x)$ 是一元 m 次多项式,同样可用线性表 Q 来表示:

$$Q=(q_0,q_1,q_2,\cdots,q_m) \tag{3.2}$$

不失一般性,设 $m<n$,则两个多项式相加的结果 $R_n(x)=P_n(x)+Q_m(x)$ 可用线性表 R 表示:

$$R=(p_0+q_0,p_1+q_1,p_2+q_2,\cdots,p_m+q_m,p_{m+1},\cdots,p_n) \tag{3.3}$$

显然,我们可以对 P、Q 和 R 采用顺序存储结构,使得多项式相加的算法定义十分简洁。至此,一元多项式的表示及相加问题似乎已经解决了。然而,在通常的应用中,多项式的次数可能很高且变化很大,使得顺序存储结构的最大长度很难确定。特别是在处理形如 $S(x)=1+3x^{1\,000}+2x^{20\,000}$ 的多项式时,就要用一长度为 20 001 的线性表来表示,表中仅有 3 个非零元素,这种对内存空间的浪费是应当避免的,但是如果只存储非零系数项,则显然必须同时存储相应的指数。

一般情况下的一元 n 次多项式可写成:

$$P_n(x)=p_1x^{e_1}+p_2x^{e_2}+\cdots+p_mx^{e_m} \tag{3.4}$$

其中,p_i 是指数为 e_i 的项的非零系数,且满足:

$$0\leqslant e_1<e_2<\cdots<e_m=n \tag{3.5}$$

用一个长度为 m 且每个元素有两个数据项(系数项和指数项)的线性表:

$$((p_1,e_1),(p_2,e_2),\cdots,(p_m,e_m)) \tag{3.6}$$

便可唯一确定多项式 $P_n(x)$。在最坏情况下,$n+1(=m)$ 个系数都不为零,则比只存储每项系数的方案要多存储一倍的数据。但是,对于 $S(x)$ 类的多项式,这种表示将大大节省。

式(3.6)的线性表可以有两种存储结构:其一是图 3.7 所示的顺序存储结构;其二是采用链表。至于在实际的应用程序中究竟采用哪一种存储结构,则要视进行什么运算而定。假如只是要求多项式的值,运算中无须修改多项式的系数和指数的值,则采用顺序存储结构为宜。图 3.7 所描述的顺序存储结构的类型定义如下:

polyn(1..m)	
p_1	e_1
p_2	e_2
…	…
p_m	e_m

图 3.7 多项式表的顺序存储结构

```
typedefstruct elem
{
    float coef;
    int   exp;
};
typedef elem polyn[m-1];
```

假若是求两个多项式之和,则与合并两个线性表相类似,由存储空间的状况来定。

假设 $A_n(x)$ 和 $B_m(x)$ 都是形如式(3.1)的一元多项式,现在求两多项式之和 $C_n(x)=A_n(x)+B_m(x)(m\leqslant n)$。并且考虑到存储空间有限,和多项式 $C_n(x)$ 的存储空间需覆盖 $A_n(x)$ 和 $B_m(x)$ 的存储空间。

在这种存储空间的条件下,需采用链式存储结构,同时考虑到求和运算仅需一个方向的查找,则采用单链表即可,类型定义为:

```
typedef struct Node
{
    double coef;
```

```
        int exp;
        struct Node * next;
    } * polynom;
```

图 3.8 所示为两个如上描述的带表头结点的单链表,分别表示多项式 $A_4(x)=7+3x+9x^8+5x^{17}$ 和多项式 $B_3(x)=8x+22x^7-9x^8$。

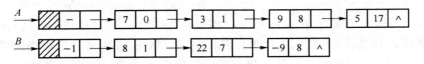

图 3.8 多项式表的单链表存储结构

一元多项式相加的运算规则很简单:两个多项式中所有指数相同的项,对应系数相加,若和不为零,则构成"和多项式"中的一项;所有指数不相同的项均复制到"和多项式"中。在本例中以单链表作为存储结构,并按题意,"和多项式"中结点无须另外生成,可看成是将多项式 B 加到多项式 A 上。

由此可得下列运算规则:设 p 和 q 分别指向多项式 A 和 B 中某一结点,比较结点中的指数项,若 p->exp<q->exp,则 p 结点应是"和多项式"中的一项,令 p 指针向后移;若 p->exp>q->exp,则 q 结点应是"和多项式"中的一项,将 q 结点插入在 p 结点之前,且 q 指针在原来的链表上后移;若 p->exp=q->exp,则将两个结点中的系数相加,当和不为零时修改 p 结点中的系数域,释放 q 结点;反之,"和多项式"中没有此项,从 A 表中删去 p 结点,同时释放 p 和 q 结点。算法代码如下:

```
void Polyadd(polynom &pa, &pb, &pc)
//pa,pb 和 pc 分别为表示多项式 A 和 B 及它们的和 C 的带表头的单链表的头指针
{
    p = pa-> next;
    q = pb-> next;              //p 和 q 分别指向多项式链表中第一个结点
    s = pa;                     //s 指向 p 结点的直接前驱
    pc = pa;
    while ((p != NULL) && (q != NULL))
    {
        if (p-> exp < q-> exp)
        {
            s = p;
            p = p-> next;
        }                       //p 指针后移
        if (p-> exp == q-> exp)
        {
            x = p-> coef + q-> coef;
            if (x != 0)
            {
                p-> coef = x;
                s = p;
            }                   //修改 p 结点
```

```
        else
        {
            s - > next = p - > next;
            delete p;
        }                                    //删除 p 结点
        p = s - > next;
        u = q;
        q = q - > next;
        delete u;
    }
    if (p - > exp > q - > exp)
    {
        u = q - > next;
        q - > next = p;
        s - > next = q;
        s = q;
        q = u;
    }                                        //q 结点插入在 p 结点之前,q 指针后移
}
if (q != NULL)
    s - > next = q;                          //将多项式 B 中剩余结点链入和多项式 C 中
delete pb;                                   //释放多项式 B 的头结点
}
```

　　假设 A 多项式有 m 项,B 多项式有 n 项,则上述算法的时间复杂度为 $O(m+n)$。

　　图 3.9 所示为图 3.8 中两个多项式的和,图中的长方形表示已被释放的结点。利用两个多项式相加的算法易于实现两个一元多项式相乘,因为乘法可以分解为一系列的加法运算。假设 $A_m(x)$ 和 $B_n(x)$ 为式(3.1)的多项式,则有:

$$M(x) = A_m(x) * B_n(x) = A_m(x) * [b_1 x^{e_1} + b_2 x^{e_2} + \cdots + b_n x^{e_n}] = \sum_{i=1}^{n} b_i A_m(x) x^{e_i}$$

其中,每一项 $b_i A_m(x) x^{e_i}$ 都是一个一元多项式。

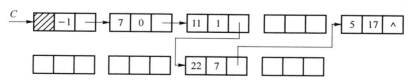

图 3.9　相加得到的和多项式

3.2　链栈和链队

　　第 2 章中讨论了限定性数据结构栈和队列顺序分配下的工作情况,在有多个栈或队列共享一块内存时,顺序分配的办法会使工作效率下降。若利用链表来组织栈和队列则可以很好地解决这个问题。栈和队列的链式存储结构如图 3.10 所示。

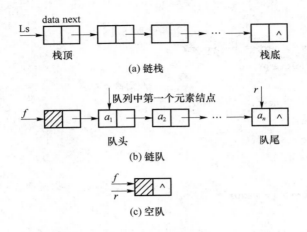

图 3.10 链栈和链队

链栈和链队,组织形式与单链表相似。图 3.10(a)中单链表的第一个结点就是链栈栈顶结点。Ls 称为栈顶指针,它相当于单链表的头指针。栈中的其他结点通过它们的 next 域链接起来。栈底结点的 next 域为空。因链栈本身没有容量限制,故在用户内存空间的范围内不会出现栈满的情况。

链栈的类型定义如下:

```
typedef struct LNode
{
    ElemType data;
    LNode * next;
} * Stack;
```

图 3.10(b)、图 3.10(c)相当于一个带头结点的单链表。其中,f(队头指针)指向头结点,r(队尾指针)指向队尾结点。

链队的类型定义如下:

```
typedef struct LNode
{
    ElemType data;
    struct LNode * next;
} * Squeue;
Squeue f, r;
```

3.2.1 基本运算在链栈上的实现

1. 初始化

栈初始化的作用是设置一个空栈。而一个空的链栈可以用栈顶指针为 NULL 来表示,算法代码如下:

```
Stack InitStack ()
//初始化栈
{
```

```
        Ls = NULL;
        return Ls;
}
```

2. 入栈

进栈算法的基本步骤包括：

① 申请一个新结点，并将 x 的值送入该结点的 data 域；

② 将该结点链入栈中使之成为新的栈顶结点。

算法代码如下：

```
void PushStack(Stack &Ls, ElemType x)
//将元素 x 压入栈 Ls 中
{
        p = new LNode;                       //生成新结点
        p->data = x;
        p->next = Ls;                        //链入栈中
        Ls = p;                              //修改栈顶指针
}
```

3. 出栈

出栈即删除栈顶元素，步骤为：

① 栈顶结点的 data 域的值由参数返回，并取下栈顶结点，让它的下一个结点成为新的栈顶；

② 将取出的栈顶结点空间释放。

算法代码如下：

```
void PopStack(Stack &Ls)
//若栈空给出错误信息,否则删除栈顶元素
{
        if (Ls == NULL)
            error ("栈空");
        else
        {
            p = Ls;
            Ls = Ls->next;
            delete p;
        }
}
```

其他基本运算在链栈上的实现，请读者自行补充。

3.2.2 基本运算在链队上的实现

1. 初始化

```
void InitQueue(Squeue &f, Squeue&r)
//将队设为空队
{
```

```
        f = new LNode;                    //生成队头结点
        r = f;                            //尾指针指向头结点
        f -> next = NULL;                 //头结点的指针域置空
    }
```

2. 链队的插入

```
void InQueue(Squeue &f, Squeue &r, ElemType x)
//将 x 入链队
{
    p = new LNode;
    p -> data = x;
    p -> next = NULL;
    r -> next = p;
    r = p;
}
```

3. 出队

```
void OutQueue(Squeue &f, Squeue &r)
//若链队为空给出出错信息,否则删除队头元素
{
    if (r == f)
        error ("队空");
    else
    {
        q = f -> next;
        f -> next = q -> next;
        if (q -> next == NULL)
            r = f;
        delete q;
    }
}
```

4. 读队头元素

```
ElemType GetHead(Squeue f)
//取出链队中队头元素的值
{
    if (r != f)
    {
        p = f -> next;
        return p -> data;
    }
}
```

5. 判队空

```
bool EmptyQueue(Squeue &f, Squeue &r)
//若链队为空,则返回 true,否则返回 false
```

```
{
    if (f = = r)
        return true;
    else
        return false;
}
```

3.2.3 队列和栈的应用示例

利用一个综合性的例子来说明队列和栈的应用,如停车场管理。

设停车场内只有一个可停放 n 辆汽车的狭长通道,且只有一个大门可供汽车进出。汽车在停车场按车辆到达时的先后顺序,依次由北向南排列(大门在最南端,最先到达的第一辆车停放在车场的最北端),若停车场内已停满 n 辆汽车,则后来的汽车只能在门外的便道上等候,一旦停车场内有车开走,则排在便道上的第一辆车即可开入。当停车场内某辆车要离开时,由于停车场是狭长的通道,在它之后开入车场的车辆必须先退出车场为它让路,待该辆车开出大门外后,为它让路的车辆再按原次序进入车场。在这里假设汽车不能从便道上开走。每辆停放在车场的车在它离开停车场时必须按它停留的时间长短缴纳费用。试为停车场编制按上述要求进行管理的模拟程序。要求:根据各结点的信息,调用相应的函数或者语句,将结点入栈或者入队,出栈或者出队。

试设计一个停车场管理程序。停车场示意图如图 3.11 所示。

图 3.11 停车场示意图

分析:汽车在停车场内进出是按照栈的运算方式来实现的,先到的先进停车场,停车场内为某辆汽车让路,也是按栈的方式进行,汽车在便道上等候是按队列的方式进行的。输入数据按到达或离去的时刻有序。因此,将停车场设计成一个栈,便道设计成一个队列。栈采用顺序存储结构,队列用链式存储结构。另外,为了便于停车场里的汽车为要出大门的汽车让道,设计一个临时栈,也采用顺序存储结构。

管理算法的思想描述如下。

① 接受命令和车号,当输入数据包括数据项为汽车的"到达"('A'表示)信息、汽车标识(牌照号)以及到达时刻时,先判断停车场是否满,若不满,则汽车入栈,否则汽车入便道队等候,并输出汽车在停车场内或者便道上的停车位置。

② 接受命令和车号,当输入数据包括数据项为汽车的"离去"('D'表示)信息、汽车标识(牌照号)以及离去时刻时,将停车场栈上若干辆汽车入临时栈,为该汽车让路,这辆车出停车场栈,临时栈中汽车出栈,入停车场栈,再看便道队列是否为空,若不空则说明有汽车等候,从队头取出汽车信息,让该车进停车场栈,并输出汽车在停车场停留的时间和应缴纳的费用(便道上停留的时间不收费)。

③ 接受命令和车号,当输入数据项为('P',0,0)时,应输出停车场的车数;当输入数据项

为('W',0,0)时,应输出候车场车数;当输入数据项为('E',0,0)时,退出程序;若输入数据项不是以上所述,就输出"ERROR!"。

重复①、②、③直到有退出命令。

管理程序如下:

```
# include "stdio. h"           //调用的头文件库声明
# include "iostream. h"
# include "stdlib. h"
# include "stdafx. h"
# define MAXSIZE 14
# define n 3
# define fee 10


struct car                     //用该结构体来存放车的状态,编号和时间信息
{
    char bb;
    int num;
    int time;
};


typedef struct stack           //用该栈来模拟停车场
{
    struct car G[n];
    int top;
}SqStack;
struct rangweicar              //用该结构体来存放临时让出的车辆的编号以及时间信息
{
    int num;
    int time;
};


typedef structstack            //用该栈来模拟临时让出的车辆的停靠场地
{
    struct rangweicar H[MAXSIZE];
    int topp;
}SqStackk;


typedef struct QNODE
{
    int data;
    QNODE  * next;
}QNODE;


typedef struct linkqueue
```

```
{
    QNODE * front, * rear;
    int geshu;
}LinkQueue;

void A_cars (SqStack * s, LinkQueue * q, struct car a)
//实现对车辆状态为到达的车辆的操作
{
    QNODE * t;
    if (s->top != n-1)
    {
        (s->top)++;
        (s->G[s->top]).bb = a.bb;
        (s->G[s->top]).num = a.num;
        (s->G[s->top]).time = a.time;
    }
    else
    {
        printf("停车场已满!\n");
        t = (QNODE * )malloc(sizeof(QNODE));
        t->data = a.num;
        t->next = NULL;
        q->rear->next = t;
        q->rear = t;
        q->geshu++;
    }
}


int D_cars (SqStack * s, LinkQueue * q, struct car d)
//实现车辆状态为离开的车辆的操作
{
    int i,j,l,x,y;
    QNODE * p;
    SqStackk * k;
    if (d.num == (s->G[s->top]).num)        //若待离开车为最后进停车场的车的情况
    {
        x = d.time - (s->G[s->top]).time;
        y = fee * x;
        printf("停车时间为:%d小时,停车费用为:%d元!\n",x,y);
        if ( q->geshu == 0 )   //若便道上无车,函数返回
        {
            printf("便道为空!\n");
            s->top = s->top - 1;
            return 0;
        }
```

```
        else
        {
            p = q -> front -> next;
            q -> front -> next = p -> next;
            (s -> G[s -> top]). num = p -> data; //并存入其车牌编号及进停车场的时间
            (s -> G[s -> top]). time = d. time;
            free (p) ;
            q -> geshu -- ;
            if(q -> front -> next == NULL)
            {
                q -> rear = q -> front;
                return 1;
            }
        }
    }
    else
    {
        for (i = 0; i <(s -> top); i ++)
        {
            if((s -> G[i]). num != d. num)
                continue;
            else
                break;
        }
        if(i >= (s -> top))
        {
            printf("ERROR! \n");
            return - 1;
        }
        x = d. time - (s -> G[i]). time;          //计算待离开车的停车时间并计算费用
        y = fee * x;
        printf("停车时间为：% d 小时，停车费用为：% d 元！\n", x, y);
        k = (SqStackk * )malloc(sizeof(SqStackk));
        k -> topp = - 1;
        for(j = (s -> top);j > i;j -- )
        {
            k -> topp ++ ;
            (k -> H[k -> topp]). num = (s -> G[j]). num;
            (k -> H[k -> topp]). time = (s -> G[j]). time;
            s -> top -- ;
        }
        printf("临时栈中的信息为:(车号和时间) :\n");
        for(l = 0;l <= (k -> topp);l ++)
        {
```

```
            printf("%d,%d\n",(k->H[l]).num,(k->H[l]).time);
        }    //显示在新栈中的车辆信息
    s->top--;
    while (k->top>=0)
    {
        s->top++;
        (s->G[s->top]).bb='A';
        (s->G[s->top]).num=(k->H[k->topp]).num;
        (s->G[s->top]).time=(k->H[k->topp]).time;
        k->topp--;
    }
    if (q->geshu==0)
    {
        printf("便道为空!\n");
        return 2;
    }
    else
    {
        s->top++;
        p=q->front->next;
        q->front->next=p->next;
        (s->G[s->top]).num=p->data;
        (s->G[s->top]).time=d.time;
        free(p);
        q->geshu--;
        if(q->front->next == NULL)
            q->rear=q->front;
        return 3;
    }
    }
}


void Judge_Output(SqStack &s, LinkQueue &q, struct car &r)
//通过传递来的车辆信息调用相关函数实现操作
{
    if ((*r).bb=='E'||(*r).bb=='e')          //若车辆状态为'E',终止程序
        printf("STOP!\n");
    else if ((*r).bb=='P'||(*r).bb=='p')     //若车辆状态为'P',输出停车场车辆数
        printf("停车场中汽车辆数为:%d\n",(s->top)+1);
    else if ((*r).bb=='W'||(*r).bb=='w')     //若车辆状态为'W',输出便道车辆数
        printf("便道中汽车辆数为:%d\n", q->geshu);
    else if ((*r).bb=='A'||(*r).bb=='a')     //若车辆状态为'A',调用 A_cars 函数
        A_cars(s,q,*r);
    else if ((*r).bb=='D'||(*r).bb=='d')     //若车辆状态为'D',调用 D_cars 函数
```

```
                D_cars(s,q, * r);
            else printf ("ERROR! \n");                    //若车辆状态为其他字母,报错
    }


    void main()
    {
        SqStack * s;
        LinkQueue * q;
        QNODE * p;
        struct car aa[MAXSIZE];
        int i;
        s = (SqStack * )malloc(sizeof(SqStack));
        s - > top = - 1;
        q = (LinkQueue * )malloc(sizeof(LinkQueue));
        p = (QNODE * )malloc(sizeof(QNODE));
        p - > next = NULL;
        q - > front = q - > rear = p;
        q - > geshu = 0;
        printf ("停车场管理系统 \n");
        printf(" * * * * * * * * * * * * * * * * * * * * * * * * * * * * * * * * * * * * * * * * \n");
        printf ("A(a)车辆到达;D(d)车辆离开;P(p)停车场车辆总数;W(w)便道车辆总数;E(e)退出\n");
        printf("\n");
        for (i = 0; i < MAXSIZE; i + +)
        {
            printf ("请输入汽车的状态,车牌号和时间:\n");
            scanf(" % c, % d, % d",&(aa[i].bb),&(aa[i].num),&(aa[i].time));
            getchar();
            Judge_Output(s,q,&aa[i]);
            if(aa[i].bb == 'E')
                break;
        }
    }
```

3.3 循环链表与双重链表

对 3.1 节所讲的单链表,在表头指针未知的情况下,要在某个指定结点(由一指针变量标识)的前面插入一个结点时,其运算要比在该指定结点的后面插入一个结点复杂,此时要增加两个结点数据域交换的运算。另外,在同样条件下,若要删除某个指定结点自身,其运算也比删除该结点后面的那个结点麻烦,需增加一次数据域的传送。这些是因为普通单链表的每个结点只用指向其后的一个结点的指针域,故只能进行从头到尾单方向的顺序访问,而从某一结点出发无法再找到它前面的结点。此外,当插入或删除的是表头结点时,由于需改变表头指针,故运算要单独考虑,这样在普通单链表上进行插入或删除时,一般先要判断插入或删除者

是否为表头结点,这当然会影响算法的效率。

为了克服上述缺点,可对普通单链表加以改进得到另外两种链表——循环链表和双重链表。若将这两种链表的特点结合起来则可以进一步得到双重循环链表。

3.3.1 循环链表

将 3.1 节中单链表的最后一个结点的指针由原来的"∧"标志修改为指向链表的表头结点,将得到循环链表(circular linked list),如图 3.12(a)所示,这种链表有如下几个特点。

(1) 只要给出表中任何一结点的位置,则由此出发就可访问表中其他所有结点。

(2) 对循环链表,若在它的第一个结点之前设立一个特殊的称为表头的结点,它的数据域可以是空的或按需要设定。因此这样的链表中任何时候都至少有一个结点存在(图 3.12(b)),这样就把对一般表和空表的处理统一起来了。因为当插入或删除在链表的第一个结点处进行时,不再需要考虑表头指针的修改了。

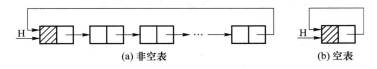

(a) 非空表   (b) 空表

图 3.12 循环链表示例

(3) 当需要将整个链表中所有结点归还给可用空间栈时,用循环链表比用普通表要方便得多。对于单链表,必须从头结点起顺链找到最后一个结点,再令该结点的指针域指向可用空间栈的第一个结点,然后修改 av 指针。而对于循环链表,只需修改表头结点的指针域,并让指针 av 指向原来循环链表的第一个结点,如图 3.13 所示。

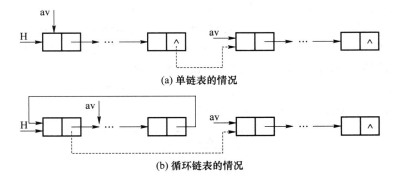

(a) 单链表的情况

(b) 循环链表的情况

图 3.13 释放整个链表给 av 栈时的指针变化状态

对循环链表而言,只要知道它的任一结点 p,便容易实现将它的全部结点归还可用空间栈。实现这一过程的算法代码如下:

```
void cerase (p)
//归还一个循环链表给 av 栈,p 是指向链表中任一结点的指针
{
    if (p == NULL)
        exit;
    else
    {
```

```
        q = av;
        av = p->next;
        p->next = q;
    }
}
```

3.3.2　双重链表

3.3.1节中介绍的循环链表在有些问题的处理中仍存在缺陷,由于链表是单方向的,有时要访问的结点若远离表头结点,则速度变慢。若想访问一个已知结点的直接前驱,就只能将整个链表的结点全都遍历过才能办到。为了弥补这一缺陷,可以给每一个结点设置两个或两个以上的指针域,这样就可以构成双重链表或多重链表(multilinked list)。多重链表既可以表示线性结构又可以表示非线性结构,因此它有着广泛的用途。

一般情况下,一个多重链表的结点可以含有 m 个数据域和 n 个链域(指针域),如图 3.14 所示。

图 3.14　多重链表的结点形式

对这种多重链表,可引入存储密度(density)的概念,它是指结点数据域所占的存储位与占用的总存储位之比。显然,结点中指针域越多其存储密度越小,这是多重链表的一个空间代价,但是由于多个指针常可以提供更多的有用信息,所以有时这种开销是合算的。下面我们介绍常用的双重链表(也叫双向链表)。

双重链表中的每个结点有三个域,如图 3.15(a)所示,它包括数据域(data)、左链域(Llink)和右链域(Rlink)。其中,左链域用以指示其直接前驱结点,右链域用以指示其直接后继结点。双向链表还可以是循环的,图 3.15(b)所示就是一个带表头结点的双重循环链表。这里的表头结点同样可以给一些算法的设计提供某些方便。注意表头结点的 Rlink 域指向非空表的第一个结点,Llink 则指向非空表的最后一个结点。当表为空时,只有一个表头结点的双重链表存在,此时它们左右链域均指向表头结点自身,如图 3.15(c)所示。

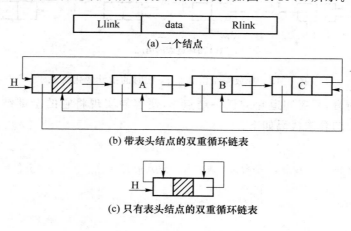

(a)一个结点

(b)带表头结点的双重循环链表

(c)只有表头结点的双重循环链表

图 3.15　双重链表示例

在双重链表中有如下一个重要性质,若 t 是指向表中任一结点的指针,则下面等式成立:

$$(t->Rlink)->Llink = (t->Llink)->Rlink = t$$

这个公式反映了双重循环链表这种结构的本质特性。由于双重循环链表中增加了指针域,使对任意给定的结点能立即确定它的前驱和后继。因而在这种表上进行插入和删除都变得比较容易和快速,因为在需要时,遍历可以朝任何方向进行。

插入算法代码如下:

```
void Inserdoublink(DbLink &hd, ElemType x, ElemType y)
//在以 hd 为头指针的双重链表中的数域等于 x 的结点右边插入含 y 值的结点
{
    p = hd->Rlink;                        //p 指向链表的第一个结点
    while ((p != hd) && (p->data != x))
        p = p->Rlink;                     //查找结点 x
    if (p == hd)
        printf ("No node x");
    else
    {
        q = new DbNode;
        q->data = y;
        q->Rlink = p->Rlink;
        q->Llink = p;
        (p->Rlink)->Llink = q;
        p->Rlink = q;
    }
}
```

双重链表的插入

在双重循环链表上删除数据域为 x 的结点的算法代码如下:

```
void Dedoublink(DbLink &hd, ElemType x)
{
    p = hd->Rlink;                        //令 p 指向表的第一个结点
    while ((p->data != x) && (p != hd))
        p = p->Rlink;                     //查找结点 x
    if (p == hd)
        printf("No this node");
    else
    {
        (p->Llink)->Rlink = p->Rlink;     //修改前驱结点的右链域
        (p->Rlink)->Llink = p->Llink;     //修改后继结点的左链域
    }
}
```

双重链表的删除

习　题　3

一、简答题

1. 线性表可用顺序表或链表存储。

(1) 两种存储表示各有哪些主要优缺点?

(2) 如果有 n 个表同时并存,并且在处理过程中各表的长度会动态发生变化,表的总数也可能自动改变。在此情况下,应选用哪种存储表示?为什么?

(3) 若表的总数基本稳定,且很少进行插入和删除,但要求以最快的速度存取表中的元素,这时应采用哪种存储表示?为什么?

2. 试述以下 3 个概念的区别:头指针、头结点、首结点(第一个元素结点)。

3. 下述算法的功能是什么?

(1)

```
Pointer LinkListDemo(Pointer &L)        //L 是无头结点的单链表
{
    Pointer * q, * p;
    if((L != NULL) && (L->next != NULL))
    {
        q = L;
        L = L->next;
        p = L;
        while(p->next != NULL)
            p = p->next;
        p->next = q;
        q->next = NULL;
    }
    returnL;
}
```

(2)

```
void BB (Pointer &s, Pointer &q)
{
    p = s;
    while (p->next != q)
        p = p->next;
    p->next = s;
}/
void AA (Pointer &pa, Pointer &pb)
//pa 和 pb 分别指向单循环链表中的两个结点
{
    BB (pa, pb);
    BB (pb, pa);
}
```

4. 与单链表相比,双重循环链表有哪些优点?

5. 在线性表的如下链表存储结构中,若未知链表头指针,仅已知结点 k 的地址,能否将它从该结构中删除?为什么?

(1) 单链表;

（2）双重链表；

（3）循环链表。

二、算法设计与分析题

1. 试编写在无头结点的单链表上实现线性表基本运算 LOCATE(L，X)、INSERT(L，X，i)和 DELETE(L，i)的算法。

2. 试写出在不带头结点的单链表上实现线性表基本运算 LENGTH(L)的算法。

3. 针对带表头结点的单链表，试编写下列函数。

（1）求最大值函数 max：通过一趟遍历在单链表中确定值最大的结点。

（2）建立函数 create：根据一维数组 $A[n]$ 建立一个单链表，使单链表中各元素的次序与 $A[n]$ 中各元素的次序相同，要求该程序的时间复杂度为 $O(n)$。

4. 设有两个线性表 $x = (x_1, x_2, \cdots, x_m)$ 和 $y = (y_1, y_2, \cdots, y_n)$，均以单链表为存储结构，写出一个将 x 和 y 合并为线性表 z（也是用链表方式存储）的算法，使得：

$$z = \begin{cases} (x_1, y_1, x_2, y_2, \cdots, x_m, y_m, y_{m+1}, \cdots, y_n) & \text{当 } m \leqslant n \text{ 时；} \\ (x_1, y_1, x_2, y_2, \cdots, x_n, y_n, x_{n+1}, \cdots, x_m) & \text{当 } m > n \text{ 时。} \end{cases}$$

要求：z 表利用单链表 x 和 y 的结点空间。

5. 设有一个表头指针为 h 的单链表。试设计一个算法，通过遍历一趟链表，将链表中所有结点的链接方向逆转。要求逆转结果链表的表头指针 h 指向原链表的最后一个结点。

6. 设 ha 和 hb 分别是两个带表头结点的非递减有序单链表的表头指针。试设计一个算法，将这两个有序链表合并成一个非递增有序的单链表。要求结果链表仍使用原来两个链表的存储空间，不另外占用其他的存储空间，表中允许有重复的数据。

7. 已知 A、B 和 C 为三个元素值递增有序的线性表，现要求对表 A 作如下运算删除那些既在表 B 中出现又在表 C 中出现的元素。试以链式存储结构，编写实现上述运算的算法。

8. 已知线性表的元素是无序的，且以带头结点的单链表作为存储结构，试编写一个删除表中所有值大于 min 且小于 max 的元素（若表中存在这样的元素）的算法。

9. 假设在长度大于 1 的循环链表中，既无头结点，也无头指针。S 为指向链表中某个结点的指针，试编写算法删除指针 S 指向结点的前驱结点。

10. 设 L 为单链表的头结点指针，其数据结点的数据都是正整数且无相同的，试设计算法把该链表整理成数据递增的有序单链表。

11. 已知一个由整数组成的线性表，存储在带头结点的单链表 Head 中，试将链表中各结点的数据域值除以 3，得到的余数或为 0，或为 1，或为 2，按此 3 种不同的情况，把原链表分解成 3 个不同的线性链表。要求这 3 个线性链表均带有头结点且在其数据域中给出该链表的结点个数。

12. 某百货公司仓库中有一批电视机，按其价格从低到高的次序构成一个单链表存于计算机中，链表的每个结点指出同样价格的电视台数。现在又有 m 台价格为 h 元的电视机入库，试写出该链表的算法。

13. 已知由一个链表表示的线性表中含有 3 类字符的数据元素（如字母字符、数字字符和其他字符），试编写算法，将该线性表分割为 3 个循环链表，其中每个循环链表表示的线性表中均只含一类字符。

14. 有一个双向循环链表，每个结点由两个指针（right 和 left）以及关键字（key）构成，p 指向其中某一结点，编写一个函数从该循环双链表中删除 p 所指向的结点。

15. 设有带头结点的双向循环链表表示的线性表 $L=(a_1, a_2, \cdots, a_n)$，试写一时间复杂度为 $O(n)$ 的算法，将 L 改造为 $L=(a_1, a_3, \cdots, a_n, \cdots, a_4, a_2)$。要求尽量利用原链表的结点空间。

16. 假设以带头结点的循环链表表示队列，并且只设一个指针指向队尾元素结点(不设头指针)，试编写相应的置空队列、入队列和出队列的算法。

第4章 数组和广义表

数组和广义表是线性表的推广,即在数组结构中元素本身又可以是一个线性表。本章主要讨论数组的有关概念、存储方法和基本运算及其实现。

4.1 数组的逻辑结构

4.1.1 数组的逻辑结构

先考虑一个二维数组A,类型定义如下:

ElemType $A[c_1..m][c_2..n]$;

其中,c_1、c_2设为1,数组可表示为:

$$A = \begin{bmatrix} a_{11} & a_{12} & \cdots & a_{1n} \\ a_{21} & a_{22} & \cdots & a_{2n} \\ \vdots & \vdots & \vdots & \vdots \\ a_{m1} & a_{m2} & \cdots & a_{mn} \end{bmatrix}$$

它可看成是由m个行向量或者n个列向量组成的线性表。也就是说,二维数组可以看成是一种推广的线性表,这种线性表的每一个数据元素本身也是一个线性表。

对于上述二维数组A,我们可以将A看成是下述线性表:

$$A' = (d_1, d_2, \cdots, d_n)$$

其中每一个数据元素d_j本身也是一个列向量线性表,即

$$d_j = (d_{1j}, d_{2j}, \cdots, d_{mj}) \quad 1 \leqslant j \leqslant n$$

同样,也可将二维数组A看成线性表$A'' = (\beta_1, \beta_2, \cdots, \beta_m)$,其中每个$\beta_i$本身是一个行向量线性表,即

$$\beta_i = (\beta_{i1}, \beta_{i2}, \cdots, \beta_{in}) \quad 1 \leqslant i \leqslant m$$

类似地,一个三维数组可以看成是数据元素为二维数组的线性表。

一般地,一个n维数组可视为其数据元素为$n-1$维数组的线性表。

4.1.2 数组的顺序存储分配

在计算机中,表示数组的最普通的方式是,采用一组连续的存储单元顺序地存储各数组元素。只要建立起数组元素的下标值与存储地址间的对应关系,就可由下标值随机地访问该数组的任一元素。

如图4.1所示,假设有一个2×3的矩阵,它共有6个元素,虽然逻辑上可以把它视为一个两行三列的长方形,但在计算机中它只能存放在6个连续的存储单元之内(这里假设每个元素占用一个存储单元)。这时它又可以有两种存储方式:一种是按行顺序地存储,如图4.2(a)所

示,并称此为以行为主顺序分配的方式(row major order),在扩展 BASIC、PL/I、COBOL 和 PASCAL 语言中都用这种存储结构;另一种是按列顺序地存储,如图 4.2(b)所示,称此为以列为序分配的方式(column major order),在 FORTRAN 语言中对数组的存放用的就是这种方式。

$A[1][1]$	$A[1][2]$	$A[1][3]$
$A[2][1]$	$A[2][2]$	$A[2][3]$

图 4.1　矩阵 A 的逻辑状态

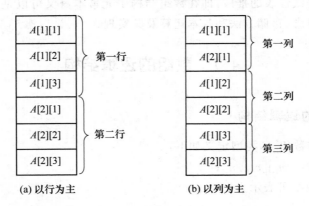

(a) 以行为主　　　　　　　(b) 以列为主

图 4.2　矩阵 A 两种顺序分配的物理状态

在上述两种存储方式下,若已知数组第一个元素 $A[1][1]$ 的存储地址,则对任意给定的合法下标 (i,j),应能确定其对应元素 $A[i][j]$ 的存储位置。下面仅用以行为主的顺序分配为例加以说明。

设数组 ElemType $A[c_1..d_1][c_2..d_2]$,每个元素占 k 个存储单元,则元素 $A[i][j]$ 的存储位置为:

$$\text{Loc}(A[i][j])=\text{Loc}(A[c_1][c_2])+[(d_2-c_2+1)(i-c_1)+(j-c_2)]\times k$$

其中,$\text{Loc}(A[c_1][c_2])$ 是 $A[c_1][c_2]$ 的存储位置,它是该二维数组的起始地址,(d_2-c_2+1) 是每行中的元素个数。

对于三维数组:$A[c_1..p][c_2..m][c_3..n]$,若设 c_1,c_2,c_3 为1时逻辑上将其视为一个大小为 $p\times m\times n$ 的立方体。当以行为主顺序存放时,先存放第一个下标固定为1时的那个 $m\times n$ 的二维数组(存放原则同前述二维数组),如有 $A[1..2][1..2][1..2]$,则先顺序存放 $A[1][1][1]$,$A[1][1][2]$,$A[1][2][1]$,$A[1][2][2]$。接着再存放第一个下标固定为 2 时相应的那个 $m\times n$ 的二维数组,即 $A[2][1][1]$,$A[2][1][2]$,$A[2][2][1]$,$A[2][2][2]$。由此可知,对三维数组 ElemType $A[c_1..d_1][c_2..d_2][c_3..d_3]$,则 $A[j_1][j_2][j_3]$ 的存储位置为:

$$\text{Loc}(A[j_1][j_2][j_3])=\text{Loc}(A[c_1][c_2][c_3])+[(d_2-c_2+1)(d_3-c_3+1)(j_1-c_1)+$$
$$(d_3-c_3+1)(j_2-c_2)+(j_3-c_3)]\times k$$

用类似建立三维数组寻址公式的方法,可以推导出 n 维数组以行为主顺序分配时的寻址公式。设 n 维数组为 $A[c_1..d_1][c_2..d_2]\cdots[c_n..d_n]$,将它想象为一个 n 维空间中的立方体,它是由 d_1-c_1+1 个 $n-1$ 维数组所组成的,而每一个 $n-1$ 维数组又是由 d_2-c_2+1 个 $n-2$ 维数组构成的……因此要确定 $\text{Loc}(A[j_1][j_2]\cdots[j_n])$,主要是需确定当按行为主存储时,在元素 $A[j_1][j_2]\cdots[j_n]$ 之前已经存储了多少个元素。这时,可以想象为在 d_1 方向上已存储了

j_1-c_1 个 $n-1$ 维数组，每个数组中元素个数为 $(d_2-c_2+1)\times(d_3-c_3+1)\times\cdots\times(d_n-c_n+1)$，在 d_2 方向上已存入 j_2-c_2 个 $n-2$ 维数组，每个数组中元素个数为 $(d_3-c_3+1)\times(d_4-c_4+1)\times\cdots\times(d_n-c_n+1)\cdots$。因此，寻址公式可推出为：

$$\begin{aligned}\operatorname{Loc}(A[j_1][j_2]\cdots[j_n]) = {}& \operatorname{Loc}(A[c_1][c_2]\cdots[c_n]) + [(d_2-c_2+1)\cdots(d_n-c_n+1)(j_1-c_1) \\ & + (d_3-c_3+1)\cdots(d_n-c_n+1)(j_2-c_2) + \cdots \\ & + (d_n-c_n+1)(j_{n-1}-c_{n-1}) + (j_n-c_n)]\times k \\ = {}& \operatorname{Loc}(A[c_1,c_2,\cdots,c_n]) + \sum_{i=1}^{n}(j_i-c_i)\times a_i\end{aligned}$$

其中，$\begin{cases} a_i = k\times\displaystyle\prod_{j=i+1}^{n}(d_j-c_j+1) & (1\leqslant i\leqslant n-1) \\ a_n = k & (i=n) \end{cases}$

由此可见，顺序存储结构使得数组元素的存储位置是其下标的线性函数，即下标确定了，通过寻址公式即可算出其存储地址，而该方法的计算时间对数组的各元素来说是相同的，因而存取任一元素的时间亦相等，这也是随机存储结构的一个重要特征。

4.1.3 矩阵的压缩存储

上述数组的顺序分配方法，对于通常具有完整矩形结构的数组是很适用的，其优点是可以随机地访问每一个元素。所以，对于数组，特别是对于像矩阵常用的二维数组，其运算的算法及程序都比较简单。但对于某些情况，如大多数元素都等于零的稀疏矩阵(sparse matrix)，若仍采用这种表示方法，就不合适了，因为这不但会浪费大量的存储单元来存储零元素，而且要花费大量的时间进行无意义的零元素运算。例如，在进行两个稀疏矩阵相乘时就是如此。因而，人们希望采取只存储非零元素的数据结构，以节约存储空间和运算所消耗的时间。这样的存储方式很多，既有针对特殊矩阵的特定方法，也有适用于一般稀疏矩阵的通用压缩存储方法。下面看一种常见的(下)三角矩阵，矩阵中对角线以上元素的值均为零，即

$$\boldsymbol{A} = \begin{bmatrix} a_{11} & 0 & \cdots & 0 \\ a_{21} & a_{22} & \cdots & 0 \\ \vdots & \vdots & \vdots & \vdots \\ a_{n1} & a_{n2} & \cdots & a_{nn} \end{bmatrix} \tag{4.1}$$

显然，为了节省存储空间，在计算机内只需存放矩阵中下三角里的元素。此时，仍采用按行为主顺序存储的方法，但每行中存入元素的个数为 1 个、2 个……n 个。因此，可用一维数组 $V[1..n(n+1)/2]$ 作为 n 阶下三角矩阵的存储结构。这时对一个 $A[i][j]$ 元素可按下式进行寻址：

$$\begin{cases} \operatorname{Loc}(A[i][j]) = \operatorname{Loc}(A[1][1]) + (\dfrac{i(i-1)}{2}+j-1)\times k & (i\geqslant j) \\ \operatorname{Loc}(A[i][j]) = 0 & (i<j) \end{cases}$$

在数值分析中经常出现的还有另一类特殊矩阵，即对角矩阵。在这种矩阵中，所有的非零元都集中在以主对角线为中心的带状区域中。即除了主对角线和直接在对角线上、下若干条对角线上的元素之外，所有其他的元素皆为零，以三对角矩阵为例，即

$$
\boldsymbol{A} = \begin{pmatrix} a_{11} & a_{12} & & & & \\ a_{21} & a_{22} & a_{23} & & & \\ & a_{32} & a_{33} & a_{34} & & \\ & & \ddots & \ddots & \ddots & \\ & & & \ddots & \ddots & \ddots \\ & & & & \ddots & \ddots & a_{n-1,n} \\ & & & & & a_{n,n-1} & a_{n,n} \end{pmatrix} \qquad (4.2)
$$

对于这种矩阵,可按某种原则(假设以行为主)将其压缩到一维数组 $V[1:3(n-2)+4]$ 中,对任何一个元素 a_{ij},寻址公式如下:

$$
\mathrm{Loc}(A[i][j]) = \mathrm{Loc}(A[1][1]) + [2(i-1)+j-1] \times k
$$

$V[k]$ 与 a_{ij} 的对应关系如下:

$$
\begin{cases} i = \lfloor k/3 \rfloor + 1 \\ j = k - 2(i-1) \end{cases}
$$

在所有这些统称为特殊矩阵的矩阵中,非零元的分布都有明显的规律,从而可将其压缩存储到一维数组中,并找到每个非零元在一维数组中的对应关系。

在实际应用中还经常会遇到一类矩阵,其非零元素较零元素少得多,且分布没有一定规律,称为稀疏矩阵。下面我们就讨论稀疏矩阵的压缩存储和运算。

4.1.4　稀疏矩阵

对于稀疏矩阵,按照压缩存储的概念,只存储稀疏矩阵的非零元素。为了能由给定的下标 (i,j) 确定其存储位置,除了需要在计算机内保存各非零元素的值以外,还应将它们所在的行列下标值同时保存起来,即需存储一个三元组 (i,j,a_{ij}),其中 i 是行值,j 是列值,a_{ij} 是元素的值。以下面的稀疏矩阵为例:

$$
\boldsymbol{M} = \begin{pmatrix} 16 & 0 & 0 & 0 & 42 \\ 0 & 11 & 3 & 0 & 0 \\ 0 & 0 & 0 & 0 & 0 \\ 0 & 0 & 0 & 0 & -4 \\ 9 & 0 & 0 & 0 & 0 \end{pmatrix} \qquad (4.3)
$$

在式(4.3)所示的稀疏矩阵中,25 个元素中只有 6 个非零元素,可用下列 6 个三元组表示该矩阵中的非零元素:$(1,1,16)$、$(1,5,42)$、$(2,2,11)$、$(2,3,3)$、$(4,5,-4)$、$(5,1,9)$。若以某种方式(例如,以行的顺序,每一行中按列顺序)将这 6 个三元组排列起来,再加上一个表示矩阵 $\boldsymbol{M}$ 的行数、列数及非零元素个数的三元组 $(5,5,6)$,则所形成的表就唯一确定了稀疏矩阵 $\boldsymbol{M}$。这就是稀疏矩阵的一种压缩存储表示。如图 4.3 所示,上述三元组表显然可以用一个 7 行 3 列的二维数组 $\boldsymbol{A}$ 表示。

一般来说,对于一个 m 行 n 列且有 t 个非零元素的稀疏矩阵,可用一个 $t+1$ 行 3 列的二维数组表示。其中,第 0 行的三个元素分别等于 m、n 和 t。从第 1 行到第 t 行,每行表示一个非零元素,并且按以行为主的非零元素在矩阵中出现的次序排列。这时,对任意给定的 (i,j),若要确定相应的 $A[i][j]$,则需要查找该二维数组每行的前两列对应的值是否有等于 (i,j) 的。若有,则找到了对应的元素,其值为该行第三列的值;若没有,则说明该下标对应的元素值为零。

	[1]	[2]	[3]
$A[0]$	5	5	6
$A[1]$	1	1	16
$A[2]$	1	5	42
$A[3]$	2	2	11
$A[4]$	2	3	3
$A[5]$	4	5	−4
$A[6]$	5	1	9

图 4.3　表示稀疏矩阵 M 的
三列二维数组

下面研究在对上述 $t+1$ 行 3 列的二维数组采用顺序分配的存储表示后，如何实现对稀疏矩阵的常见运算，这里我们只讨论两种矩阵运算，即转置和矩阵乘法。

1. 求转置矩阵

转置是一种最简单的矩阵运算，对于一个 $m \times n$ 阶矩阵 M，其转置矩阵 N 是一个 $n \times m$ 阶矩阵，且 M 与 N 之间有下面的关系：

$$M[i][j] = N[j][i] \qquad 1 \leqslant i \leqslant m, \qquad 1 \leqslant j \leqslant n$$

式(4.3)所示的矩阵 M 其转置矩阵为：

$$N = \begin{bmatrix} 16 & 0 & 0 & 0 & 9 \\ 0 & 11 & 0 & 0 & 0 \\ 0 & 3 & 0 & 0 & 0 \\ 0 & 0 & 0 & 0 & 0 \\ 42 & 0 & 0 & -4 & 0 \end{bmatrix} \tag{4.4}$$

N 当然也是一个稀疏矩阵，可用图 4.4 所示的三列的二维数组 B 表示这个矩阵。

	[1]	[2]	[3]
$B[0]$	5	5	6
$B[1]$	1	1	16
$B[2]$	1	5	9
$B[3]$	2	2	11
$B[4]$	3	2	3
$B[5]$	5	1	42
$B[6]$	5	4	−4

图 4.4　表示稀疏矩阵 N 的
三列二维数组

现在的问题是如何由图 4.3 所示的数组 A 求出数组 B。对于数组 A 和 B 略加分析可知，就每个非零元素来说，从 M 转置得到 N，只要把 A 数组的第一列的数（相当于原来的行）和它的第二列的数（相当于原来的列）互相交换即可。但是，由于前面已经约定了数组中的元素排列是按非零元素在矩阵中的行序而定的,因此,在数组 **B** 中元素的排列也应保持同样的规则顺序。但若按数组 **A** 中顺序逐行转换,则势必引起元素的移动。例如,若把 **A(M)** 中的前三个非零元素分别作如下变换:

$$(1,1,16)变成(1,1,16)$$
$$(1,5,42)变成(5,1,42)$$
$$(2,2,11)变成(2,2,11)$$

并将它们顺序存放在三个(连续的)存储单元中,那么,它们就成了数组 **B** 的第 1 行到第 3 行的元素。而后面 **A** 中的第 6 个非零元素(5,1,9)变换后成为(1,5,9)。显然不能简单地将它放在数组 **B** 的第 6 行(因为它是转置矩阵 **N** 的第一行中的非零元素)。因此,该三元组应紧接着放在 **B** 的第一行,即在三元组(1,1,16)的后面存放。这相当于出现一个插入过程,需要把数组 **B** 中从第二行起的元素依次向下移动。显然,这种移动在整个转置过程中可能会经常发生,因此应该设法避免。对此,可以采用下面两种不同的方法解决。

(1) 转置过程是按数组 **B** 中元素最终排列顺序进行的。由于矩阵 **M** 的列经转置后变为 **N** 的行,所以我们可以按矩阵 **M** 的列序来转置。为了顺序找到 **M** 中每一列的所有非零元素,需要对数组 **A** 从第一行起将每行的第二列扫描 n 遍,每遍扫描分别找到矩阵 **N** 中从第 1 行到第 n 行的各行所有非零元素,并产生出数组 **B** 相应的行。如此所得到的 **B** 恰是所需要的顺序。该过程的具体实现算法代码如下:

```
voidtransmit(A, B)
/ * A,B 分别表示稀疏矩阵 M 和其转置矩阵 N 的三列的二维数组,现由 A 求出 B,算法中 q 指示 B 的行号;
p 指示 A 的行号;col 指示 M 的列号,即 N 的行号 */
{
    (m, n, t) = (A[0][1], A[0][2], A[0][3]);
    (B[0][1], B[0][2], B[0][3]) = (n, m, t);        //建立 B 的表头信息
    if (t != 0)                                      //M 为非零矩阵
    {
        q = 1;
        for (col = 1; col <= n; col ++)
            for (p = 1;p <= t; p ++)
                if (A[p][2] == col)
                {
                    B[q][1] = A[p][2];
                    B[q][2] = A[p][1];
                    B[q][3] = A[p][3];
                    q ++ ;
                }
    }
}
```

对该算法的时空复杂性进行分析,可以看到其存储量开销为 $3(t+1)$。当 $t < \frac{1}{3}(m \times n)$ 时,所需存储量就要比按矩形结构存储的二维数组要少。算法中的主要时间花费在执行位于两重循环内的语句上,其数量级(语句执行频度)为 $O(n \times t)$。而采用通常存储方式的二维数

组进行转置时,其算法可描述为:

```
for (col = 1; col <= n; col ++ )
    for (row = 1; row <= m; row ++ )
        N[col][row] = M[row][col];
```

它的时间开销为 $O(m \times n)$。若非零元素个数 t 与 $m \times n$ 有相同的数量级时,算法 transmat 的运算量就达到了 $O(m \times n^2)$ 了,这时,虽然节省了一些存储时间,但却消耗了大量的机器时间。例如,在 100×500 的矩阵中有 $t = 10\ 000$ 个非零元素,存储量开销为 $30\ 000$,而计算时间量高达 $O(500 \times 10\ 000) = O(5\ 000\ 000)$。

上述算法耗用时间较多的一个重要原因是对数组 A 扫描过程中存在着"浪费"现象,即 n 次扫描(外循环)中每次都要检查 t 个元素(内循环),实际并不需要(此时,数组 B 是按顺序产生的)。因为每次需扫描的 A 的元素在逐步减少,凡在某遍扫描中已转置到 B 中去的 A 的元素以后就可以不再扫描它了。为此,提出下面的改进算法。

(2)在这个算法中,数组 B 中元素的生成不是顺序的,而是跳跃式的,即转换按数组 A 中行的顺序进行,但转换后的元素在 B 中不是连续存放,而是将它放入它在 B 中最终应占据的位置。为此,需附设 $\text{num}[1..n]$ 和 $\text{pot}[1..n]$ 两个一维数组,其中 $\text{num}[j]$($1 \leqslant j \leqslant n$,下同)表示矩阵 N 中第 j 行(也就是 M 的第 j 列)内非零元素的个数,而 $\text{pot}[j]$ 则表示 N 中第 j 行的第一个非零元素在数组 B 中应占的位置(行号)。显然,这两个数组有如下的特点和关系:

$$\begin{cases} \text{pot}[1] = 1 & j = 1 \\ \text{pot}[j] = \text{pot}[j-1] + \text{num}[j-1] & 2 \leqslant j \leqslant n \end{cases} \tag{4.5}$$

由式(4.5),可以得到针对图 4.3 矩阵 M 的数组 num 和数组 pot 的值,如表 4.1 所示。

表 4.1　针对图 4.3 矩阵 M 的数组 num 和数组 pot 的值

j	1	2	3	4	5
$\text{num}[j]$	2	1	1	0	2
$\text{pot}[j]$	1	3	4	5	5

利用数组 pot 各分量的值,我们便能预先确定 N 中每一行的第一个非零元素在数组 B 中应占的位置,那么在对数组 A 中元素逐行进行转换后,便可直接将其放入数组 B 中对应的位置上了,这样就避免了元素的移动。为了确定数组 pot,只要先求出矩阵 M 中每一列中非零元素的个数(即求数组 $\text{num}[1..n]$ 的值)。以上思想的具体算法代码描述如下:

```
void fasttranspo(A, B)
//A,B 的含义与前一算法相同
{
    (m, n, t) = (A[0][1], A[0][2], A[0][3]);
    (B[0][1], B[0][2], B[0][3]) = (n, m, t);
    if (t != 0)
    {
        for (j = 1; j <= n; j ++)
            num[j] = 0;
        for (i = 1; i <= t; i ++)
            num[A[i][2]] = num[A[i][2]] + 1;        //求 M 的每一列中非零元素的个数
```

```
        pot[1] = 1;
        for (j = 2; j <= n; j++)
            pot[j] = pot[j-1] + num[j-1];
        for (i = 1; i <= t; i++)
        {
            k = A[i][2];
            B[pot[k]][1] = A[i][2];
            B[pot[k]][2] = A[i][1];
            B[pot[k]][3] = A[i][3];
            pot[k] = pot[k] + 1;
        }
    }
}
```

称该算法为快速转置过程,它所需要的存储量比前一个算法多两个数组空间,即 pot 与 num,大小为 $O(n)$。算法中有 4 个并列的单循环,执行频度分别为 n、t、n、t,故总的时间耗费为 $O(2(n+t))=O(n+t)$。这个时间比第一个算法的 $O(n×t)$ 显然要好。应该看到这里时间的节约是以空间为代价的,由此可以体会到算法设计中空间复杂度与时间复杂度的矛盾对立统一。当非零元素个数 t 上升到与 $n×m$ 有相同的数量级时,算法的时间复杂度也将上升为 $O(n×m)$。因此,这个算法也只适用于稀疏矩阵。

2. 矩阵相乘

两个矩阵相乘是另一种常见的矩阵运算。设 S 为一个 $m×n$ 阶矩阵,R 为一 $n×p$ 阶矩阵,则 S 与 R 的乘积 C 为一 $m×p$ 阶矩阵,记作 $C=S×R$。求矩阵 C 的经典算法读者在其他程序设计课程中早已熟悉的了,简述如下:

```
for (i = 1; i <= m; i++)
    for (j = 1; j <= p; j++)
    {
        c[i][j] = 0;
        for (k = 1; k <= n; k++)
            c[i][j] = c[i][j] + S[i][k] * R[k][j];
    }
```

该算法所需的存储空间为 $O(m×n+n×p+m×p)$,时间耗用(乘法次数)为 $O(m×p×n)$。

当 S 与 R 均为稀疏矩阵时,由于存储表示已经发生了变化,故上述经典算法就不适用了。下面通过例子来分析如何设计稀疏矩阵相乘的算法。

假设稀疏矩阵 S 和 R 分别为:

$$S = \begin{bmatrix} 8 & 0 & 0 & 4 \\ 0 & 0 & -2 & 0 \\ 3 & -5 & 0 & 0 \\ 0 & 0 & 0 & 0 \\ 0 & 0 & 0 & 6 \end{bmatrix}_{m×n} \qquad R = \begin{bmatrix} 0 & 0 & 7 & 0 & -2 \\ 0 & 0 & 5 & 0 & 0 \\ 4 & 0 & 0 & 0 & 0 \\ 0 & 0 & 0 & -3 & 0 \end{bmatrix}_{n×p}$$

对这两个稀疏矩阵存储仍采用三列的二维数组方式,分别用 A 和 B 表示:

$$A = \begin{bmatrix} 5 & 4 & 6 \\ 1 & 1 & 8 \\ 1 & 4 & 4 \\ 2 & 3 & -2 \\ 3 & 1 & 3 \\ 3 & 2 & -5 \\ 5 & 4 & 6 \end{bmatrix} \qquad B = \begin{bmatrix} 4 & 5 & 5 \\ 1 & 3 & 7 \\ 1 & 5 & -2 \\ 2 & 3 & 5 \\ 3 & 1 & 4 \\ 4 & 4 & -3 \end{bmatrix}$$

由于两个稀疏矩阵的积并不一定仍是稀疏矩阵,故结果矩阵 $C = S \times R$ 仍需采用通常的矩阵结构的二维数组存储方式。问题是如何求出矩阵 C 的各个元素。在经典算法中,不管元素是否为零,都要相乘,但实际上,只有当 $S[i][k]$ 与 $R[k][j]$ 均不为零时,乘积才不为零。因此,只需在 A、B 中找出相应的各对元素(即数组 A 中第二列的值与数组 B 中第一列的值相等的各对元素)相乘即可。例如,A 中的第一行元素 $(1,1,8)$ 只要和 B 中的元素 $(1,3,7)$ 和 $(1,5,-2)$ 相乘,A 中的第二行元素 $(1,4,4)$ 只要和 B 中的元素 $(4,4,-3)$ 相乘。因此,为了得到非零的乘积,对 A 中每一行的元素 $(i,k,S_{ik})(1 \leqslant i \leqslant m, 1 \leqslant k \leqslant n)$,需要在 B 中找到所有相应的元素 $(k,j,R_{ik})(1 \leqslant k \leqslant n, 1 \leqslant j \leqslant p)$。为了便于在 B 中寻找 R 中第 k 行的第一个非零元素,和前面类似,在此需设置两个数组 $\text{num}[1..n]$ 和 $\text{pot}[1..n]$,其元素 $\text{num}[k](1 \leqslant k \leqslant n,$下同)表示 R 中第 k 行非零元素个数,$\text{pot}[k]$ 表示 R 中第 k 行的第一个非零元素在 B 中的位置。可以看出:

$$\begin{cases} \text{pot}[1] = 1 \\ \text{pot}[k] = \text{pot}[k-1] + \text{num}[k-1] & 1 \leqslant k \leqslant n \end{cases}$$

例如,对前面给出的矩阵 R,其数组 num 和 pot 各元素的值如表 4.2 所示。

表 4.2　矩阵 R 的数组 num 和 pot 各元素的值

k	1	2	3	4
$\text{num}[k]$	2	1	1	1
$\text{pot}[k]$	1	3	4	5

下面我们就给出矩阵相乘的算法:

```
void matrx - multiplication (A, B, C)
/* A,B 分别是表示稀疏矩阵 S[m*n] 和 R[n*p] 的三列的二维数组,其非零元素个数分别为 t1,t2,C =
   S*R,C 是表示存放乘积的矩形结构的二维数组 */
{
    (m, n, t1) = (A[0][1], A[0][2], A[0][3]);
    if (n == B[0][1])
        (p, t₂) = (B[0][2], B[0][3]);
    else
    {
        printf ("incompatible matrices");
        exit;                              //矩阵不相容,不必做,退出
    }
    if (t1 * t2 == 0)
```

```
            exit;                                        //矩阵为零矩阵,不必做,退出
        for(i = 1; i<= m; i++)
            for(j = 1; j<= p; j++)
                C[i][j] = 0;                             //结果矩阵初始化
        for(i = 1; i<= n; i++)
            num[i] = 0;
        for(i = 1; i<= t2; i++)
            num[B[i][1]] = num[B[i][1]]+1  ;             //计算R中各行非零元素个数
        pot[1] = 1;
        for(i = 2; i<= n+1; i++)
            pot[i] = pot[i-1]+num[i-1];
        for(i = 1; i<= t1; i++)
        {
            k = A[i][2];
            for(j = pot[k]; j<= pot[k+1]-1; j++)
                C[A[i][1]][B[j][2]] = C[A[i][1]][B[j][2]] + A[i][3] * B[j][3];
        }
    }
```

为便于理解上述算法,对其进行以下两点说明。

(1) 因为 pot[k] 表示 R 的第 k 行中第一个非零元素在 B 中的位置(行数),故 pot[$k+1$]−1 就表示第 k 行中最后一个非零元素在 B 中的行数。为了正确表示出 R 的第 n 行中的最后一个非零元素在 B 中的位置,故在数组 pot 中增加了一个元素 pot[$n+1$],且令 pot[$n+1$]＝ pot[n]+num[n]。

(2) 算法中矩阵相乘的过程是:根据 A 中第 i 行($1 \leqslant i \leqslant t_1$)第二列的值在 B 的第一列中找相等的值;每一对相等值所对应的非零元素相乘,便得到元素 C[$A[i][1]$][$B[k][2]$],而 B[k][2] 中 k 的选择,可由 A[i][2]＝B[k][1] 而定。同时,由于像 A[3][1] 与 B[1][3] 及 A[3][2] 与 B[2][3] 这样两对非零元素相乘得到的都是 C[3][3] 的一部分,故要把这两对非零元素的积相加。

此算法所占用的存储量为 $O(3(t_1+t_2)+2n+mp)$,对于时间的复杂性,若认为矩阵 R 每行中均为 p 个非零元素,则开销为 $O(t_1 \times p)$,故当 $t_1 \ll m \times n$ 时,该算法比经典算法要快些,在最坏情况下,即 $t_1＝O(m \times n)$ 时,时间开销变成 $O(m \times n \times p)$,与经典算法相当,但其存储开销也会上升很快,所以此算法也只适用于稀疏矩阵。

如果算法得到的结果矩阵 C 仍是稀疏矩阵,并且它将继续参加运算,则可再把它变成三列的二维数组压缩存储形式。

4.1.5 用十字链表表示稀疏矩阵

当矩阵中非零元素的位置或个数经常变动时,三元组就不再适合于作稀疏矩阵的存储结构了。例如,稀疏矩阵 M 与稀疏矩阵 N 相加并将结果存储在 M 中的运算(即 $M＋N \rightarrow M$)就属于这种情况。在该运算中,如果对于矩阵 N 的某个非零元素来说,在矩阵 M 中有同行号、同列号的非零元素,则应将 N 的这个元素(叠)加到 M 的相应元素值上,若结果不为零,这时 M 的存储状况没有影响,故不难做到。但如果相加的结果数值恰好为零,则需将 M 原来相应

位置的元素删除,这样就会造成表示 M 的数组中一些元素的上移;如果对于矩阵 N 的某个元素说,在矩阵 M 中没有同行、同列的元素,则必须将 N 的这个元素插入到表示 M 的数组中合适的位置处,这样就会造成数组中一些元素的下移,这显然都是要消耗时间的。此外,在处理稀疏矩阵相乘时,是将结果用矩形结构的二维数组表示,这种情况在所得的结果只是中间计算结果时也很不方便。因此,用三列的二维数组表示稀疏矩阵和其他顺序结构一样有一定的局限性。

本节将介绍稀疏矩阵的另一种表示——十字链表(orthogonal list)。下面将介绍用十字链表表示稀疏矩阵,可以克服上述顺序结构中存在的缺点。

在上述链表中,稀疏矩阵的每个非零元素对应一个含有五个域的结点,这五个域分别为该非零元素在矩阵中的行号、列号、元素的值及两个指针域,它们分别用 row、col、val、right 和 down 表示。其中 right 表示指向同一行的右边一个非零元素结点的向右指针,down 表示指向同一列的下面一个非零结点的向下指针。图 4.5 表示这样的一个结点。

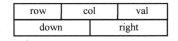

图 4.5 十字链表的结点结构

在十字链表中将稀疏矩阵每一行的非零元素通过 right 域链接成一个带有表头结点的行循环链表,将每一列的非零元素通过 down 域链接成一个带有表头结点的列循环链表。因此,每个非零元素既是第 i 行循环链表中的一个结点,又是第 j 列循环链表中的结点。由于整个稀疏矩阵是由十字交叉的链表结构来表示的,故称为十字链表。如对式(4.6)所示的稀疏矩阵 A 可用如图 4.6 所示的十字链表来表示。

$$A = \begin{bmatrix} 3 & 0 & 0 & 7 \\ 0 & 0 & -1 & 0 \\ 2 & 0 & 0 & 0 \\ 0 & 0 & 0 & 0 \\ 0 & 0 & 0 & -8 \end{bmatrix} \tag{4.6}$$

为了使整个结构的结点一致,规定行(列)链表的表头结点和其他结点一样,也由 5 个域所组成,并且它们的行、列域值均为零(因为事先约定矩阵的行、列下标均大于零)。由图 4.6 可知,每一行链表的表头结点的 right 域指向该行表中第一个结点,每一列链表的表头结点的 down 域指向该列表的第一个结点。由于它们的 row(行)域和 col(列)域的值均为零,故这两组表头结点可以共用(取相同的编号 H1 到 H5)。而这些表头结点本身又可以通过 val(值)域相链接,即对表头结点而言,其 val 域是指向下一个表头结点的指针域,至于表头结点的个数 p,对 $m \times n$ 阶矩阵而言我们取 $p = \max(m, n)$。这样全体表头结点加上一个由指针 HA 指示的结点又组成一个带表头结点的循环链表,而这个 HA 指示的结点则可以作为整个十字链表的表头结点,它的 row 域、col 域的值分别表示稀疏矩阵的行数和列数,val 域指向矩阵第一行行链表(也是第一列列链表)的表头结点。由此,只要知道 HA 指针的值,便可得到稀疏矩阵的全部信息。

在表示有 t 个非零元素的 $m \times n$ 阶矩阵的十字链表中,共有 $t + \max(m, n) + 1$ 个结点。因此,只在矩阵非零元素个数 t 比矩阵的阶 $m \times n$ 小得多的条件下,十字链表的存储开销才小于矩形结构的二维数组的开销 $m \times n$。

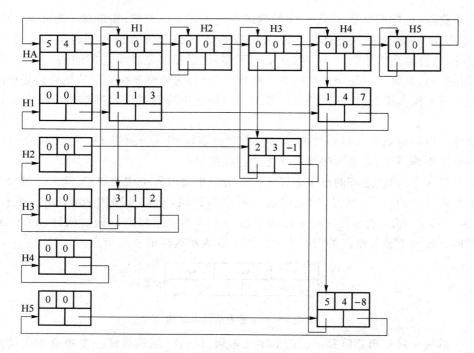

图 4.6　用十字链表表示稀疏矩阵

以上给出了稀疏矩阵的一种新的存储思想,但如何将一个已知的稀疏矩阵以十字链表表示出来还是一个需要解决的问题。下面讨论在内存中建立十字链表的具体算法。

首先输入三元组(m,n,t),它们是要存储的矩阵的行数、列数及非零元素个数,紧接着输入 t 个形如(i,j,a_{ij})的三元组,它们分别代表了 t 个非零元素的行值、列值及元素值,其输入次序是按矩阵中以行为主的顺序输入的。如此,对于式(4.6)所示的含有 5 个非零元素的稀疏矩阵 **A**,其输入的数据依次为:5,4,5;1,1,3;1,4,7;2,3,-1;3,1,2;5,4,8。算法中还需引入一辅助工作数组 hdn:$p[1..p]$($p=\max(m,n)$),及指针变量 last,其中 hdn[i]是指向十字链表中第 i 行(也是第 i 列)行(列)链表的表头结点的指针,last 是指向当前所建的行链表的最右(后)面的那个结点。这样,建立十字链表的算法 Mread(A)执行的大致过程是:

(1) 按前述规定建立 p 个表头结点(不包括 HA);

(2) 建立每个行循环链表,同时建立各列循环链表,在此过程中第 i 个链表的表头结点的 val 域先用来跟踪第 i 列的列链表当前最下(后)面的那个结点,其作用相当于建立行链表时的指针 last;

(3) 建立表头结点,并将全体 $p+1$ 个表头结点链成循环链表。

算法具体描述如下:

```
void Mread(A)
{
    scanf("%d, %d, %d", &m, &n, &t);
    p = max(m, n);                              //求出 m,n 中的最大值;
    for (i = 1; i <= p; i++)
    {
        x = new orthogonalNode;
```

```
        hdn[i] = x;
        x -> row = x -> col = 0;
        x -> right = x -> val = x;
    }
    crow = 1;
    last = hdn[1];
    for (i = 1; i <= t; i ++)
    {
        scanf ("% d, % d, % d", &rrow, &ccol, &val);
        if (rrow > crow)
        {//不等式成立时说明前面第 crow 行已无非零元素,应转入处理 rrow 行
            last -> right = hdn[crow];              //将第 crow 行的行链表首尾相接构成循环
            crow = rrow;
            last = hdn[crow]
        }
        x = new orthogonalNode;
        x -> row = rrow;
        x -> col = ccol;
        x -> val = val;                              //建立一个非零元素的结点
        last -> right = x;
        last = x;
        (hdn[ccol] -> val) -> down = x;              //建立列链
        hdn[ccol] -> val = x;                        //追踪当前列链表的最下面一个结点
    }
    if (t != 0)
        last -> right = hdn[rrow];
    for (i = 1; i <= p; i ++)                        //闭合所有列链表
        (hdn[i] -> val) -> down = hdn[i];
    A = new orthogonalNode;
    A -> row = m;
    A -> col = n;
    HA = A;
    for (i = 1; i <= p-1; i ++)
        hdn[i] -> val = hdn[i + 1];
    if (p == 0)
        HA -> val = HA;
    else
    {
        hdn[p] -> val = HA;
        HA -> val = hdn[1];
    }
}
```

容易看出上述算法的时间复杂度为 $O(p+t)=O(m+n+t)$,如果用矩形结构的二维数组

存储该矩阵,则所需时间为 $O(m \times n)$。因此,当非零元素个数 t 比 $m \times n$ 小得多时用 Mread 算法存储稀疏矩阵比用经典方法要快。

下一步需要讨论的问题是,在这种存储结构中,如何实现矩阵的运算。最简单的运算是两个 $m \times n$ 矩阵相加。设 $\boldsymbol{A}$、$\boldsymbol{B}$ 是两个用十字链表存储的稀疏矩阵,我们讨论 $\boldsymbol{A} = \boldsymbol{A} + \boldsymbol{B}$ 的运算。这个运算可以从两个矩阵的第一行起逐行进行。每一行都要从表头结点出发找到各自的第一个结点并进行比较。假设指针 pa 和 pb 分别指向矩阵 $\boldsymbol{A}$ 和 $\boldsymbol{B}$ 同一行上的两个结点,则相应的矩阵元素间运算可能有如下四种情况。

(1) 若 pa—>col=pb—>col、pa—>val+pb—>val $\neq 0$,则只要将 $a_{ij} + b_{ij}$ 的值送到 pa 所指的结点的值域即可,其他所有域的值均不变。

(2) 若 pa—>col=pb—>col、pa—>val+pb—>val $= 0$,则需要在矩阵 $\boldsymbol{A}$ 的链表中删除 pa 所指的结点。此时,应修改同一行中前一结点的 right 域的值以及同一列中前一结点的 down 域值。

(3) 若 pa—>col<pb—>col 且 pa—>col $\neq 0$,则只要将指针 pa 向右移动一个位置,并重复上述比较。

(4) 若 pa—>col>pb—>col 或 pa—>col $= 0$,则需要在矩阵 $\boldsymbol{A}$ 对应链表中插入一个值为 b_{ij} 的结点,并修改有关结点的指针。

为了便于在十字链表上插入和删除结点,还需设置一些附加指针,其中有在行链表上设的 qa,用来跟踪 pa 所指结点的前驱结点。另外,在矩阵 $\boldsymbol{A}$ 的每一列的列链表上设一个指针 hl[j] ($j = 1, 2, \cdots, p$),它的初值是指向每一列的列链表的表头结点。

下面用说明文字给出对运算 $\boldsymbol{A} = \boldsymbol{A} + \boldsymbol{B}$ 算法的大致描述。

设 HA 与 HB 分别表示矩阵 $\boldsymbol{A}$ 和 $\boldsymbol{B}$ 的十字链表的表头指针;Ca 与 Cb 分别为指向 $\boldsymbol{A}$ 和 $\boldsymbol{B}$ 的行链表表头结点的指针,其初始状态为:

$$Ca = ha->val; \quad Cb = hb->val;$$

pa 和 pb 分别是指向 $\boldsymbol{A}$ 和 $\boldsymbol{B}$ 链表中结点的指针。

(1) 令 pa 和 pb 分别指向 $\boldsymbol{A}$ 和 $\boldsymbol{B}$ 中第一行的第一个非零元素结点,即令

$$pa = Ca->right; \quad pb = Cb->right;$$

如果 B 在该行中无非零元素结点,即 pb—>col=0,则令 Ca 与 Cb 各自指向下一行的表头结点;

$$Ca = Ca->val; \quad Cb = Cb->val;$$

(2) 否则,比较这两个结点的列序号,这时可能出现三种情况:

① 若 pa—>col<pb—>col,且 pa—>col $\neq 0$,则令 pa 指向本行的下一个结点,即

$$qa = pa; \quad pa = pa->right;$$

② 若 pa—>col>pb—>col 或 pa—>col $= 0$($\boldsymbol{A}$ 在该行无非零元素),则需要在 $\boldsymbol{A}$ 中插入 $\boldsymbol{B}$ 的一个结点。若新结点的地址为 p,则 $\boldsymbol{A}$ 的行链表中的指针变化状况为:

$$qa->right = p; \quad p->right = pa;$$

此时 $\boldsymbol{A}$ 的列链表中的指针也要作相应的修改。为此需要找到同一列中的上一个结点,然后令 hl[j] 指向该结点,这样 $\boldsymbol{A}$ 的列链表指针被修改为:

$$p->down = hl[j]->down;\qquad hl[j]->down = p;\qquad pb = pb->right;$$

③ 若 $pa->col = pb->col$,则应先计算 $pa->val = pa->val + pb->val$。若 $pa->val \neq 0$,则只要让指针 pa 与 pb 分别指向下一个结点,$qa = pa$;$pa = pa->right$;$pb = pb->right$。否则,应从 **A** 中删除 pa 所指的结点,于是行链表的有关指针变为:

$$qa->right = pa->right;$$

同时还应修改列链表中的指针 $hl[j]$ 所指结点的 down 域:

$$hl[j]->down = pa->down;$$

然后,$pa = qa->right$;$pb = pb->right$。

（3）重复步骤（2）,直到 **B** 的同一行中没有非零元素为止（即 $pb->col = 0$）,然后转向下一行。如此下去直到所有的行处理完,此时的判别标志是指针 Ca 与 Cb 又分别重新指向十字链表的总头结点,即 $Ca->row \neq 0$,$Cb->row \neq 0$。

对这个算法的执行过程进行分析后,可以看出运算的时间主要取决于对 **A** 和 **B** 的十字链表逐行扫描中所遇结点的个数,即 **A**、**B** 两稀疏矩阵中非零元素的个数 ta 与 tb。因为对一个结点来说,进行比较,修改指针所需时间可以视为一个常数,所以算法的时间复杂度为 $O(ta + tb)$。

我们来看看如何把用十字链表表示的稀疏矩阵的所有结点还给可利用空间栈。这里假设可用空间栈是通过 right 域链接起来的单链表,表头指针为 av,其归还算法并不复杂,直接用类 C 语言描述如下:

```
void Merase(ha)
//将以 ha 为表头指针的十字链表的全部结点归还给 av 栈
{
    next = ha->val;                          //记下第一行行链表表头结点
    ha->right = av;
    av = ha;
    while (next != ha)
    {
        t = next->right;
        next->right = av;
        av = t;
        next = next->val;
    }
}
```

4.2　广　义　表

4.2.1　广义表的基本概念

在第 2 章中把线性表定义为由 $n \geq 0$ 个相同类型的数据元素 $a_1, a_2, \cdots, a_n$ 组成的有限序列,记作 $A = (a_1, a_2, \cdots, a_n)$。其中 a_i 被限定为由若干个域组成的结点。现在,若放宽对表元素的这个限制,则可引出广义表(generalized list)的概念。广义表又称列表(lists,用复数形式,以便与一般统称的表 list 相区别)。其定义是:广义表 A 是 $n \geqslant 0$ 个元素 $a_1, a_2, \cdots, a_n$ 的有限序列。其中,a_i 是原子结点或是广义表。不是结点的元素 $a_i (1 \leqslant i \leqslant n)$ 称为 A 的子表。广义表可以写成 $A = (a_1, a_2, \cdots, a_n)$。$A$ 是列表的名称,n 是它的长度,按照通常习惯,用大写字母表示列表的名称,用小写字母表示结点。

上述定义中,当 $n \geqslant 1$ 时,a_1 是广义表 A 的表头(head),而由 $(a_2, \cdots, a_n)$ 组成的表是 A 的表尾(tail)。

显然,广义表的定义是一个递归的定义,因为在描述广义表时又用到了广义表这个概念。下面给出广义表的一些例子。

前面讲到的各种表:向量、栈和后面要讲的串,都是广义表最简单的形式,其元素都是相同类型的原子,又称为线性表。数组则是一种较为复杂的表,它的每一个元素都可以看成一个子表,但各个子表的类型仍保持不变。下面列举一些具体的例子。

$A = (\ )$:列表 A 是一个空表,它的长度为 0。

$B = ((\ ))$:列表 B 是以空表作为唯一元素的表,长度为 1。

$C = (a, b)$:列表 C 有两个单元素 a 和 b,C 的长度为 2。

$D = (x, C)$:列表 D 含两个元素,即单元素 x 和子表 C,D 的长度为 2。

$E = (D, y)$:列表 E 含两个元素,即子表 D 和单元素 y,E 的长度为 2。

$F = (D, E)$:列表 F 包含的两个元素均为子表,F 的长度为 2。

$G = (e, G)$:列表 F 是一个递归的表,它的长度为 2,相当于一个无限的列表 $G = (e, (e, (e \cdots)))$。

从上述定义和例子可推出列表的三个重要结论。

(1) 列表的元素可以是子表,而子表的元素还可以是子表……由此,列表是一个多层次的结构,可以用图形象地表示。如图 4.7 所示,图中以圆圈代表原子元素,方块代表列表。

(2) 列表可为其他列表所共享。例如,表 F 中的子表 D,既作为 F 的一个元素,又作为子表 E 中的一个元素出现。

(3) 列表可以是一个递归的表,即列表也可以是本身的一个子表。例如,G 表就是一个递归的表。

一个表的“深度”是指表中所含括号的层数。

在广义表中经常执行的运算和线性表类似。例如,建立一个表、在表中插入一个元素、删除一个元素、把一个表拆成两个部分、把两个表链接成一个新表、周游一个表、复制一个表以及判别某元素是否原子、判别两个表是否相等、判别某表是否为空表等。列表操作的实现比线性表复杂,在这里不进行讨论,下面介绍广义表的表示方法。

4.2.2 广义表链接表示法

由于广义表中的数据元素可以具有不同的结构,因此难以用顺序存储结构表示,通常采用链式存储结构。每个结点由三个字段组成:

tag	data	link

其中,tag 是一个标志位,取值如下:

$$tag = \begin{cases} 0 & \text{本结点为原子} \\ 1 & \text{本结点为子表} \end{cases}$$

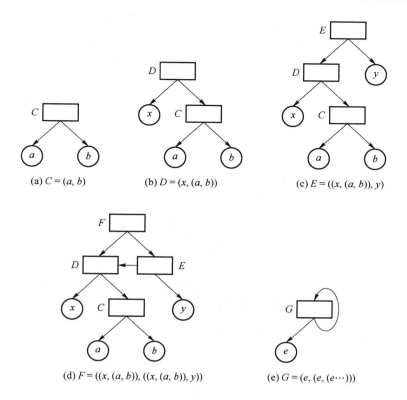

图 4.7　广义表的图形表示

当 tag＝0 时,字段 data 存放本原子的信息(当信息量比较大时,也可以存放本原子信息存放的地址);而当 tag＝1 时,字段 data 存放子表中第一个元素所对应结点的地址;字段 link 存放与本元素同层的下一个元素所对应结点的地址,当本元素是所在层的最后一个元素时,link＝NULL。用单链表方式表示的广义表如图 4.8 所示。

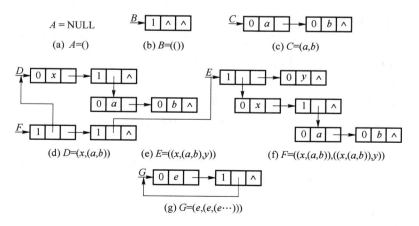

图 4.8　广义表单链表表示

值得注意的是,上述表示中代表同一元素的结点重复出现多次,这反映了广义表中信息共享的特性。例如,表 F 中代表子表 D 的结点就出现两次,出现的位置不同,在结构中所起的作用也就不同。

上述表示法的一个主要缺点是,如果要删除表(或子表)中某一元素,则需要周游表中所有结点后才能进行。例如,当要在表中从子表 D 里删除原子 x 时,由于 D 是共享成分,所以必须找出所有指向 x 的指针,逐一加以修改才行。如果我们在这种表示中,对每个子表增设一个表头结点,问题就好办了。表头结点的组成与其他结点相同,也由三个字段组成,为区分是一般结点还是表头结点,不妨令表头结点 tag 字段为 -1,表头结点的 link 字段指向表中第一个元素对应的结点。引入表头结点后的广义表表示法如图 4.9 所示。这样,若在表 F 中删除表 D 中的元素 x,只要简单地将它从所在的链表中删除即可。

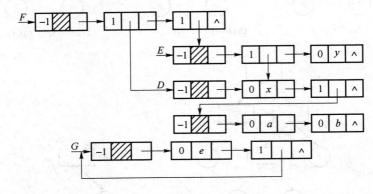

图 4.9 带表头结点的单链表表示法

习 题 4

一、简答题

1. 特殊矩阵和稀疏矩阵哪一种压缩存储后会失去随机存取的功能?为什么?

2. 稀疏矩阵的十字链表存储结构中,记录的域 row、col、value、down 和 right 分别存放什么内容?

3. 简述广义表和线性表的区别和联系。

4. 假设有二维数组 $A[6][8]$,每个元素用相邻的 6 个字节存储,存储器按字节编址。已知 $A[0][0]$ 的起始存储位置(基地址)为 1000,计算:

(1) 数组 A 的体积(即存储量);

(2) 数组 A 的最后一个元素 $A[5][7]$ 的第一个字节的地址;

(3) 按行存储时,元素 $A[1][4]$ 的第一个字节的地址;

(4) 按列存储时,元素 $A[4][7]$ 的第一个字节的地址。

5. 设有三对角矩阵 $A[n][n]$(从 $A[1][1]$ 开始),将其三对角线上的元素逐行存于数组 $B[m]$(下标从 1 开始)中,使 $B[k]=A[i][j]$,求:

(1) 用 i、j 表示 k 的下标变换公式;

(2) 用 k 表示 i、j 的下标变换公式。

6. 设有稀疏矩阵 A,求:

(1) 将稀疏矩阵 A 表示成三元组表;

(2) 将稀疏矩阵 A 表示成十字链表。

$$A = \begin{pmatrix} 5 & 0 & 0 & 4 & 0 & 8 \\ 0 & 0 & 3 & 0 & 0 & 0 \\ 0 & 0 & 0 & 7 & 0 & 0 \\ 0 & 0 & 0 & 0 & 0 & 0 \\ 6 & 0 & 0 & 0 & 0 & 0 \end{pmatrix}$$

7. 求下列广义表运算的结果：

(1) Head(p, h, w);

(2) tail(b, k, p, h);

(3) Head$((a, b), (c, d))$;

(4) tail$((a, b), (c, d))$;

(5) Head(tail$((a, b), (c, d))$);

(6) tail(Head$((a, b), (c, d))$);

(7) Head(tail(Head$((a, b), (c, d))$));

(8) tail(Head(tail$((a, b), (c, d))$)).

二、算法设计与分析题

1. 对于二维数组 $A[m][n]$，其中 $m \leqslant 80, n \leqslant 80$，先读入 m 和 n，然后读该数组的全部元素，对如下三种情况分别编写相应函数：

(1) 求数组 A 靠边(外围 4 条边)元素之和；

(2) 求从 $A[0][0]$ 开始的互不相邻的各元素之和；

(3) 当 $m = n$ 时，分别求两条对角线上的元素之和，否则打印出 $m \neq n$ 的信息。

2. 已知一个矩阵 $B[n][n]$ 按行优先存于一个一维数组 $A[0..n \times (n-1)]$ 中，试给出一个算法将原矩阵转置后仍存于数组 A 中。

3. 设计一个算法，将数组 $A[n]$ 中的元素循环右移 K 位，并要求只用一个元素大小的附加存储空间，元素移动或交换次数为 $O(n)$。

4. 若用三元组形式表示稀疏矩阵 A 和 B，试写一个 $A + B$ 的算法，并分析所写算法的时间复杂度。

5. 如果矩阵 A 中存在这样的一个元素 $A[i][j]$ 满足条件：$A[i][j]$ 是第 i 行中值最小的元素，且又是第 j 列中值最大的元素，则称其为该矩阵的一个马鞍点。编写一个函数计算出 $m \times n$ 的矩阵 A 的所有马鞍点。

6. 编写一个函数，对一个 $n \times n$ 矩阵，通过行变换，使其每行元素的平均值按递增顺序排列。

7. 编写一个算法，计算一个三元组表表示的稀疏矩阵的对角线元素之和。

8. 已知具有 m 行 n 列的稀疏矩阵已经储存在二维数组 $A[m][n]$ 中，请写一个算法，将稀疏矩阵转换为三元组表示。

9. 设有两个用十字链表表示的 $m \times n$ 的稀疏矩阵 A、B，试设计一个算法实现运算 $A = A + B$。

10. 试编写判别两个广义表是否相等的递归算法。

11. 试编写递归算法，输出广义表中所有原子项及其所在层次。

12. 试编写递归算法，删除广义表中所有值等于 x 的原子项。

第 5 章 字 符 串

随着计算机技术的发展,计算机被越来越多地用于解决非数值处理问题,这些问题中大量使用到字符串(或简称串)。串是一种特殊的线性表,目前大多数程序设计语言都支持串这种数据类型。要有效地实现串的运算,就要了解串的内部表示和处理方法。本章主要讨论串的基本概念、存储结构以及几种基本的串处理的算法。

5.1 字符串及其运算

字符串是特殊的线性表,其特殊性主要在于表中的每个元素是一个字符,以及由此而要求的一些特殊操作。例如,在串中更多地注意两个串之间的操作,而一般线性表中主要注意单个元素与线性表的操作。串可以记作 $s =$ "$s_0 s_1 \cdots s_{n-1}$"$(n \geqslant 0)$,其中,s 是串的名字,双引号括起来的字符序列 $s_0 s_1 \cdots s_{n-1}$ 是串的值。在有些书中,串用单引号对括起来。考虑到 C 语言中串的表示方法,本书采用双引号对。每个字符 $s_i (0 \leqslant i < n)$ 可以是字母、数字或其他字符。

一个串中包括的字符个数称作这个串的长度,长度为零的串称为空串,它不包括任何字符,写作 $s =$ ""。要注意的是,空格字符也是一个字符,由一个或多个空格字符构成的字符串" "不是空串,称为空白串。

字符串 s_1 中任意个连续的字符组成的子序列 s_2 被称为是 s_1 的子串,而称 s_1 是 s_2 的主串。特别地,空串是任意串的子串。串 s 都是 s 本身的子串。除 s 本身之外,s 的其他子串称为 s 的真子串。子串 $s_2 =$ "$t_i t_{i+1} \cdots t_{i+j}$"$(i+j < n)$ 在主串 $s_1 =$ "$t_0 t_1 \cdots t_{n-1}$"中的位置是指 t_i 在 s_1 中出现的字符序号(即 $i+1$)。

两个字符串(或子串)相等的充分必要条件是两个字符串(或子串)的长度相等,并且各个对应位置上的字符都相同。

假设有下面的字符串:

```
A = "123"

B = "ABBABBC"

C = "BB"

D = "B B"

E = ""
```

在这些串中,A 的长度是 3,B 的长度是 7,C 的长度为 2,D 的长度是 3,C 和 D 不相等,E 是空串。"BBA"是串 B 的一个子串,在 B 中的位置是从第二个字符开始,子串的长度为 3。

作为一种抽象数据类型,假设使用 String 表示串类型,则一个具体的串 s 可说明如下:

```
String s;
```

关于串的基本运算如下。

(1) String createNULLStr( )：创建一个空串。

(2) int IsNULLStr(String &s)：判断串 s 是否为空串，若为空串，则返回 1，否则返回 0。

(3) int length(String &s)：返回串 s 的长度。

(4) String Strassign(String &s，String &t)：将串 t 的值赋给串 s，串 s 中的原值被覆盖掉。

(5) String concat(String & s_1，String & s_2)：返回将串 s_1 和 s_2 拼接在一起构成一个新串。例如，将串 A 和 B 拼接在一起构成的新串为："123ABBABBC"。

(6) String subStr(String &s，int i，int j)：在串 s 中，求从串的第 i 个字符开始连续 j 个字符所构成的子串。例如，串 B 中从第 4 个字符开始连续取 3 个字符所构成的子串为："ABB"。

(7) int index(String & s_1，String & s_2)：如果串 s_2 是 s_1 的子串，则可求串 s_2 在串 s_1 中第一次出现的位置。

(8) String replace(String &s，String &t，String &v)：用串 v 替换主串 s 中的子串 t。

此外，字符串还有与线性表中相似的插入、删除运算等。

5.2　字符串的存储表示

从字符串的定义可以看到，串仍然是一种线性结构。因此，线性表的顺序存储结构和链式存储结构对串也是适用的。但要注意的是，对串进行某种运算之前，要根据不同情况对串选择合适的存储表示。例如，对串进行插入和删除运算，顺序存储结构就不是很方便，而采用链式存储结构就比较方便；对于访问串中单个字符，采用链式存储结构不算很困难，但要访问一组连续的字符，采用顺序存储结构就要比采用链式存储结构更加方便。总之，选择串的存储方式要综合考虑各种因素。下面简要介绍这两种存储结构。

5.2.1　顺序表示

字符串的顺序表示就是把串中的字符顺序地存储在一组地址连续的存储单元中，在 C 语言中可以用字符数组存放。下面是顺序串类型的定义：

```
#define MAXNUM 100          //串允许的最大字符个数
struct SeqString            //顺序串的类型
{
    char vec[MAXNUM];
    int len;
};
```

实际应用中为了说明方便，可以定义一个指向结构 SeqString 的指针类型：

```
typedef struct SeqString * PseqString;
```

例如，串 s＝"abcdef"，用顺序表示方式，假设 s 是 struct SeqString 类型的变量，那么它的元素在数组中的存放方式如图 5.1 所示。

下面给出字符串在顺序表示时，创建空串和求子串运算的实现方法。其他运算的实现不再详述，读者可以自己作为练习列出。

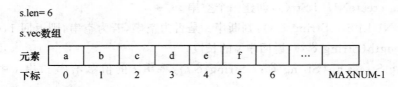

s.len= 6

s.vec数组

元素	a	b	c	d	e	f		...	
下标	0	1	2	3	4	5	6		MAXNUM-1

图 5.1 串的顺序表示示例

函数 PseqString subStr_seq(PseqString s, int i, int j)就是一个求子串的运算,求在 s 所指的顺序串中从第 $i(i>0)$ 个字符开始连续取 j 个字符所构成的子串。求子串的过程即为复制字符序列的过程。因此,首先创建一个空串,给子串分配空间。然后,判断所给参数 i、j 的值是否合理,i、j 的取值应为 $1 \leqslant i \leqslant s.len, j \geqslant 0$。但可能会出现这种情况:$j$ 的值太大,从 i 开始在 s 中取不到 j 个字符,这时可根据串的长度算出串 s 中从 i 开始到串尾的字符个数,并更新 j 的值,从而将串 s 中从 i 开始到串尾的 j 个字符都复制到子串中。具体处理算法如下。

(1) 创建空顺序串

```
PseqString createNULLStr_seq()
{
    PseqString pstr;
    pstr = (PseqString)malloc(sizeof(struct SeqString));    //申请串空间
    if (pstr == NULL)
        printf("Out of space!! \n");
    else
        pstr -> len = 0;
    return pstr;
}
```

(2) 求顺序表示的串的子串

```
PseqString subStr_seq(PseqString s, int i, int j)
//求从 s 所指的顺序串中第 i(i>0)个字符开始连续取 j 个字符所构成的子串
{
    PseqString s1;
    int k;
    s1 = createNULLStr_seq();
    if(s1 == NULL)
        return NULL;
    if((i > 0)&&(i <= s -> len)&&(j > 0))
    {
        if(s -> len < i + j - 1)
            j = s -> len - i + 1;             //若从 i 开始取不够 j 个字符,则能取几个就取几个
        for(k = 0;k < j;k ++)
            s1 -> vec[k] = s -> vec[i + k - 1];
        s1 -> len = j;
    }
    return s1;
}
```

注释：上面介绍的是与顺序表一致的字符串顺序表示。在 C 语言中，通常可以直接采用无封装的字符数组表示字符串，这时需要在串的最后增加一个特殊的串结束符"\0"，串的长度可以通过检查数组的结束符的位置确定。

5.2.2 链接表示

在串的链接表示中，每个结点包含两个域：字符域和指针域。其中，字符域用来存放字符，指针域用来存放指向下一个结点的指针。这样，一个串就可以用一个单链来表示。

用单链表示串，结点的结构可说明为：

```
struct StrNode
{
    char ch;
    struct StrNode * link;
};
```

类似线性表中的单链表，定义 LinkString 类型如下：

```
typedef struct StrNode * LinkString;        //链串的类型
```

例如，串 s＝"abcdef"，按单链表存储时，假设 s 是 LinkString 类型的变量，那么它的存储结构如图 5.2(a)所示。同样为了方便处理，可在第一个结点之前增加一个头结点，如图 5.2(b)所示。也可以采用循环表的形式存储串，具体形式如图 5.2(c)所示。

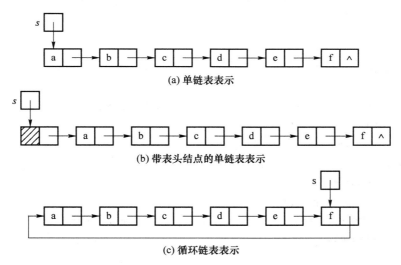

(a) 单链表表示

(b) 带表头结点的单链表表示

(c) 循环链表表示

图 5.2 串的链接表示示例

在串的链接表示中，也只是给出了创建空串和求子串运算的实现。其他运算的实现，请读者自行给出。

函数 LinkString subStr_link(LinkString s, int i, int j)是链式存储结构中求子串的运算，该运算是求在 s 所指的"带头结点的链串"中从第 $i(i>0)$个字符开始连续取 j 个字符所构成的子串。这里首先要为链串结构和头结点申请空间，创建一个空链表。然后，判断所给参数 i,j 的值是否合理，i,j 的取值应为 $i>0,j>0$。接着，从 $s->$Head 开始找第 i 个结点，找到后，就从该结点开始，为子串中的结点申请空间，并将元素值复制过去。注意：最后的子串中所取结点个数可能会小于 j。

（1）创建带头结点的空链串

```
LinkString createNULLStr_link ( )
{
    LinkString pst;
    pst = (LinkString)malloc(sizeof(struct StrNode));
    if (pst != NULL)
        pst -> link = NULL;
    return pst;
}
```

（2）求单链表表示的子串

```
LinkString subStr_link (LinkString &s, int i, int j)
//求从 s 所指的带头结点的链串中第 i(i>0)个字符开始连续取 j 个字符所构成的子串
{
    int k;
    s1 = createNULLStr_link();                  //创建空链串
    if (s1 == NULL)
    {
        printf ("Out of space! \n");
        return NULL;
    }
    if ((i < 1) || (j < 1))
        return s1;                              // i,j 值不合适,返回空串
    p = s;
    for (k = 1; k <= i; k++)                     //找第 i 个结点
        if (p != NULL)
            p = p-> link;
        else
            return s1;
    t = s1;
    for (k = 1; k <= j; k++)                     //连续取 j 个字符
        if (p != NULL)
        {
            q = (LinkString)malloc(sizeof(struct StrNode));
            if ( q == NULL )
            {
                printf ("Out of space! \n");
                return s1;
            }
            q-> ch = p-> ch;
            q-> link = NULL;                     //结点放入子链串中
            t-> link = q;
```

```
            t = q;
            p = p->link;
        }
    return s1;
}
```

上述关于字符串的单链表表示方法的主要缺点是存储效率比较低。改进的方法是把它与顺序表示的思想结合起来:每个链表的结点顺序存放多个字符。这样既提高了存储效率,又保留了链表的灵活性;缺点是增加了一点管理方面的复杂性。

5.2.3　模式匹配

设有两个串 t 和 p:

$$t = t_0 t_1 \cdots t_{n-1}$$
$$p = p_0 p_1 \cdots p_{m-1}$$

式中,$1 < m \leqslant n$(通常有 $m \ll n$)。现在的任务是要在 t 中找出一个与 p 相同的子串。通常把 t 称为目标,把 p 称为模式。从目标 t 中查找与模式 p 完全相同的子串的过程叫作模式匹配。匹配结果有两种:如果 t 中存在等于 p 的子串,就指出该子串在 t 中的位置,称为匹配成功;否则称为匹配失败。

模式匹配是一个比较复杂的串操作。许多人对此提出了各种方法和效率各不相同的算法。这一节主要介绍两个时间代价相差很大的算法。在讨论中,串都采用顺序表示法。有兴趣的读者可以按照同样的思路写出采用链表表示时的算法。

模式匹配的最简单的做法是用 p 中的字符依次与 t 中的字符比较:

$$
\begin{array}{ccccc}
t_0 & t_1 & \cdots & t_{m-1} & \cdots & t_{n-1} \\
\updownarrow & \updownarrow & & \updownarrow & & \\
p_0 & p_1 & \cdots & p_{m-1} & &
\end{array}
$$

如果 $t_0 = p_0, t_1 = p_1, \cdots, t_{m-1} = p_{m-1}$,则匹配成功,调用求子串的操作 $\mathrm{subStr}(t, 1, m)$ 即是找到的子串。否则必有某个 $i(0 \leqslant i \leqslant m-1)$,使得 $t_i \neq p_i$,这时可将 p 右移一个字符,用 p 中字符从头开始与 t 中字符依次比较:

$$
\begin{array}{cccccc}
t_0 & t_1 & \cdots & t_{m-1} & t_m & \cdots & t_{n-1} \\
& \updownarrow & & \updownarrow & \updownarrow & & \\
& p_0 & p_1 & \cdots & p_{m-1} & &
\end{array}
$$

如此反复执行,直到下面两种情况之一:或者达到某步时,$t_i = p_0$,$t_{i+1} = p_1$,$\cdots$,$t_{i+m-1} = p_{m-1}$ 匹配成功,$\mathrm{subStr}(t, i+1, m)$ 即是找到的(第一个)与模式 p 相同的子串;或者一直将 p 移到无法与 t 继续比较为止,则匹配失败。

为了便于理解,举例说明如下。设目标串 $t = $ "abbaba",模式串 $p = $ "aba",t 的长度为 $n(n=6)$,p 的长度为 $m(m=3)$。用上述做法进行模式匹配的过程如图 5.3 所示。

采用以上说明的顺序存储方式表示字符串,此时 t 和 p 可以定义为指向顺序串的指针变量,上述模式匹配的过程可用如下算法实现。该算法中用到两个整型变量 i 和 j,i 记录着 p 所指串中当前比较字符的下标,j 记录着 t 所指串中当前比较字符的下标。算法中 $\mathrm{p \rightarrow vec}[i]$ 表示 p_i,$\mathrm{t.vec}[j]$ 表示 t_j,$\mathrm{p \rightarrow len}$ 表示 m,$\mathrm{t \rightarrow len}$ 表示 n。

t a   b   b   b   a   b   a t a   b   b   b   a   b   a

p a   b   a p a   b   a

      (a) $p_2 \neq t_2$ 将 p 右移一位   (b) $p_0 \neq t_1$ 将 p 右移一位

t a   b   b   b   a   b   a t a   b   b   b   a   b   a

         a   b   a   a   b   a

p a   b   a p a   b   a

      (c) $p_0 \neq t_2$ 将 p 右移一位   (d) 匹配成功 subStr$(t,4,3)=p$

图 5.3 朴素的模式匹配过程

朴素的模式匹配算法:

int index (PseqString t, PseqString p)

/* 求 p 所指串在 t 所指串中第一次出现时,p 所指串的第一个元素在 t 所指的串中的序号(即下标 + 1)*/

串匹配

```
{
    int i, j;
    i = 0;
    j = 0;                              //初始化
    while ((i < p->len) && (j < t->len))   //反复比较
        if (p->vec[i] == t->vec[j])
        {
            i++;
            j++;
        }                               //继续比较下一个字符
        else
        {
            j = j - i + 1;
            i = 0;                      //主串,子串的 i,j 值回溯,重新开始下一次匹配
        }
    if (i >= p->len)
        return j - p->len + 1;          //匹配成功,返回 p 中的一个字符在 t 中的序号
    else
        return 0;                       //匹配失败
}
```

该算法非常简单,易于理解,但效率不高。主要原因是执行中有回溯,一旦比较不等,就将 p 所指的串右移一个字符,并从 p_0(算法中用 p->vec[0] 表示)开始比较。在最坏的情况下,每次比较都在最后出现不等,最多比较 $n-m+1$ 趟,总比较次数为 $m \times (n-m+1)$,由于在一般情况下 $m \ll n$,所以算法运行时间为 $O(m \times n)$。

读者可以模拟一个典型的例子:当 $t=$"0…01",而 $p=$"0000001"时,执行朴素模式匹配。

分析算法过程可以发现:造成朴素匹配算法速度慢的原因是有回溯,而这些回溯并非是必要的。以图 5.3 为例,由图 5.3(a)可知 $p_0=t_0$,$p_1=t_1$,$p_2 \neq t_2$,又由 $p_0 \neq p_1$ 可以推出 $p_0 \neq t_1$,所以将 p 右移一位后图 5.3(b)的比较一定不等;再由 $p_0=p_2$,可以推出 $p_0 \neq t_2$,所以将 p 再右

移一位后图 5.3(c)的比较也一定不等。因此,由图 5.3(a)便可直接将 p 右移 3 位跳到图 5.3(d),从 p_0 和 t_3 开始进行比较,这样的匹配过程对 t 而言就消除了回溯。

习 题 5

一、简答题

1. 空串和空格串有何区别?字符串中的空格符有何意义?空串在串的处理中有何作用?

2. 在串运算中的"模式匹配"是常见的,KMP 匹配算法是非常重要的算法。请简要回答下面的问题:

(1) 其基本思想是什么?

(2) 对模式串 $p(p=p_1,p_2,\cdots,p_n)$求 next 数组时,next[i]是满足什么性质的 k 的最大值或为 0。

3. 试问执行以下函数会产生怎样的输出结果?

```
void demonstrate(   )
{
    strassign (s,"THIS IS A BOOK");
    replace (s, substring(s, 3, 7),"ESE ARE");
    strassign (t, concat(s, "S"));
    strassign (u,"XYXYXYXYXYXY");
    strassign (v, substring(u, 6, 3));
    strassign (w,"W");
    printf ("t = ", t, "v = ", v, "u = ", replace( u, v, w));
}//demonstrate
```

4. 已知主串 s＝"ADBADABBAABADABBADADA",模式串 pat＝"ADABBADADA",写出模式串的 next 函数值,并由此画出 KMP 算法匹配的全过程。

二、算法设计与分析题

1. 采用顺序结构存储串,编写一个函数,求串 S 和串 T 的一个最长公共子串。

2. 采用顺序结构存储串,编写一个实现串比较运算的函数 strcmp(s, t),串比较采用字典序方式进行,当 s 大于 t 时返回 1,s 与 t 相等时返回 0,s 小于 t 时返回－1。

3. 给定一个长度为 n 的字符串 s,写出一个函数,将 s 复制给串变量 file,当遇到空格序列时只复制一个空格,已知 s 的最后一个字符不是空格。

4. 采用顺序结构存储串,试编写一个算法,求字符串 s 中出现的第一个最长重复子串的下标和长度。

5. 已知 3 个字符串分别为 s＝"ab…abcaabcbca", s_1＝"caab", s_2＝"bcb",利用所学字符串基本运算的函数得到字符串为 s_3＝"caabcbca…aca…a"。要求写出得到上述结果串 s_3 所用的函数及执行算法。

6. 编写算法,求串 s 所含不同字符的总数和每种字符的个数。

7. 编写算法,从串 s 中删除所有和串 t 相同的子串。

8. 对于采用顺序结构存储的串 x,编写一个函数删除其值等于 ch 的所有字符,要求具有较高的效率。

9. 采用顺序结构存储串,编写一个函数计算一个子串在一个字符串中出现的次数,如果该子串不出现则为 0。

10. 已知一个串 s,采用链式存储结构存储,设计一个算法判断其所有元素是否为递增排列的。

11. 若 x 和 y 是两个单链表存储的串,编写一个函数找出 x 中第一个不在 y 中出现的字符(假定每个结点只存放一个字符)。

12. 若 s 和 t 是用单链表存储的两个串,设计一个函数将 s 串中首次与串 t 匹配的子串逆置。

第6章 树

前面几章主要介绍了线性数据结构,本章所要介绍的树(tree)则属于一种十分重要的非线性数据结构。生产和生活中的许多实际问题里元素间具有分支关系和层次特性。例如,人类的家族关系、图书馆中图书及情报资料的编目及动植物的分类等这些非线性结构都特别适合于用树来表示。在计算机科学与计算机应用中树形结构也获得了广泛的研究和应用。直观来看,树是指数据元素间以分支关系组织起来的结构,从外形上看很像自然界中树的树干与树枝之间的关系。下面将分别讨论树的一些基本概念及各种运算。

6.1 基本术语及性质

6.1.1 基本术语

对自然界中的树进行如下抽象表示:把树根视为一个结点(称为根结点),把树中的每个分支都看作一个结点(称为分支结点),把树中的每个叶子也都看作一个结点(称为叶子结点或简称为叶结点)。若用圆圈表示结点并将树中相关联的结点用线段连接起来,则可以用图 6.1(a)来表示一棵树,它的根结点在下面,叶结点在上面。为了今后讨论方便,一般把图 6.1(a)所示的树倒过来画成图 6.1(b)的形式。

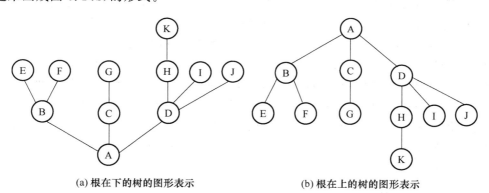

(a) 根在下的树的图形表示   (b) 根在上的树的图形表示

图 6.1 树的两种图形表示

树的定义如下。

树(tree)是 $n(n \geqslant 0)$ 个结点的有限集 T,在一棵非空树中:

(1) 有且仅有一个特定的称为根(root)的结点;

(2) 当($n>1$)时,其余结点可分为 $m(m>0)$ 个互不相交的有限集 $T_1, T_2, \cdots, T_m$,其中每个集合本身又是一棵树,并且称为根的子树(subtree)。

这是一种递归形式的定义,因为在树的定义中又用到了树这个概念。

图 6.1(b)是一棵树,它是由结点集合 $T=\{A,B,C,D,E,F,G,H,I,J,K\}$ 组成的,其中 A 是根结点,T 中其余结点分成三个互不相交的有限集合,它们分别是 $T_1=\{B,E,F\}$,$T_2=\{C,G\}$,$T_3=\{D,H,I,J,K\}$。T_1、T_2、T_3 本身又都是一棵树,它们都是根 A 的子树。由 T_1 构成的子树其根结点为 B,而 T_1 的其余结点又分成两个互不相交的集合 $T_{11}=\{E\}$,$T_{12}=\{F\}$,T_{11} 和 T_{12} 是 B 的子树,它们都只有一个结点,没有子树。由 T_2 构成的树的根是 C,T_2 的其余结点为集合 $\{G\}$,也构成一棵 C 的子树,它的根结点是 G,即为一个只含一个结点的树。

除了图 6.1(b)给出的表示方式外,还可以用其他方法来表示树结构,如用嵌套集合方式(即由一些集合的集体表示,且对于其中任何一对集合,它们或者互不相交,或者一个包含另一个)表示,或用广义表形式表示。例如对图 6.1(b)所表示的树,可用广义表表示为:(A(B(E,F),C(G),D(H(K),I,J)))。树还可以用凹入表示法(类似图书编目方法)表示。树的多种表示方法也说明了树结构在日常生活中及计算机软件设计中的重要性。

由于在"离散数学"课程中已经对树的概念和性质作过详细讨论,这里仅给出有关树的一些基本术语。

树中的结点具有数据项和若干指向其他结点的分支。某结点具有子树的数目称为该结点的度(degree)。例如,图 6.1(b)中,结点 A 的度为 3,结点 C 的度为 1,结点 G 的度为 0。度为 0 的结点(即没有子树的结点)称为叶子或终端结点。例如,图 6.1(b)中结点 E、F、G、K、I、J 都是树的叶子(leaf)。一棵树的度是指树中各个结点度数的最大值。图 6.1(b)中树的结点 A 和结点 D 的度最大且都等于 3,故该树的度亦为 3。结点子树的根称为该结点的孩子(child)。反之,这个结点为孩子的双亲(parent)。例如,图 6.1(b)中,D 为子树 T_3 的根,D 是 A 的孩子,而 A 则是 D 的双亲,双亲与孩子之间用枝相连。同一个双亲的孩子之间称为兄弟(sibling),例如,B、C 互为兄弟。将这些关系进一步推广,可认为 D 是 K 的祖父。一个结点的祖先是从根到此结点的路径上的所有结点。如图 6.1(b)中结点 K 的祖先是 A、D、H。反之,从某结点到终端结点路径上的所有结点称为该结点的子孙,如 D 的子孙为 H、I、J、K。

结点的层次(level)是从根开始算起的,根为第一层,其余各结点逐层由上而下计算,若某结点为第 k 层,则其孩子(如果有)必在第 $k+1$ 层。其双亲在同一层的结点称为堂兄弟。例如图 6.1(b)中,结点 G 与 E、F、H、I、J 为堂兄弟。

树中结点的最大层次为树的深度(depth),或称为高度。图 6.1(b)中树的深度为 4。

注意,在树中一般只考虑结点的上下层相对关系,而不考虑其他同一层上的左右顺序。

森林是指 $n(n\geqslant 0)$ 棵树的集合。森林的概念与树很接近,这是因为若把一棵树的根结点去掉就可以成为森林。反之,若把由 n 棵独立的树组成的森林加上一个结点,并把这几棵树作为此结点的子树,那么此森林就变成一棵树了。

6.1.2 树的性质

性质 1:树中的结点数等于所有结点的度加 1。

证明:除树的根结点外,每个结点有且只有一个直接前驱,除树的根结点之外的结点数等于所有结点的分支数(度数)。

性质 2:度为 k 的树中第 i 层至多有 k^{i-1} 个结点($i\geqslant 1$)。

证明:用数学归纳法证明如下。

对于第一层,因为树中的第一层上只有一个结点,即整个树的根结点,而由 $i=1$ 代入 k^{i-1},得 $k^{i-1}=k^{1-1}=1$ 也同样得到只有一个结点,显然结论成立。

假设对于第 $i-1$ 层($i>1$)命题成立,即度为 k 的树中第 $i-1$ 层上至多有 k^{i-2} 个结点,则根据树的度的定义,度为 k 的树中每个结点至多有 k 个孩子,所以第 i 层上的结点数至多为第 $i-1$ 层上结点数的 k 倍,即至多为 $k^{i-2}\times k=k^{i-1}$,这与命题相同,故结论成立。

性质 3:深度为 h 的 k 叉树至多有 $(k^h-1)/(k-1)$ 个结点。

证明:由性质 2 可知,第 i 层上结点数最多为 k^{i-1}($i=1,2,\cdots,h$),显然当高度为 h 的 k 叉树(即度为 k 的树)上每一层的结点数都达到最大时,整个 k 叉树的结点数达到最大值。因此有:

整个树的结点数的最大值＝每一层结点数的最大值之和

$$=k^0+k^1+k^2+\cdots+k^{h-1}$$
$$=(k^h-1)/(k-1)$$

当一棵 k 叉树上的结点数等于 $(k^h-1)/(k-1)$ 时,则称该树为满 k 叉树。

性质 4:具有 n 个结点的 k 叉树的最小深度为 $\lceil\log_k(n(k-1)+1)\rceil$。

证明:设具有 n 个结点的 k 叉树的高度为 h,若在该树中前 $h-1$ 层都是满的,即每一层的结点数都等于 k^{i-1} 个($1\leqslant i\leqslant h-1$),第 h 层(即最后一层)的结点数可能满,也可能不满,则该树具有最小的高度,其高度 h 可计算如下:

根据性质 3 可得

$$(k^{h-1}-1)/(k-1)<n\leqslant(k^h-1)/(k-1)$$

乘以 $(k-1)$ 并加 1 后得

$$k^{h-1}<n(k-1)+1\leqslant k^h$$

以 k 为底取对数后得

$$h-1<\log_k(n(k-1)+1)\leqslant h$$

即
$$\log_k(n(k-1)+1)\leqslant h<\log_k(n(k-1)+1)+1$$

因 h 只能取整数,所以

$$h=\lceil\log_k(n(k-1)+1)\rceil$$

结论得证。

6.2 树的抽象数据类型和树的存储

首先介绍作为抽象数据类型的树上一些基本的运算,然后介绍树的存储表示。

6.2.1 基本运算

(1) Root(T)

这是一个求根的函数,其结果是树 T 的根结点;若 T 为空树,则结果为"空"。

(2) Parent(T, x)

这是一个求双亲的函数,其结果是结点 x 在树 T 上的双亲;若结点 x 是树 T 的根结点或结点 x 不在树 T 中,则结果为"空"。

(3) Initiate(& T)

这是一个初始化操作,其结果是置 T 为空树。

(4) Child(T, x, i)

这是一个求孩子结点的函数,其结果是树 T 上结点 x 的第 i 个孩子;若 x 不在 T 上或 x

没有第 i 个孩子,则结果为"空"。

(5) Create$(x, T_1, \cdots, T_k), k \geqslant 1$

这是一个建树函数,其结果是建立一棵以 x 为根,以 $T_1, \cdots, T_k$ 为第 $1, \cdots, k$ 棵子树的树。

(6) Delete(T, x, i)

这是一个删除子树的函数,其作用是删除树 T 上结点 x 的第 i 棵子树;若 T 中无第 i 棵子树,则为空操作。

(7) Traverse(T)

这是一个遍历操作,其作用是按某个次序依次访问树中各个结点,并使每个结点只被访问一次。

树的应用很广,在不同的软件系统中树的操作不尽相同,因此树的抽象数据类型可随需要而设定。

6.2.2 树的存储

树是一种非常重要的数据结构,下面介绍树的几种常用的存储结构。

1. 孩子表示法

由于树中每个结点可能有多棵子树,因此可用多重链表来表示,即每个结点有多个指针域,其中每个指针指向一棵子树的根结点,此时链表中的结点可以有如图 6.2(a) 和图 6.2(b) 所示两种结点形式。

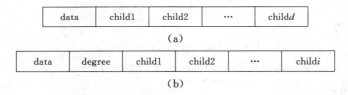

图 6.2 树采用多重链表表示时的结点形式

若采用第一种结点形式,则多重链表中的结点是同构的,其中 d 为树的度。由于树中很多结点的度小于 d,因此链表中有很多空链域,空间浪费很多。容易推出,在一棵含有 n 个结点度为 k 的树中必有 $n(k-1)+1$ 个空链域。若采用第二种结点形式,则多重链表中的结点是不同构的,其中 i 为结点的度,degree 域的值同 i,此时虽能节约存储空间,但由于结点不同构,运算很不方便。

可以把每个结点的孩子结点排列起来看成是一个线性表,且以单链表作存储结构,则共有 n 个孩子链表(叶子的孩子链表为空表)。而 n 个头指针又组成一个线性表,为了便于查找,可用向量表示,这种存储结构说明如下:

```
#define MAXSIZE//树中结点个数的最大值
typedefstruct TNode
{
    int child;
    struct TNode * next;
    } * TreeNode;
typedef   TreeNode Tree[MAXSIZE];
```

以图 6.3 所示的树为例,树的孩子表示法如图 6.4(a) 所示。树的孩子表示法便于那些涉及孩子的运算的实现,却不适用于 Parent(T,x)。为了便于求某个节点的双亲,在孩子链表头指针组成的向量中增加一项:双亲节点的编号,即将双亲向量和孩子表头指针向量合在一起。图 6.4(b)就是这种存储结构的一个示例,它和图 6.4(a)表示的是同一棵树。

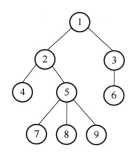

图 6.3 树的示例

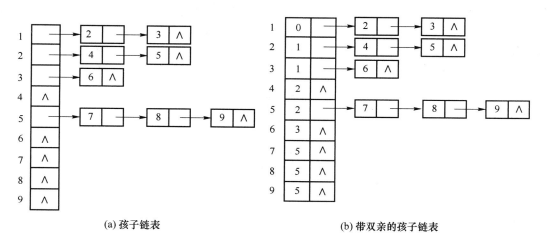

(a) 孩子链表　　　　　　　　　　　(b) 带双亲的孩子链表

图 6.4 图 6.3 所示树的链表表示法

2. 孩子兄弟表示法

孩子兄弟表示法又称二叉树表示法,或二叉链表表示法,即以二叉链表作树的存储结构。链表中结点的两个链域分别指向该结点的第一个孩子结点和下一个兄弟结点,分别命名为 first_child 域和 next_sibling 域。

图 6.5 是图 6.3 中树的二叉链表表示法。利用这种存储结构可以方便地实现树的各种运算。首先易于实现找孩子结点的运算。例如,若要访问结点 x 的第 i 个孩子,则只要先从 first_child 域找到 x 的第 1 个孩子结点,然后沿着该孩子结点的 next_sibling 域连续走 $i-1$ 步,便可找到 x 的第 i 个孩子。当然,如果为每个结点增设一个 parent 域,则同样能方便地实现 Parent(T,x) 运算。

3. 双亲表示法

树的双亲表示法是用一个数组顺序地存放树的各个结点,而结点存放的次序是任意的。每一个结点由两个域组成:数据域和指针域,分别存储树上结点中的数据元素和用于指示本结点双亲所在的存储结点的指针。需要说明的是,指针域的类型定义可以有两种选择。第一种选择是将其定义为高级语言中的指针类型,就得到各种链式存储结构,如单链表、二叉链表、孩子链表等。第二种选择是将“指针”域定义为整型、子界型等类型。严格地说,无论选择上述哪

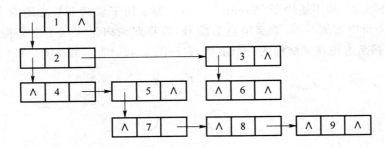

图 6.5　图 6.3 中树的二叉链表表示法

种定义,得到的都是链式存储结构。为了区别这两种链式存储结构,通常将第一种称为"动态链表",相应的指针称为"动态指针";第二种称为"静态链表",相应的"指针"称为"静态指针"。动态链表的大小是动态变化的。相反,静态链表的容量必须事先说明,因而其大小是固定的。然而,当结点数固定不变且可事先确定时,采用静态链表往往更加方便、直观。下面介绍的双亲表示法就是树的静态链表表示法。它由一个一维数组构成,数组的每个分量包含两个域:数据域和双亲域,数据域用于存储树上结点中的数据元素,双亲域用于存放本结点的双亲结点在数组中的序号。图 6.3 中树的静态双亲链表如图 6.6 所示。

节点序号	data	parent
1	1	0
2	2	1
3	4	2
4	7	6
5	8	6
6	5	2
7	9	6
8	6	9
9	3	1

图 6.6　图 6.3 中的静态双亲链表

静态双亲链表的类型定义如下:

```
typedef struct TNode
{
    ElemType data;
    int parent;
} TreeNode;
typedef TreeNode stalist[MAX SIZE];
```

双亲表示法中的指针是"向上"链接的,因此在这种表示法下求指定结点的祖先很方便。为了提高这一类运算的效率,可以对树上的结点按层编号,并以各结点的编号作为它们在数组中的序号。这样,孩子结点的下标值大于其双亲结点的下标值,"弟"结点的下标值大于"兄"结点的下标值。于是,若要查找任一下标值为 i 的结点 x 的子孙,只需在下标值大于 i 的结点中去查找,这样就缩小了查找范围,加快了查找过程。

4. 森林的表示

上述的三种存储结构均可推广到森林。图 6.7 给出了用这三种方法表示森林的例子。

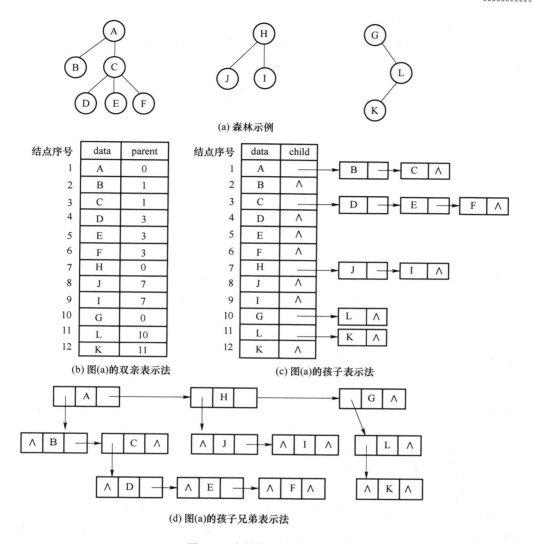

(a) 森林示例

(b) 图(a)的双亲表示法

(c) 图(a)的孩子表示法

(d) 图(a)的孩子兄弟表示法

图 6.7 森林的三种表示方法

6.3 二 叉 树

二叉树(binary tree)是一种重要的数据结构,它具有许多良好的性质和简单的物理表示。它的特点是每个结点最多只有两个孩子(即不存在度数大于 2 的结点),并且二叉树的子树有左、右之分,其子树的次序不能随意颠倒。

6.3.1 二叉树的定义

二叉树是 $n(n \geq 0)$ 个结点的有限集合,此集合或者是空的,或者是由一个根结点加上两棵分别称为左子树和右子树的、互不相交的二叉树所组成的。

这也是一个类似于树的递归定义。但要注意,二叉树与树是两个不同的概念。树的子树不必区分其次序,而二叉树的子树都有左、右之分。因此,绝不能认为二叉树就是结点的度均不超过 2 的树,但前面引入的有关树的术语也都适用于二叉树。

101

二叉树在逻辑上有五种形态,如图 6.8 所示,其中(a)为空二叉树;(b)为只有一个根结点的二叉树;(c)为右子树为空的二叉树;(d)为左、右子树均不为空的二叉树;(e)为左子树为空的二叉树。

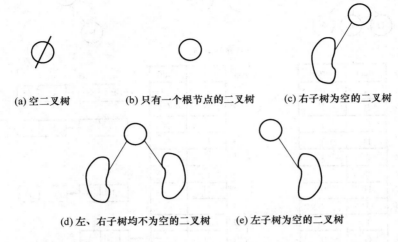

(a) 空二叉树　　　　　(b) 只有一个根节点的二叉树　　　(c) 右子树为空的二叉树

(d) 左、右子树均不为空的二叉树　　　(e) 左子树为空的二叉树

图 6.8　二叉树的五种基本形态

6.3.2　二叉树的基本性质

二叉树有下面一些重要的数学性质。

性质 1:

(1) 在二叉树中,第 i 层的结点个数最多为 $2^{i-1}(i \geqslant 1)$ 个;

(2) 深度为 k 的二叉树的结点总数最大为 $2^k-1(k \geqslant 1)$。

证明:对(1)可用归纳法证明如下。

当 $i=1$ 时,二叉树只有一个根结点,显然有 $2^{1-1}=2^0=1$,结论成立。

现假定对所有的 $j(1 \leqslant j < i)$,命题成立,即在第 j 层上结点个数最大为 2^{j-1} 个。那么,由归纳法假设知第 $i-1$ 层上结点个数最多为 2^{i-2} 个。由于二叉树的每个结点的最大度数为 2,故在第 i 层上的最大结点数为第 $i-1$ 层上的最大数的 2 倍,即为 $2 \times 2^{i-2}=2^{i-1}$ 个。至此,(1)证毕。

对于(2)的证明利用(1)的结论及等比数列求和公式可得,深度为 k 的二叉树的结点总数的最大值是:

$$\sum_{i=1}^{k} 2^{i-1} = 2^k - 1$$

于是(2)得证。

性质 2: 对任一棵二叉树 T,如果其叶子结点个数为 n_0,度为 2 的结点个数为 n_2,则 $n_0 = n_2 + 1$。

证明:设二叉树 T 中度为 1 的结点数为 n_1 个,二叉树中总结点数为 n 个,则由二叉树的定义可知 $n = n_0 + n_1 + n_2$。由于在树中,除了根结点外,其余每个结点均有且仅有一个分支进入,因此,若设 T 中的分支数为 B,则 $B = n - 1$。又因每个度为 1 的结点均发出一个分支,每个度为 2 的结点均发出两个分支,度为 0 的结点没有分支发出,故 B 与 n_1、n_2 间的关系为 $B = 2n_2 + n_1$,于是有 $n - 1 = 2n_2 + n_1$。将前面的 $n = n_0 + n_1 + n_2$ 代入该式,即得 $n_0 = n_2 + 1$。

在二叉树中有两类特殊的二叉树:满二叉树和完全二叉树,它们所具有的性质对研究二叉树的存储表示及数据的排序和查找等都有重要意义,下面分别对其进行讨论。

一棵深度为 k 的满二叉树,是有 2^k-1 个结点的深度为 k 的二叉树。根据性质 1 中的第 (2) 条,2^k-1 是这种二叉树所能具有的最大结点数。因此,满二叉树是每层结点个数都达到最大值的二叉树。图 6.9 给出了一棵深度为 4 的满二叉树的例子。

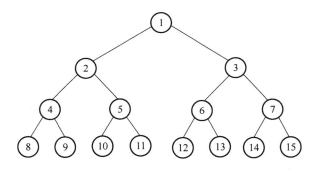

图 6.9　深度为 4 的满二叉树

如果对图 6.9 所示的满二叉树,将其结点从根结点开始自上而下,同一层自左而右连续地进行编号,这样就得到了满二叉树的一种顺序表示。这种顺序表示同时还提供了一种完全二叉树的定义:一棵有 n 个结点,深度为 k 的二叉树,当且仅当它的所有结点对应于深度为 k 的满二叉树中编号为 1 到 n 的那些结点时,该二叉树便是一棵完全二叉树。

这样,我们便可以把完全二叉树的各结点存储在一个一维数组 tree 中,其编号为 i 的结点存储在 tree[i] 中。并且,很容易利用下面的性质来确定完全二叉树中任一结点的双亲和左、右孩子的位置(编号)。

性质 3:具有 n 个结点的完全二叉树的深度为 $\lfloor \log_2 n \rfloor + 1$。

性质 4:若一棵有 n 个结点的完全二叉树(即深度为 $\lfloor \log_2 n \rfloor + 1$)是按上述顺序表示法表示的,则对任一结点 $i(1 \leqslant i \leqslant n)$,有:

(1) 如果 $i=1$,则结点 i 是二叉树的根,无双亲;如果 $i \neq 1$,则其双亲结点的编号为 $\lfloor i/2 \rfloor$;

(2) 如果 $2i \leqslant n$,则其左孩子的编号是 $2i$;若 $2i>n$,则 i 无左孩子(结点 i 为叶子结点);

(3) 如果 $2i+1 \leqslant n$,则其右孩子的编号是 $2i+1$;若 $2i+1>n$,则 i 无右孩子。

证明:对上述性质,先证明 (2) 和 (3),然后由 (2) 和 (3) 可以导出 (1)。下面用归纳法来证明 (2) 与 (3):对 $i=1$,显然,根据完全二叉树的定义可知,其左孩子必是结点 2,除非 $n<2$,此时,因不存在第 2 个结点,1 当然没有左孩子。而其若有右孩子,则必为结点 3(即 $2 \times 1+1$),若 $n<3$,则 3 号结点不存在,即没有右孩子。

现在假定对所有 $j(1 \leqslant j \leqslant i)$,都有 Lchild($j$) 是 $2j$,Rchild(j) 是 $2j+1$,则根据完全二叉树的定义,位于 Lchild($i+1$) 之前的两个结点就是结点 i 的右孩子和左孩子,根据归纳假设:i 的左孩子是 $2i$,i 的右孩子是 $2i+1$(如图 6.10 所示)。因此 $i+1$ 的左孩子应是 $2i+2$,即 $2(i+1)$;除非 $n<2(i+1)$,这时结点 $i+1$ 无左孩子。而结点 $i+1$ 的右孩子应是 $2i+3$,即 $2(i+1)+1$;除非 $n<2(i+1)+1$,这时结点 $i+1$ 无右孩子。

6.3.3　二叉树的抽象数据类型与存储表示

二叉树作为一种抽象数据类型,其基本操作与树类似。二叉树有如下一些基本操作。

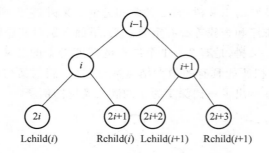

图 6.10   完全二叉树中结点 i 及 $i+1$ 的左、右孩子

（1）Initiate(&Bt)：这是一个初始化操作，其作用是设置一棵空二叉树，即令 Bt=NULL。

（2）Lchild(Bt，x)和 Rchild(Bt，x)：这是求孩子操作，作用分别是求出二叉树 Bt 中结点 x 的左孩子和右孩子结点；若结点 x 为叶子结点或 x 不在二叉树 Bt 中，则结果为"空"。

（3）Create(x，LBt，RBt)：这是一个建树操作，其作用是建立一棵以结点 x 为根，以二叉树 LBt 和 RBt 为 x 左、右子树的二叉树。

（4）DelLeft(Bt，x)和 DelRight(Bt，x)：这是一个剪枝操作，其作用分别为删除二叉树 Bt 上结点 x 的左、右子树；若 x 无左或右子树，该运算为空操作。

（5）Parent(Bt，x)：这是一个求双亲的函数，其结果是结点 x 在二叉树 Bt 上的双亲；若 x 是 Bt 的根或 x 根本不是 Bt 上的结点，运算结果为"空"。

（6）Root(Bt)：这是一个求根操作，其结果是二叉树 Bt 的根结点；若 Bt 为空二叉树，运算结果为"空"。

（7）Traverse(Bt)：这是遍历操作，其结果是按某个次序依次访问二叉树中的各个结点，并使每个结点只被访问一次。

上节中曾提到，对于完全二叉树可以用一维数组来存储，这种方法既不浪费内存，又可以快速方便地确定任意结点的双亲和左、右孩子的位置。然而若将此种存储结构用于一般的二叉树，则空间利用率将降低，特别是对于单枝二叉树（其右子树或左子树总为空时）存储空间的浪费更大。最坏的情况是，深度为 k 的单枝二叉树要求有 2^k-1 个存储单元，而其中真正有用的只有 k 个单元。

因此，完全二叉树用顺序表示法所具有的好处并不适合于通常的二叉树，何况这种表示法还具有各种顺序表示法的共同缺点，即把一个结点插入树中或从树中删去一个结点，都可能要移动许多结点。因此，一般情况下，大都采用二叉链表来存储二叉树，链表中每个结点设有三个域：Lchild、Rchild 和 data，分别保存指向左、右孩子的指针和结点本身的数据元素。

二叉链表的类型定义如下：

```
typedef struct btnode
{
    ElemType data;
    struct btnode * Lchild, * Rchild;
} * bitreptr;
```

当然，用链式结构来表示二叉树仍然会浪费一些存储空间，这是因为树中存在左或右子树为空的结点（或左、右子树都为空的结点，如叶子结点）。但以后会看到，这些空域还可以利用起来。图 6.11 给出了用链表方式存储二叉树的两个示例。

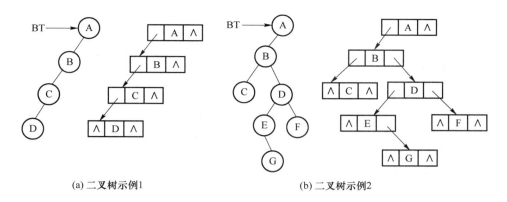

(a) 二叉树示例1　　　　　　　　　(b) 二叉树示例2

图 6.11　二叉树的链表表示

与树的双亲表示法类似,二叉树也可以采用静态链表来表示,即用向量来存储二叉树中的每个元素,向量中的每个分量也有三个域:Lchild、Rchild 和 data,但与二叉链表不同的是,Lchild 和 Rchild 分别存放的是该结点的左、右孩子在向量中的序号。例如,对于图 6.12(a)所示的二叉树,采用上述存储结构表示时,结果如图 6.12(b)所示。

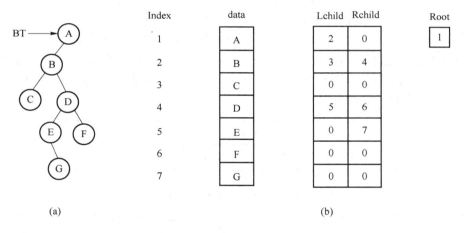

(a)　　　　　　　　　　　　　　　(b)

图 6.12　二叉树的存储表示

在二叉链表这种结构上,二叉树的多数基本运算都能容易地实现,但求双亲的运算实现起来却比较麻烦。假如在给定的实际问题中需要经常进行求双亲的运算,那么以二叉链表为存储结构就显得不合适了,这时可以采用三叉链表作为存储结构。它与二叉链表的主要区别在于:它的结点比二叉链表的结点多一个指向双亲结点的指针。

三叉链表的类型定义如下:

```
typedef struct btnode
{
    ElemType data;
    struct btnode * Lchild, * Rchild, * Parent;
} * tritreptr;
```

图 6.13 给出了一个用三叉链表存储二叉树的示例。

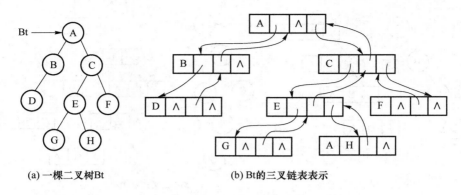

(a) 一棵二叉树Bt　　　　　　　(b) Bt的三叉链表表示

图 6.13　三叉链表表示示例

6.3.4　树、森林与二叉树间的转换

前面曾经提到过,由于一般树中各个结点的度数可能相差很多,若用多重链表表示它,为节约内存,其结点的长度将不固定,算法处理起来很不方便。若用定长结点的链表,又太浪费内存,这点可由下面的结论定量地加以说明。

如果 t 是 k 叉树(即树的度为 k),并有 n 个结点,那么当用图 6.14 所示的定长结点的多重链表来存储时,$n \times k$ 个链域中便有 $n \times (k-1)+1$ 个域是空的。对此结论可简单地证明如下。

由于除去根结点之外,每个结点都有一个指针指向。因此,n 个结点的 k 叉树便有 $n-1$ 个指针非空。然而现在全体结点共有 $n \times k$ 个域,从 $n \times k$ 中减去 $n-1$ 个非空便是空域的个数,即 $n \times k - (n-1) = n \times (k-1)+1$。

data				
Child1	Child2	Child3	...	Childk

图 6.14　树的定长结点的多重链表形式

由此结论可以看出,三叉树中有 2/3 以上的域是空域;树的度越大空域越多,其比值将趋近于 1。而对于二叉树,其空域只稍多于 1/2。由此可见,若用二叉树来表示树是很有意义的。

在求一棵树的二叉树表示法时,要利用这样一点,即对于一般树而言,树中结点的孩子之间的次序是无关紧要的,只要双亲—孩子间的关系不搞错就可以了。因此,为了得到树的二叉树表示,需要自左至右排列孩子的次序。例如,在图 6.15 所示的树中,规定 A 的最左的孩子为 B,B 的最左的孩子为 E,D 的最左孩子为 H。

给出了上述规定之后,将一棵树转换成二叉树的方法是:

(1) 在兄弟间加一连线;

(2) 对每个结点,除去其最左的孩子外,抹掉该点与其他孩子间的连线;

(3) 以树的根结点为轴心,将整棵树顺时针旋转 45°。

对于图 6.15 所示的树,根据上述步骤可将其转化为图 6.16 所示的二叉树。

由树变换成二叉树时,根结点总是没有右子树的。在把树转换成二叉树的基础上,也可以方便地把森林转换成二叉树。先看图 6.17 所示的情况,将森林 F 转换成二叉树 Bt 的做法是:先将森林中各棵树的根相连,然后对每棵树用树的二叉表示法相连,最后顺时针旋转 45°,这

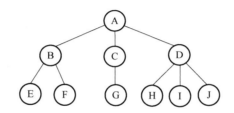

图 6.15 一般树

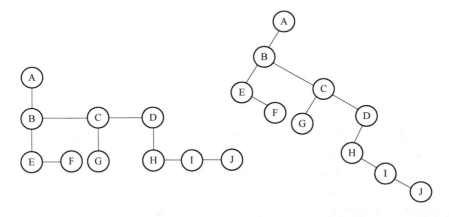

图 6.16 树的二叉树表示

样就把图 6.17(a)所示的森林 F 转换成图 6.17(b)所示的二叉树了。将此过程倒过来,便可将一棵二叉树变成唯一的一个森林。如图 6.18 所示,只要将二叉树的根结点 A 及其右子树的根结点 E、G 作为森林中每棵树的根,而对其他结点,则根据其根与左、右孩子的关系,将其化为每棵树中最左孩子与其兄弟。

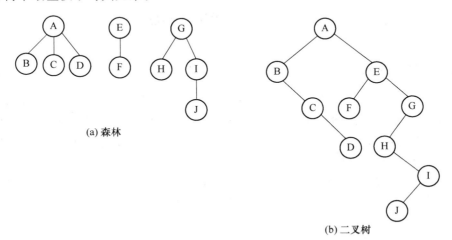

图 6.17 森林变为二叉树

上述过程,可以形式化地描述如下。

(1) 森林转二叉树。如果 $F=\{T_1,T_2,\cdots,T_n\}$ 是森林,则此森林所对应的二叉树 $B(T_1,T_2,\cdots,T_n)$ 按如下情况确定:

① 若 $n=0$,即 $F=\Phi$,则 Bt 为空;

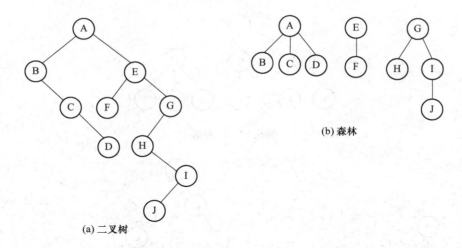

图 6.18 二叉树变为森林

② 若 $n>0$，则二叉树 Bt 的根为 T_1 的根，其左子树为 Bt$(T_{11},T_{12},\cdots,T_{1m})$，这时 T_{11}，$T_{12},\cdots,T_{1m}$ 都是 T_1 的子树，而其右子树为 Bt$(T_2,T_3,\cdots,T_n)$。

注意，从森林转换成二叉树，其根结点有右子树。

（2）二叉树转森林。如果 Bt 是一棵二叉树，T 是 Bt 的根结点，L 是 Bt 的左子树的根，R 是 Bt 的右子树的根，则其相应的森林 F(Bt)由 Bt 按如下过程来产生：

① 若 Bt$=\Phi$，则 $F=\Phi$；

② 否则，Bt 的根结点 T 为 $F=\{T_1,T_2,\cdots,T_n\}$ 中 T_1 的根结点，T_1 的不相交的子集合 $T_{11},T_{12},\cdots,T_{1m}$ 为 F(L)，森林中其他的树 $T_2,T_3,\cdots,T_n$ 为 F(R)。

显然，这是一种递归的生成过程。

6.4 二叉树的遍历

6.4.1 遍历的实现

我们常常要对树执行许多操作（运算），其中一个重要的操作就是遍历树，即对树中的每个结点恰好访问一次。一次完整的遍历对树中的结点产生一种线性次序，而这种线性次序可能是有用的。所谓遍历二叉树（traversing binary tree）是指以一定规则走遍二叉树的每个结点并使每个结点被访问一次且仅被访问一次。在访问结点时可以是打印结点的数据、修改结点的数据或将结点的数据同某一已给定的数据相比较等。需要说明的是，在实际问题中，二叉树的结点除去 data 域以外，可能还有其他数据域。为简单起见，今后讨论时假设二叉树中的结点都只有一个数据域。

如果令 D、L、R 分别表示访问根结点、遍历左子树、遍历右子树，则对一棵二叉树的遍历可以有 DLR、DRL、LDR、RDL、LRD 和 RLD 六种顺序。

如果规定对于左、右子树总是先遍历左子树再遍历右子树，那么就只需考虑：DLR、LDR、LRD 这三种情况了。按照根结点访问的先后分别称它们为先序遍历、中序遍历和后序遍历。下面给出这三种遍历的定义，由于二叉树是以递归的形式定义的，故这三种遍历也是按递归形式定义的。

（1）先序遍历

若被遍历的二叉树非空,则

① 访问根结点并输出;

② 以先序遍历原则遍历根结点的左子树;

③ 以先序遍历原则遍历根结点的右子树。

二叉树先序遍历

（2）中序遍历

若被遍历的二叉树非空,则

① 以中序遍历原则遍历根结点的左子树;

② 访问根结点并输出;

③ 以中序遍历原则遍历根结点的右子树。

二叉树中序遍历

（3）后序遍历

若被遍历的二叉树非空,则

① 以后序遍历原则遍历根结点的左子树;

② 以后序遍历原则遍历根结点的右子树;

③ 访问根结点并输出。

二叉树后序遍历

```
void Preorder(bitreptr t)
//先序遍历根结点指针为 t 的二叉树
{
    if (t)
    {
        printf("%c", t->data);          //访问根结点
        Preorder(t->Lchild);            //遍历左子树
        Preorder(t->Rchild);            //遍历右子树
    }
}
```

例如,图 6.19 所示的是代表表达式 a＋b＊(c－d)－e/f 的二叉树,对此二叉树用先序遍历将得到序列:－＋a＊b－cd/ef。这是表达式的前缀表示,或称波兰表示。而对图 6.19 所示二叉树进行中序遍历时,所得到的序列为:a＋b＊c－d－e/f。这是表达式的中缀表示,它和原来的表达式的字符顺序是一致的,但是括号不见了,这是由于在求得线性序列的过程中丢失了一些信息。因此,中缀表示对表达式的运算来说是不明确的。当采用后序遍历时,所得到的序列为:abcd－＊＋ef/－。这是表达式的后缀表示,或称为逆波兰表示,这种表示对表达式的编译是很方便的。

在遍历某个二叉树时,只需调用此过程且以指向该树根结点的指针 t 作为与形式参数对应的实参数代入即可。基于递归形式的遍历过程,其优点是算法简单明了,易于编程,程序易读且不易出错。但它的缺点是运行速度比非递归过程稍慢,且只有在支持递归调用的程序设计语言中才能使用。如果所采用的程序设计语言不支持递归或者是希望提高运算速度,可以利用栈将上述的递归过程改写成非递归(即迭代)过程。

为了实现非递归遍历算法,我们需要一个堆栈作为实现算法的辅助数据结构,堆栈用于存放遍历过程中待处理的任务线索。二叉树是非线性数据结构,遍历过程中涉及的每一个结点都可能有左、右两棵子树。由于任何时刻程序只能访问其中之一,所以程序必须保留以后继续

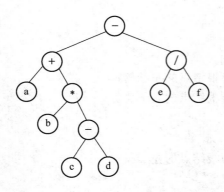

图 6.19　表达式 a＋b＊(c－d)－e/f 的二叉树

访问另一棵子树的线索。因此,这里使用堆栈来保留继续遍历的线索。

下面的程序是二叉树先序遍历的非递归算法,这里指向二叉树根结点的指针为 t,S 是一个辅助栈,并假定其存储于一个容量不限的数组之中(顺序分配),top 是栈顶指针,p 是一个临时的指针变量,它指向正在遍历的结点。

```
void Preorder(bitreptr t)
{
    if (t == NULL)
        return;
    else
    {
        top = 0;
        p = t;
    }
    do
    {
        while (p != NULL)
        {
            printf(" % c", p->data);      //访问根结点
            if (p->Rchild != NULL)
            {
                top++ ;
                S[top] = p->Rchild;
            }
            p = p->Lchild;
        }
        if (top != 0)
        {
            p = S[top];
            top-- ;
        }
    } while ((top != 0) || (p != NULL));
}
```

再看后序遍历算法：

```
void Postorder(bitreptr t)
{
    if (t == NULL)
        return;
    else
    {
        p = t;
        top = 0;
    }
    do
    {
        while (p != NULL)
        {
            top++;
            S[top] = p;
            p = p->Lchild;
        }
        while ((top != 0) && (p == NULL))
        {
            p = S[top];
            top--;
            if (p > 0)
            {
                top++;
                S[top] = -p;
                p = p->Rchild;
            }
            else
            {
                p = -p;
                printf("%c", p->data);
                p = NULL;
            }
        }
    }while ((top != 0) || (p != NULL));
}
```

在本算法中，每一个结点都要进两次栈出两次栈，第一次进栈时表示它的左子树正在被遍历，而第二次进栈则表示正在遍历它的右子树，在这两种遍历均完成后才处理这个结点。因此，我们必须要区别这两次不同的进栈过程。为方便起见，对第二次进栈，我们采用保存负指针的方法。在算法中，第一个 while 语句是跟随左分支链将每一个遇到的结点的地址进栈。当这样一个链结束时，则弹出相应的栈顶元素与零比较，如果它是正的（设结点地址≠0），则将此结点地址变负后压栈，并取这个结点的右分支。但若弹出的栈顶元素为负值，则表示已完成了对这个结点右子树的遍历,于是输出(访问)这个结点之后再检验下一个栈元素。

至此,不难求出用于中序遍历的非递归算法,请读者自己完成。

6.4.2 遍历算法的应用示例

遍历是二叉树最基本的运算,对二叉树的很多操作均可通过将遍历算法进行某种特殊处理来实现,至于按哪一种次序进行遍历则需要具体问题具体分析。

【例6.1】 建立一棵二叉树。

分析:二叉树建立的过程可以采用先序遍历的思想来实现,即在遍历过程中"访问节点"的具体操作是判断当前的输入是否为 0,如果是 0,则将指向当前根节点的指针置为空;否则申请一个新结点作为根节点,并将其数据域置为当前输入的值,然后再分别按先序顺序建立该结点的左、右子树。具体算法如下:

```
void CreateBtr(Bitreptr &t);
{
    scanf(" % d", &x);
    if(x == 0)
        t = NULL;
    else
    {
        p = new btnode;
        p - > data = x;
        t = p;
        CreateBtr(t - > Lchild);
        CreateBtr(t - > Rchild);
    }
}
```

【例6.2】 统计一棵二叉树中叶子结点的个数。

分析:可以将此问题视为一种特殊的遍历问题,这种遍历中"访问一个结点"的具体内容为判断该结点是不是叶子,若是则将叶子数加 1。显然可以采用任何遍历方法来实现,这里用先序遍历。具体算法如下:

```
void numleaf((bitreptr t, int &num)
//先序遍历根指针为 t 的二叉树以计算其叶子数 num;num 的初值设为 0
{
    if (t != NULL)
    {
        if ((t - > Lchild == NULL) && (t - > Rchild == NULL))
            num ++ ;     //计数器加 1
        numleaf(t - > Lchild, num);      //计算左子树的叶子数目
        numleaf(t - > Rchild, num);      //计算右子树的叶子数目
    }
}
```

【例6.3】 求二叉树的深度。

分析:设根结点为第一层的结点,所有 k 层结点的左、右孩子结点在 $k+1$ 层。因此,可以通过先序遍历计算二叉树中每个结点的层次,其中最大值即为该二叉树的深度。具体算法如下:

```
void Btdepth(bitreptr t, int k, int &h)
//指针 t 指向二叉树的根结点,k, h 的初值均设为 0
{
    if (t != NULL)
    {
        k ++ ;       //表示结点的层次
        if (k > h)
            h = k;
        Btdepth(t -> Lchild, k, h);
        Btdepth(t -> Rchild, k, h);
    }
}
```

【例 6.4】 编写算法,求二叉树中位于先序序列中第 k 个位置的结点的值。

分析:这里采用先序遍历算法来实现,在先序遍历算法的基础上增加一个计数器,每访问一个结点,计数器的值加 1;当计数器累计值达到 k 时,输出当前结点的数据信息并结束算法。这里,"访问一个结点"的具体操作是:计数器的值加 1 并判断其累计值是否达到 k,如果是输出当前结点的内容。具体算法如下:

```
void PreOrderK(bitreptr t, int k)
{
    static int cnt = 0;
    if(t != NULL)
    {
        cnt ++ ;
        if(cnt == k)
        {
            printf(" The % d th node value in preorder of the tree is % d\n", k, t -> data);
            exit(1);
        }
        PreOrderK (t -> Lchild, k);
        PreOrderK (t -> Rchild, k);
    }
}
```

【例 6.5】 在二叉链表表示的二叉树上删除一棵子树,并释放该子树上的所有结点。

分析:如图 6.20 所示,在根结点指针为 t 的二叉树上删去以指针 q 所指结点为根的子树,则首先要找到这个结点,然后修改其双亲结点的指针,并逐个释放该子树中所有结点。

在二叉树上查找一个结点是比较容易实现的,只要从根出发遍历即可。假设利用先序遍历,首先比较根结点,若 t 为 q,则删除整棵二叉树,令 t 为 NULL;否则继续遍历其左子树和右子树,查到 q 结点后终止遍历。为此,可在参量表中加设一布尔变量 found,当 found 为"true"

时,说明删除操作已完成,遍历不再继续进行。

同样,逐个释放被删子树中所有结点也只需从该子树的根开始,在此只能采用后序遍历,即只有当某结点的左子树和右子树上的结点全部被释放之后,该结点才能被释放。下面分别给出"删除"和"释放"结点的算法。

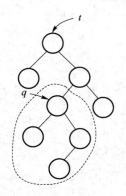

图 6.20 删除子树图例

```
void delsubtree(bitreptr &t, bitreptr &q, bool &found)
//在二叉树 t 中删除以 q 所指结点为根的子树,found 为布尔型变量,其初值为"false",
//完成删除之后为"true"
{
    if ((t != NULL) && (! found))
    {
        if (t == q)      //删除以 q 结点为根的子树
        {
            t = NULL;
            found = true;
            dsp(q);
        }
        else        //遍历左,右子树
        {
            delsubtree(t->Lchild, q, found);
            delsubtree(t->Rchild, q, found);
        }
    }
}
void dsp(bitreptr &q)
//释放以 q 所指结点为根的子树中所有结点
{
    if (q != NULL)
    {
        dsp(q->Lchild);   //释放左子树中所有结点
        dsp(q->Rchild);   //释放右子树中所有结点
        delete  q;        //释放根结点
    }
}
```

6.5 二叉线索树

对于二叉树,用上述三种算法遍历后,二叉树的结点被排列成了线性有序序列(前序序列、中序序列和后序序列)。例如,对图 6.19 所示的二叉树进行中序遍历后得到串为 a+b*c−d−e/f。从中可以很容易看出任意一个结点的前驱和后继。例如,* 的前驱是 b,后继为 c,但从二叉树本身不能立即得出这个结果,而必须沿树中每个结点遍历一趟。为了避免对树经常进行重复遍历,可以采取把一次遍历树的信息记录下来,并给二叉树的每个结点增加两个域:一个指向该结点的前驱,称为 FWD 域;另一个指向该结点的后继,称为 BKWD 域。这样每个结点便有四个链域,一次遍历后便可在任何时刻方便地确定任一结点的前驱或后继。但这样做的缺点是要增加额外的存储空间。Perlis 和 Thornton 给出了一个巧妙的方法解决了这个问题。

回忆一下前面关于二叉树的链式存储结构,我们已经证明过,在 n 个结点的二叉树中,$2n$ 个链域中有 $n+1$ 个链域是空的。Perlis 和 Thornton 的想法是:利用这些空链域来保存有关前驱和后继的信息。例如,在空的左孩子域 Lchild 中存放该结点的前驱信息,在空的右孩子域 Rchild 中存放该结点的后继信息。而为了与原来的非空域中的信息相区别,需要另外引入一个特征位 tag,且规定:

$$tag = \begin{cases} 0 & \text{表示指向的是孩子} \\ 1 & \text{表示指向的是前驱或后继} \end{cases}$$

由于在每一链域中此特征位仅占一位,故可以将其与指针结合起来,并用正(+)或负(−)来区别。这样,图 6.19 所示的二叉树的双重链表就可用表 6.1 来表示。该表所对应的二叉树如图 6.21 所示,这样的树称为线索树或穿线树(threaded tree),那些指向结点前驱或后继的指针被称为线索。对树以某种遍历方法加上线索使其变成线索树的过程叫作线索化或穿线。

表 6.1　图 6.19 的二叉树的双重链表

Index	Data	Lchild	Rchild
1	a	−0	−2
2	+	1	4
3	b	−2	−4
4	*	3	6
5	c	−4	−6
6	−	5	7
7	d	−6	−8
8	−	2	10
9	e	−8	−10
10	/	9	11
11	f	−10	−0

图 6.22 中(a)、(b)、(c)分别表示出先序、中序、后序三种线索树的具体形式。

下面我们以图 6.21 所示的二叉树为例讨论一下线索二叉树的存储结构。这里,我们将二叉树中的结点结构定义为图 6.23 所示的格式。

其中,各个域的定义与本节开始时的规定是一致的,由于图 6.21 中 Lchild(a)与 Rchild(f)是悬空的,为了不使线索断开,这里我们对于所有的线索树将假定一个头结点,其 data 域为空或

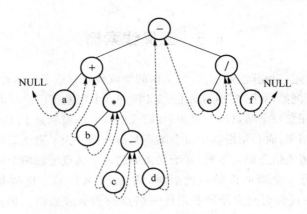

图 6.21　中序线索树示例

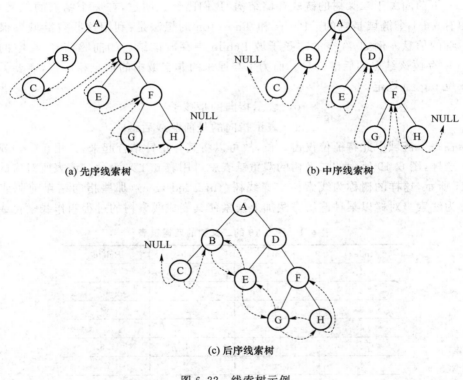

(a) 先序线索树　　　　　　　　　　　　(b) 中序线索树

(c) 后序线索树

图 6.22　线索树示例

Ltag	Lchild	data	Rchild	Rtag

图 6.23　线索树的结点结构

与其他结点的 data 域值不同即可,这样图 6.21 的线索树的一个完整存储表示如图 6.24 所示。

　　规定一个空线索二叉树用它的头结点表示,仅有头结点的线索二叉树如图 6.25 所示。

　　按某种次序将二叉树线索化的实质是:按该次序遍历二叉树,在遍历的过程中用线索取代空指针。

　　下面以中序线索二叉树为例,说明线索二叉树的构造过程:

　　(1) 若前驱结点不为空,同时前驱结点的右线索标志为1,则将根结点的指针赋给前驱结

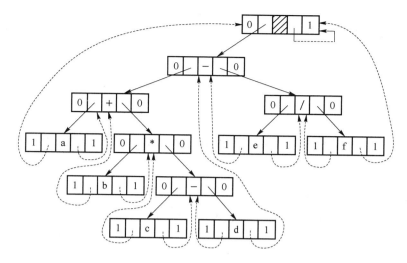

图 6.24　线索树的存储表示

图 6.25　仅有头结点的线索二叉树

点的右指针域,即给前驱结点加右线索;

（2）若根结点的左指针为空,则将左线索标志域置 1,同时把前驱结点的指针赋给根结点的左指针域,即给根结点加左线索;

（3）若根结点的右指针为空,则将右线索标志域置 1,以便访问下一个结点时给它加右线索;

（4）将根结点的指针赋给保存前驱结点指针的变量,以便访问下一结点时,此根结点成为前驱结点。

具体算法如下:

```
typedef enum { Link, Thread}PointerType; //Link = 0 时为指针;Thread = 1 时为线索
typedef struct BiThrNode
{
    ElemType data;
    struct BiThrNode * Lchild, * Rchild;   //左右孩子指针
    PointerType Ltag, Rtag;       // 左右指针类型标志
}BiThrNode, * BiThrTree;
void InThread(BiThrTree&  t)
{
    static BiThrTree  pre = NULL;   //pre用于记录当前要处理结点的前驱结点
    if(t != NULL)
    {
        InThread(t->Lchild); //对左子树加中序线索
        if(pre != NULL && pre->Rtag == 1)
            pre->Rchild = t;    //前驱结点的右指针为空,使其指向当前结点
        if(t->Lchild == NULL)  //当前结点的左指针域为空,使其指向前驱结点
```

```
    {
        t->Ltag = 1;   //置线索标志
        t->Lchild = pre;
    }
    else
        t->Ltag = 0;
    if(t->Rchild == NULL)
        t->Rtag = 1;   //置当前结点的右指针域的空标志,为指示其后继做准备
    else
        t->Rtag = 0;
    pre = t;   //更新前驱结点指针
    InThread(t->Rchild);   //对右子树加中序线索
    }
}
```

有了线索树后,对某些遍历次序而言,就较容易找到结点的前驱和后继了。例如,在中序线索树中找任一结点 x 的后继结点:如果 Rchild(x)为负值,则 Rchild(x)所指的那个结点为后继结点;如果 Rchild(x)为正值,则从该结点的右子树沿着左链直到 Lchild(x)为负值的那个结点即是 x 的后继结点。例如,图 6.21 中"b"的后继是"−4"所指的结点"*","+"的后继是"b",这是因为从 Rchild(+)=4 所指的结点"*"出发,沿着"*"的左链遍历到"b",而"b"的 Lchild 为负值,故"b"是"+"的后继。

类似的,可以确定找出任一结点前驱的规则。在中序线索树中,确定某一结点 x 的前驱结点的方法如下:当 Lchild(x)为负时,Lchild(x)指出的结点就是 x 的直接前驱结点;当 Lchild(x)为正时,从 x 的左链沿右找下去,直到某结点的 Rchild(x)为负时,此结点就是结点 x 的直接前驱结点。

在后序线索树中,比较容易确定的是树中任一结点的前驱,这是因为,对二叉树中任一结点 x,如果 Lchild(x)为负值,则 Lchild(x)即指向 x 的前驱;如果 Lchild(x)为正值,则如果 x 有右孩子,则其右孩子即为其前驱;若 x 无右孩子,此时其必有左孩子,这个左孩子即为 x 的前驱。在后序线索树中找某一结点的后继结点则要复杂得多,这是因为要确定某一结点的后继常常必须先找到该结点的双亲,而在线索树中一般并不知道这个信息,所以在后序线索树中要想确定某一结点后继,需要利用栈记下双亲的信息(或给每一个结点增加一个 parent 域)。这时,寻找某一结点 x 后继的规则是:若 Rchild(x)为负值,则 Rchild(x)指向 x 的后继;若 Rchild(x)为正值,则 x 的后继为从其双亲的右孩子沿着左链一直走到 Lchild 为负值的那个结点,然后再看此结点有无右孩子,若有,则再沿着右孩子走下去。如此递归下去,直到一个无左、右孩子的结点便是 x 的后继;若结点 x 的双亲结点无右孩子,或右孩子就是此结点本身,则此双亲结点便是 x 的后继。

类似的,对于前序线索树,容易找出它的某一结点的后继,而要想找出其前驱则比较麻烦,具体的规则有兴趣的读者可以自己思考。

下面以中序线索二叉树为例,给出求中序线索树中某结点前驱和后继的算法,分别如下:

```
BiThrTree  InorderNext(BiThrTree t)   //求中序线索树中 t 的后继结点
{
    BiThrTree  p;
```

```
        if(t -> Rtag == 1)
            return t -> Rchild;
        else
        {
            p = t -> Rchild;
            while(p -> Ltag == 0 )
                p = p -> Lchild;
            return p;
        }
}
BiThrTree  InorderPre (BiThrTree  t)   //求中序线索树中 t 的前驱结点
{
    BiThrTree  p;
    if(t -> Ltag == 1)
        return t -> Lchild;
    else
    {
        //沿左子树的右子树方向找,直到右子树为空
        p = t -> Lchild;
        while(p -> Rtag == 0)
            p = p -> Rchild;
        return p;
    }
}
```

通过上述算法,在中序线索树中只需利用线索而不必像中序遍历那样利用前驱结点的信息也不需要利用附加栈即可找出任一结点按中序遍历的后继。下面的算法可将中序线索二叉树中的所有结点按中序列出:

```
void InOrder(BiThrTree  t)  //t 是指向二叉线索树根结点的指针
{
    //从头结点(不一定是根结点,头结点指的是二叉树中最左下的结点,也就是
    //中序遍历的开始结点)出发,反复找到结点的后继结点直至结束
    BiThrTree p, Head;
    while( t != NULL)
    {
        Head = t;
        p = t;
        //首先从根结点出发,找到中序遍历的第一个结点
        while(p != NULL) //循环结束后,Head 指向中序遍历的头结点
        {
            Head = p;
            p = InorderPre (p);
        }
        p = Head; //从头结点开始中序遍历
```

```
        do
        {
            printf(" % d ", p->data);
            p = InorderNext (p);
        } while(p != NULL);
        }
    }
```

本节最后,讨论一下如何在线索树上进行插入的问题。这里仍以中序线索树为例,并规定把插入的结点 t 作为结点 s 的右孩子(对于 t 作为 s 的左孩子插入的情况,读者可以自己完成)。如果 s 没有右孩子,则插入很简单,只要把 s 指向其后继的线索送给结点 t 的右孩子域,而令 s 的右孩子为 t ,如图 6.26 所示。

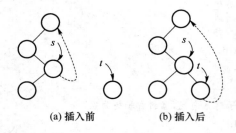

(a) 插入前   (b) 插入后

图 6.26　右子树为空时插入右结点

如果 s 原来有右孩子,则插入时,不仅要修改 s 的右指针,还要修改原以 s 为前驱的结点左链域(即修改 s 原后继结点的左链域)。如在图 6.27 中的 s 的右子树为 $\{P,Q,R\}$, Q 是 s 的后继,其左链是指向 s 的线索,在插入 t 后 Q 的左链应修改为指向 t 的线索。

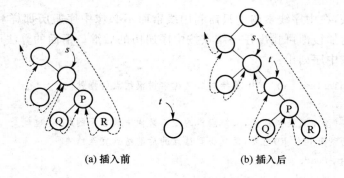

(a) 插入前   (b) 插入后

图 6.27　右子树非空时插入右结点

在线索二叉树中,插入 t 结点,并把它作为 s 的结点的右孩子,其算法描述如下:

```
void insrchild(BiThrTree &s,  BiThrTree &t)
//将结点 t 作为 s 的右孩子插入到树中
{
    t->Rchild = s->Rchild;
    t->Rtag = s->Rtag;   //s 的右孩子或线索成 T 的右孩子或线索
    s->Rchild = t;
    s->Rtag = 0;
    t->Lchild = s;
```

```
    t->Ltag = 1;    //s 为 t 的前驱
    if (t->Rtag == 0)  //原来结点 s 有右孩子
    {
        p = t->Rchild;
        while (p->Ltag == 0)
            p = p->Lchild;
        p->Lchild = t;
    }
}
```

6.6 树的遍历

由树结构的定义可引出两种遍历树的方法：

① 先序遍历树，即若树非空，则先访问树的根结点，然后依次先序遍历根的每棵子树；

树的先序遍历

② 后序遍历树，即若树非空，则先依次后序遍历每棵子树，然后访问根结点。

例如，对图 6.28 的树进行先序遍历，可得树的先序序列为
      A B C D E

若对此树进行后序遍历，可得树的后序序列为
      B D C E A

树的后序遍历

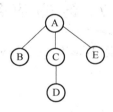

图 6.28 树示例

按照森林和树相互递归的定义，可以得到森林的两种遍历方法。

（1）先序遍历森林

若森林非空，则可按下述规则遍历之：

① 访问森林中第一棵树的根结点；

② 先序遍历第一棵树中根结点的子树森林；

③ 先序遍历除去第一棵树之后剩余的树构成的森林。

（2）中序遍历森林

若森林非空，则可按下述规则遍历之：

① 中序遍历森林中第一棵树的根结点的子森林；

② 访问第一棵树的根结点；

③ 中序遍历除去第一棵树之后剩余的树构成的森林。若对图 6.29 所示森林进行先序遍历和中序遍历，则分别得到森林的先序序列为：

ABCDEFGHIJ

中序序列为：

BCDAFEHJIG

由前面森林与二叉树之间的转换规则可知,当森林转换成二叉树时,其第一棵树的子树森林转换成左子树,剩余树构成的森林转换成右子树,则上述森林的先序和中序遍历即为对相应二叉树的先序和中序遍历(遍历森林中任意一棵树是用树的后序遍历方法来实现的)。若对图 6.29 所示森林对应的二叉树分别进行先序和中序遍历,可得和上述相同的序列。

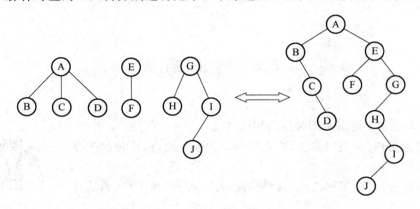

图 6.29　森林与对应的二叉树

由此可见,当以二叉链表作树的存储结构时,树的先序遍历和后序遍历可借用二叉树的先序遍历和中序遍历的算法实现。

6.7　树的应用

树形结构已广泛应用于分类、检索、数据库、人工智能、信息管理等方面。这里仅介绍树形结构在表达式求值及编码技术中的应用。

6.7.1　表达式求值

在高级语言的编译程序中,经常要处理表达式,如计算算术表达式或逻辑表达式的值。由图 6.19 可知,表达式可表示成二叉树。

以二叉树表示表达式的递归定义是:若表达式为数或简单变量,则相应二叉树中仅有一个根结点,其数据域存放该表达式信息;若表达式＝(第一操作数)(运算符)(第二操作数),则相应的二叉树中以左子树表示第一操作数,右子树表示第二操作数,根结点的数据域存放运算符(若为一元运算符,则左子树为空);而操作数或为数,或为简单变量,或为表达式。表达式的二叉树表示可以方便我们动态地修改表达式,诸如删除或插入某操作数或运算符等,而表达式求值则转化为对二叉树的操作。这里,采用二叉链表作为二叉树的存储结构,但每一个结点需增加一个结果域 result。

计算表达式的值,需要对二叉树进行后序遍历,先计算左、右子树的值,然后再根据根结点的运算符,计算整个表达式的值。采用后序遍历,可以使访问到达每一个结点时,它的左、右子树的值已经计算出来。

以逻辑表达式为例,图 6.30 是逻辑表达式 $(x_1 \land \neg x_2) \lor (\neg x_1 \land x_3) \lor \neg x_3$ 的二叉树表

示。逻辑运算符计算的优先次序为￢,∧,∨,但使用圆括号可以改变这种正常的运算次序,且￢是一元运算符。

下面给出逻辑表达式求值的递归算法:

```
void Postorder_eval(bitreptr &bt)
{
    p = bt;
    if(p != NULL)
    {
        Postorder_eval(p->Lchild);
        Postorder_eval(p->Rchild);
        switch(p->data)
        {
            case'￢':
            {
                p->result =! p->Rchild->result;
                break;
            }
            case'∧':
            {
                p->result = p->Lchild->result&& p->Rchild->result;
                break;
            }
            case'∨':
            {
                p->result = p->Lchild->result|| p->Rchild->result;
                break;
            }
            default:
            {
                p->result = p->data;
                break;
            }
        }
    }
}
```

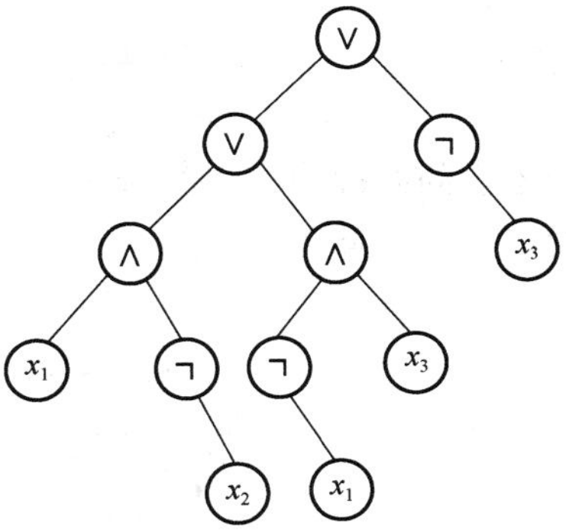

图 6.30 逻辑表达式的二叉树表示

类似的可写出算术表达式求值的递归算法。

6.7.2 哈夫曼树及其应用

哈夫曼树,又称最优树,是一类带权路径长度最短的树,在实践中有着广泛的应用。

1. 哈夫曼树

如何构造一棵二叉树,使在其上执行(或表示)的某些操作的运行时间最短,这是将树结构用于实际中常常需要考虑的问题。为此,先来看一个例子,设畜牧场有一批家畜要进行分类饲养,要求是:体重不大于 30 kg 的为第一类;大于 30 kg 且小于等于 50 kg 的属于第二类;大于 50 kg 又不超过 70 kg 的为第三类;其余的则属于第四类。若已经知道这批家畜中属于第一、二、三、四类的概率分别为 2/21、4/21、5/21 和 10/21,那么整个分类的判断过程应该怎样进行呢? 图 6.31 给出了(用二叉树表示的)两种不同的分类过程。当然,还可以画出其他不同的分类过程框图。那么在这些判断方法中究竟采用哪一种可以使分类过程花费的时间最少呢?(上面给出的两种判断框图所用的时间显然是不同的。)这就涉及关于树的路径长度问题,为此,给出下面的概念。

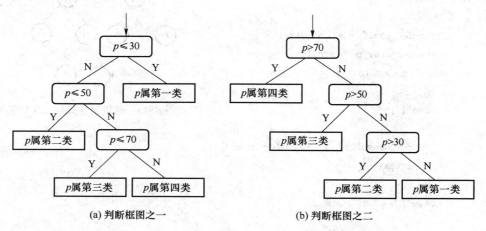

(a) 判断框图之一   (b) 判断框图之二

图 6.31　判断框图

树中从一个结点到另一个结点的分支数为该对结点间的路径长度。树中某结点的路径长度是指根结点与该结点间的路径长度,树的路径长度则是从树的根到树中每个结点的路径长度之和,简写为 PL。

如图 6.32 所示的两棵不同的二叉树,其路径长度分别为:

(a) PL＝0＋1＋2＋3＋4＋5＋2＝17

(b) PL＝0＋1＋1＋2＋2＋2＋2＋3＝13

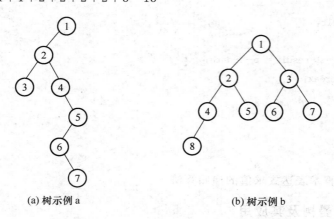

(a) 树示例 a   (b) 树示例 b

图 6.32　具有不同带权路径长度的二叉树

根据 6.3 节对二叉树的讨论,显然,在任意一棵二叉树中都满足下述关系:

路径长度为 0 的结点至多只有 1 个;

路径长度为 1 的结点至多只有 2 个;

路径长度为 2 的结点至多只有 4 个；

……

路径长度为 k 的结点至多只有 2^k 个。

这样，n 个结点的二叉树的路径长度至少不小于以下数列的前几项之和：$0,1,1,2,2,2,2,$ $3,3,3,3,3,3,3,3,4,4,4,\cdots$。

用归纳法不难证明 $\mathrm{PL} \geqslant \sum\limits_{k=1}^{n} \lfloor \log_2 k \rfloor$，而最小路径长度 $\mathrm{PL} = \sum\limits_{k=1}^{n} \lfloor \log_2 k \rfloor$。其中，$\lfloor \log_2 k \rfloor$ 为不大于 $\log_2 k$ 的最大整数。图 6.32(b) 就是包含 8 个结点且具有最小路径长度的二叉树，其 PL 值为 13。还可以构造出另外一些有 8 个结点的二叉树，但其最小路径长度仍是 13。

在考虑树的路径长度时，常常遇到结点带权的情况。例如，本节开头给出的家畜分类的例子就属于这种情况。为此，我们将树的路径长度的概念推广到更一般的形式。考虑这样一棵带权的二叉树，即给定一组实数 $\{W_1, W_2, \cdots, W_n\}$，若使得二叉树的每个叶子对应一实数 W_k，则二叉树的带权路径长度定义为：$\mathrm{WPL} = \sum\limits_{k=1}^{n} W_k L_k$。其中，$L_k$ 为从根到第 k 个叶子结点 W_k 的路径长度。例如，给定一组数 $\{10, 5, 2, 4\}$，可构造出图 6.33 所示的若干棵带权的二叉树。图中三棵树的带权的路径长度分别为：

(a) $\mathrm{WPL} = 2 \times 2 + 4 \times 2 + 5 \times 2 + 10 \times 2 = 42$

(b) $\mathrm{WPL} = 2 \times 1 + 4 \times 2 + 5 \times 3 + 10 \times 3 = 55$

(c) $\mathrm{WPL} = 10 \times 1 + 5 \times 2 + 2 \times 3 + 4 \times 3 = 38$

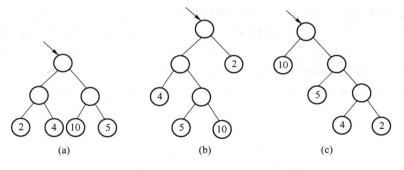

图 6.33　具有不同带权路径长度的二叉树

这里，带权路径长度最短的是图 6.33(c)。由此可见，加权后路径长度最短的树中，一般权值较大的叶子离根结点较近。前面所举的家畜分类的例子中，判断框图之二就对应于这样的二叉树。至此，可以看出，找到具有最短加权路径长度的二叉树是很有意义的。那么，根据任意给定的一组权值如何构造出这样的一棵二叉树呢？对此，哈夫曼给出了一个通用算法，称为哈夫曼算法，具体如下：

(1) 根据给定的 n 个权值 $\{W_1, W_2, \cdots, W_n\}$，构造 n 棵二叉树的集合 $F = \{T_1, T_2, \cdots, T_n\}$，其中每棵二叉树 T_i 中只有一个权为 W_i 的根结点，其左、右子树均空；

(2) 在 F 中选取两棵根结点权值最小的树作为左、右子树构造一棵新的二叉树，且置新的二叉树根结点的权值为其左、右子树上根结点的权值之和；

(3) 在 F 中删除这两棵树，同时将新得到的二叉树加入 F 中；

(4) 重复(2)和(3)，直到 F 中只含一棵树为止，这棵树便是哈夫曼树。

图 6.34 给出了利用哈夫曼算法构造图 6.33(c)所示哈夫曼树的过程。其中，根结点旁标注的数字是所赋的权。

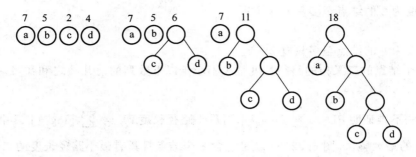

图 6.34 哈夫曼树的构造过程

2. 哈夫曼编码

电报是进行快速远距离通信的一种重要方式,它在传送之前需要将文字转换成由二进制字符组成的字符串。例如,假设需传送的电文为"ABACCDA",其中包含四种不同的字符,因此只需两位字符串便可辨认。假设 A、B、C、D 的编码分别为 00、01、10 和 11,则上述七个字符的电文便为"00010010101100",总长 14 位。对方接收时,可按二位一分进行译码。当然,在传送电文时,总希望发送的串尽可能短。如果对每个字符设计长度不等的编码,且让电文中出现次数较多的字符采用尽可能短的编码,则传送电文的总长便可减少。如果设计 A、B、C、D 的编码分别为 0、00、1 和 01,则上述七个字符的电文可转换成总长为 9 的字符"000011010"。但是,这样的电文无法翻译,例如传送过去的字符串中前四个字符的子串"0000"就能有多种译法,可以是"AAAA",可以是"ABA",也可以是"BB"等。因此,若要设计长短不等的编码,那么任意一个字符的编码都不能是另一个字符编码的前缀,这种编码称作前缀编码。

可以利用二叉树来设计这种前缀编码。假设有一棵如图 6.35 所示的二叉树,其四个叶子结点分别表示 A、B、C、D 四个字符,且约定左分支表示字符"0",右分支表示字符"1",则可以将从根结点到叶子结点的路径上分支字符组成的字符串作为该叶子结点字符的编码,如此得到的必为二进制前缀编码。由图 6.35 可得,A、B、C、D 的二进制前缀编码分别为 0、10、110 和 111。

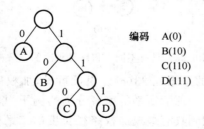

编码 A(0)
     B(10)
     C(110)
     D(111)

图 6.35 前缀编码示例

那么,如何得到使电文总长最短的二进制前缀编码呢?假设每种字符在电文中出现的次数为 W_i,其编码长度为 L_i,电文中只有 n 种字符,则电文总长度为 $\sum_{i=1}^{n} W_i L_i$。对应到二叉树上,若置 W_i 为叶子结点的权值,L_i 为从根到叶子的路径长度,则 $\sum_{i=1}^{n} W_i L_i$ 恰为二叉树的带权路径长度。此可见设计电文总长度最短的二进制前缀编码即为以 n 种字符出现的频率作权,设计一棵哈夫曼树的问题,由此得到的二进制前缀编码便称为哈夫曼编码。由于哈夫曼树中没有度为 1 的结点(这类树又称严格的(strict)或精确的二叉树),则一棵有 n 个叶子结点的哈夫曼树中共有 $2n-1$ 个结点,可以用大小为 $2n-1$ 的向量表示。由于在构造出哈夫曼树之后,为求编码需从叶子结点出发走一条从叶子到根的路径,而为译码需从根出发走一条从根到叶子的路径。也即对每个结点而言,既需知道双亲的信息,又需知道孩子结点的信息,因此设定如下的存储结构:

```
#define  n  字符数目
#define  m  结点数目    // m = 2n - 1
struct nodetype
{
    float weight;
    int parent;
    intLch;
    intRch;
};
struct codetype    //字符的编码
{
    int bits[n+1];
    int start;
};
struct nodetype ht[m+1];   //哈夫曼树
struct codetype hcd[n+1];   //哈夫曼编码
int w[n+1];    //n个权值构造哈夫曼树并求哈夫曼编码的算法具体描述如下:
void huffman_code(w[], ht[], hcd[])
{
    codetype cd;
    for(i=1;i<=m;i++)
    {
        ht[i].parent = 0;
        ht[i].Lch = 0;
        ht[i].Rch = 0;
    }
    for(i=1;i<=n;i++)
    //初始化,n个权值存放在 ht 的前 n 个分量中,它们是叶子结点,
    //ht 的最后一个分量表示根结点
    {
        ht[i].weight = w[i];
    }
    for(i=n+1;i<=m;i++)  //求哈夫曼树
    {
        select(i-1, s1,s2);
        //在 ht[k](1<=k<=i-1)中选择两个双亲域为零而权值取最小的结点
        //它们在 ht 中的序号分别为 s1 和 s2
        ht[s1].parent = i;
        ht[s2].parent = i;
        ht[i].Lch = s1;
        ht[i].Rch = s2;
```

```
        ht[i].weight = ht[s1].weight + ht[s2].weight;
    }
    for(i = 1;i <= n;i++)  //求哈夫曼编码
    {
        cd.start = n;
        f = ht[i].parent;
        c = i;
        while(f != 0)
        {
            if(ht[f].Lch == c)
                cd.bits[cd.start] = 0;   //对应左分支
            else
                cd.bits[cd.start] = 1;   //对应右分支
            cd.start = cd.start - 1;
            c = f;
            f = ht[f].parent;
        }
        hcd[i] = cd;
    }
}
```

哈夫曼树

由于各字符的编码长度不等,但不超过 n,所以表示一个字符编码的 codetype 型变量中 bits 向量的大小为 n。start 域指示编码开始的前一位置,即字符编码长度为 n-cd.start,顺序存放在向量 cd.bits 中从 cd.start+1 到 n 的分量中。

译码过程是分解电文中的码串,从根出发,按字符"0"或"1"确定找到左孩子或右孩子,直到叶子结点,从而求得该子串相应的字符。在具体描述算法时,尚需修改哈夫曼编码的结构,在分量类型的记录上加上字符信息。

【例 6.6】 已知某系统在通信联络中只能出现八种字符,其频率分别为 $0.05,0.29,0.07,0.08,0.14,0.23,0.03,0.11$,试设计哈夫曼编码。

设权 $w = \{5,29,7,8,14,23,3,11\}$,$n=8$,$m=15$,按上述算法可构造一棵哈夫曼树,如图 6.36 所示,其存储结构 ht 的初始状态如图 6.37(a)所示,其终结状态如图 6.37(b)所示,所得哈夫曼编码如图 6.37(c)所示。

习 题 6

一、简答题

1. 已知一棵树边的集合为 $\{(I, M), (I, N), (E, I), (B, E), (B, D), (A, B), (G, J), (G, K), (C, G), (C, F), (H, L), (C, H), (A, C)\}$,画出这棵树,并写出:

(1) 根结点;

(2) 叶子结点;

(3) 结点 G 的双亲;

(4) 结点 G 的祖先;

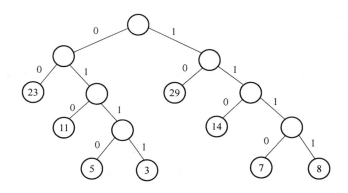

图 6.36 哈夫曼树示例

	Weight	Parent	Lch	Rch
1	5	0	0	0
2	29	0	0	0
3	7	0	0	0
4	8	0	0	0
5	14	0	0	0
6	23	0	0	0
7	3	0	0	0
8	11	0	0	0
9		0	0	0
10		0	0	0
11		0	0	0
12		0	0	0
13		0	0	0
14		0	0	0
15		0	0	0

(a) ht的初态

	Weight	Parent	Lch	Rch
1	5	9	0	0
2	29	14	0	0
3	7	10	0	0
4	8	10	0	0
5	14	12	0	0
6	23	13	0	0
7	3	9	0	0
8	11	11	0	0
9	8	11	1	7
10	15	12	3	4
11	19	13	8	9
12	29	14	5	10
13	42	15	6	11
14	58	15	2	12
15	100	0	13	14

(b) ht的终态

	Bits						Start
1				0	1	1 0	4
2						1 0	6
3			1	1	1 0		4
4			1	1	1 1		4
5				1	1 0		5
6					0 0		6
7		0	1	1	1 1		4
8				0	1 0		5

(c) 哈夫曼编码

图 6.37 图 6.36 中哈夫曼树的存储结构

（5）结点 G 的孩子；

（6）结点 E 的子孙；

（7）结点 E 的兄弟；

（8）结点 B 和 N 的层次编号；

（9）树的深度。

2．一棵度为 2 的树与一棵二叉树有何区别？树与二叉树之间有何区别？

3．画出图 6.38 所示树的孩子链表、孩子兄弟链表。

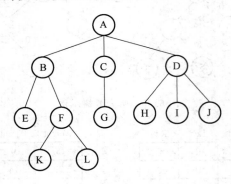

图 6.38　简答题 3 题

4．假设 n 和 m 为二叉树中的两个结点，用"1""0"或"ϕ"分别表示肯定、相反或不确定，填写表 6.2。

表 6.2　简答题 4 表

已知 ＼ 问答	前序遍历时 n 在 m 前？	中序遍历时 n 在 m 前？	后序遍历时 n 在 m 前？
n 在 m 的左方			
n 在 m 的右方			
n 是 m 的祖先			
n 是 m 的子孙			

5．给定一棵二叉树如图 6.39 所示，分别写出它的先序序列、中序序列、后续序列，并画出它的中序线索二叉树和中序线索二叉链表。

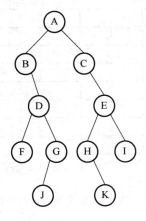

图 6.39　简答题 5 题

6．以 $\{5,6,8,9,10,14,17,21\}$ 作为叶子节点的权值构造一棵哈夫曼树，并计算出其带权路径长度。

7. 证明：在结点数多于 1 的哈夫曼树中，不存在度为 1 的结点。

8. 画出和下列已知序列对应的树 T：树的先序遍历序列为 A，B，D，E，H，C，F，I，G；树的中序遍历序列为 D，B，H，E，A，F，I，C，G。

二、算法设计与分析题

1. 设计复制一棵二叉树的算法。

2. 设二叉树采用链表存储结构，设计一个算法求指定结点在二叉树中的层次。

3. 设计一个算法判断两个二叉树是否相同，如果是返回 1，否则返回 0。

4. 设二叉树采用链式存储结构，试设计一个算法统计二叉树中左、右孩子均不为空的结点的个数。

5. 已知一棵二叉树的后序遍历序列和中序遍历序列，试设计一个算法由此来确定这棵二叉树。

6. 假设在二叉树的二叉链表表示法中增设两个域：双亲域（parent）以指示其双亲结点；标志域（mark）：0..2，以区分在遍历过程中到达该结点时应继续向左、向右或访问该结点。试以此存储结构编写不用栈的后序遍历算法。

7. 写出建立前序线索二叉树和建立后序线索二叉树的算法。

8. 若已知树的度为 k，写出对树进行后序遍历的算法。

9. 假设二叉树采用链式存储结构，t 是指向二叉树根结点的指针，p 为指向二叉树中某一给定结点的指针，编写一个算法求出从根结点到 p 所指结点之间的路径。

10. 假设二叉树采用链式存储结构，t 为指向二叉树根结点的指针，p 和 q 是指向二叉树中两个结点的指针，编写一个算法找出它们最近的共同祖先所在的结点。

第7章 图

　　图是一种比线性表和树更为复杂的数据结构。在线性表中(不管是顺序存储,还是链表存储),每个数据元素只有一个直接前驱和一个直接后继;在树形结构中,数据元素之间有明显的层次关系,并且每一层上的数据元素可以和它下面一层的多个元素相联结,但只能和它上面的一个元素相联结;而在图结构中,结点间的联系是任意的,任何一个数据元素都可以和其他元素相联结。

　　图的应用很广,最早有记载的史料表明,图的应用可追溯到1736年,当时欧拉(Euler)利用图解决了现在认为是经典的柯尼斯堡七桥问题。

　　柯尼斯堡是东普鲁士的一座城,第二次世界大战后划归苏联所有,布雷格尔河流经这个城市,如图7.1所示,C、B是布雷格尔河的两岸,A、D是河中的两个孤岛。A、D两岛以及河的两岸之间由七座桥相连。有人提出过这样一个问题:从一个地方出发,通过每座桥一次且仅一次最后回到原来的地方,这样的路径是否存在?

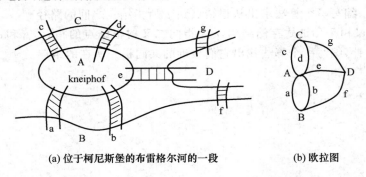

(a) 位于柯尼斯堡的布雷格尔河的一段　　　　　　(b) 欧拉图

图7.1　位于柯尼斯堡的布雷格尔河的一段及欧拉图

　　这个问题的提出虽是出自游戏,但它的数学模型有着实际意义,由于欧拉解决了这个问题,故也称为欧拉回路问题。

　　欧拉用图7.1(b)所示的图来表示柯尼斯堡七桥问题:用 C、B、A、D 四点分别表示两岸及两个孤岛,而桥则用两点间的连线表示。此时柯尼斯堡七桥问题就演变为:从 A、B、C、D 中任何一点出发,通过图中每条边一次且仅一次最后回到出发点,这样的路径是否存在? 于是问题变得简明多了,欧拉给出的回答是否定的。因为要想回到原来的地方,要求与每一个顶点相关联的边数均应为偶数,才能保证从一条边进入,从另一条边出去,一进一出才行。详细的讨论在"离散数学"课程中已讲过。

　　自从图的这种首次应用以来,它的使用范围已经十分广泛,如电子线路分析、寻找最短路径、工程计划分析、化合物鉴别、统计力学、遗传学、控制论、语言学、社会科学等。事实上,我们完全有理由说,在所有的数据结构中,图是应用得最为广泛的一种。

　　本课程不讨论图的理论,因为它是"离散数学"的内容之一。在本章中仅介绍几种常见的图的存储结构及相应的算法。

7.1 基 本 术 语

图 G 由两个集合 $V(G)$ 和 $E(G)$ 组成,记作:$G=(V,E)$。其中,$V(G)$ 是顶点(vertex)的非空有穷集合,$E(G)$ 是边(edge)的有穷集合。边是顶点的无序对或有序对。图 7.2 给出了一个图的简单示例。

在图中,若每条边都是顶点的无序对,则称 G 为无向图。无向图中的边用圆括号表示,如图 G_1 中 (V_1,V_2) 和 (V_2,V_1) 这两个偶对便代表同一条边。若图中的每条边均是顶点的有序对,则称 G 为有向图。例如图 G_2、G_3,有向图中的边(或称为弧)用尖括号表示,每条边都用一个有向偶对 $<V_1,V_2>$ 表示,V_1 为该边的尾(tail)或初始点(initial node),V_2 为该边的头(head)或终端结点(terminal node),在图上用从尾到头的箭头表示。所以 $<V_1,V_2>$ 和 $<V_2,V_1>$ 便代表两条不同的边。

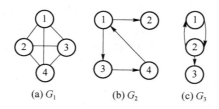

图 7.2　图的示例

图 7.2 中边和顶点的集合分别是:

$V(G_1)=\{V_1,V_2,V_3,V_4\}$

$E(G_1)=\{(V_1,V_2),(V_1,V_3),(V_1,V_4),(V_2,V_3),(V_2,V_4),(V_3,V_4)\}$

$V(G_2)=\{V_1,V_2,V_3,V_4\}$

$E(G_2)=\{<V_1,V_2>,<V_1,V_3>,<V_3,V_4>,<V_4,V_1>\}$

$V(G_3)=\{V_1,V_2,V_3\}$

$E(G_3)=\{<V_1,V_2>,<V_2,V_1>,<V_2,V_3>\}$

在有 n 个顶点的无向图中,若每一个顶点和其他 $n-1$ 个顶点之间都有边,则图中共有 $n(n-1)/2$ 条边,这样的图称为无向完全图(completed graph)。例如,G_1 就是 4 个顶点的无向完全图。类似地,在有 n 个顶点的有向图中,最多可能有 $n(n-1)$ 条弧,具有 $n(n-1)$ 条弧的有向图称为有向完全图。有很少条边或弧(如 $|E|\leqslant n\log_2 n$)的图称为稀疏图(sparse graph),反之称为稠密图(dense graph)。

有时图的边上具有与它相关的数,这种与图的边相关的数叫作权(weight)。这些权可以表示从一个顶点到另一个顶点的距离或花费的代价,此类图又称作网(network)或赋权图。

假设有两个图 G 和 G',且满足下述条件:$V(G')\subseteq V(G)$ 和 $E(G')\subseteq E(G)$,则称 G' 为 G 的子图(subgraph)。例如,图 7.3 给出了图 7.2 中 G_1 和 G_3 的一些子图。

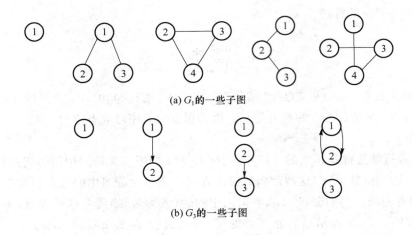

(a) G_1的一些子图

(b) G_3的一些子图

图 7.3　子图示例

1. 度、入度和出度

若(V_1，V_2)是 $E(G)$中的一条边，则称顶点 V_1 和 V_2 是邻接(adjacent)的，边(V_1，V_2)依附(incident)于顶点 V_1 和 V_2。顶点的度(degree)是依附于该顶点的边的数目。例如 G_1 中顶点 V_1 的度是 3。若 G 是有向图，则顶点 V 的入度(indegree)是以 V 为头的弧的数目，出度(outdegree)是以 V 为尾的弧的数目。入度和出度两者之和恰是它的度。例如，G_2 中顶点 V_1 的入度 ID(V_1)为 1，出度 OD(V_1)为 2，度 TD(V_1)＝ID(V_1)＋OD(V_1)＝3。一般地，如果顶点 V_i 的度为 TD(V_i)，那么一个有 n 个顶点 e 条边或弧的图，满足如下关系：

$$e = \frac{1}{2}\sum_{i=1}^{n}\mathrm{TD}(V_i)$$

2. 路径和回路

在图 G 中从顶点 V_p 到顶点 V_q 的路径(path)是顶点序列(V_p，V_{i1}，V_{i2}，…，V_{in}，V_q)，且(V_p，V_{i1})，(V_{i1}，V_{i2})，…，(V_{in}，V_q)是 $E(G)$中的边。若 G 是有向图，则路径也是有向的，由弧<V_p，V_{i1}>，<V_{i1}，V_{i2}>，…，<V_{in}，V_q>组成。路径长度是路径上边的数目。除了第一个和最后一个顶点之外，序列中其余顶点各不相同的路径称为简单路径。第一个顶点和最后一个顶点相同的路径称为回路(cycle)。除了第一个和最后一个顶点之外，其余顶点不重复出现的回路，称为简单回路。

例如，图 G_1 中{(V_1,V_2)，(V_2，V_3)，(V_3，V_1)}构成的回路(1, 2, 3, 1)是一条简单回路。又如，G_3 中{<V_1，V_2>，<V_2，V_1>}构成的回路<1, 2, 1>是一条简单有向回路。

3. 连通图和图的连通分量

在无向图 G 中，若从 V_1 到 V_2 有路径，则称 V_1 和 V_2 是连通的。若对于 $V(G)$中每一对不同的顶点 V_i 和 V_j 都连通，则称 G 是连通图(connected graph)。图 7.2 中 G_1 是连通图，而图 7.4 中 G_4 是非连通的，但 G_4 有三个连通分量(connected component)，分别为：H_1，H_2，H_3。所谓连通分量指的是无向图的极大连通子图。

在有向图 G 中，若对于 $V(G)$中每一对不同的顶点之间都存在一条从 V_i 到 V_j 和 V_j 到 V_i 的路径，则称 G 是强连通图。有向图的极大强连通子图是它的强连通分量。例如，图 7.2 中 G_2、G_3 不是连通图，但它们分别有两个强连通分量，如图 7.5 所示。

7.2　图的存储结构

图的结构比较复杂，故图的物理表示法也很多，对图的物理表示法的选择取决于具体的应

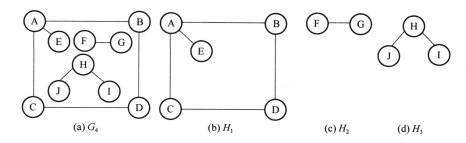

图 7.4 非连通图和它的连通分量示例

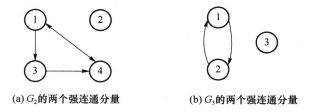

(a) G_2 的两个强连通分量　　　(b) G_3 的两个强连通分量

图 7.5 G_2 和 G_3 的强连通分量

用和所定义的运算。这里我们仅介绍四种常用的存储结构：邻接矩阵(adjacency matrix)、邻接表(adjacency list)、十字链表(orthogonal list)和邻接多重表(adjacency multilist)。

7.2.1 邻接矩阵

设 $G=(V，E)$ 是有 $n \geqslant 1$ 个顶点的图，则 G 的邻接矩阵是具有下列性质的 n 阶方阵：

$$A[i,j] = \begin{cases} 1 & 若(V_i,V_j)或(V_j,V_i) \in E(G) \\ 0 & 反之 \end{cases}$$

也就是有边则为 1，无边则为 0。

例如，图 7.2 中的图 G_1 和 G_3 的邻接矩阵如式(7.1)和式(7.2)所示。

$$\boldsymbol{A}_1 = \begin{bmatrix} 0 & 1 & 1 & 1 \\ 1 & 0 & 1 & 1 \\ 1 & 1 & 0 & 1 \\ 1 & 1 & 1 & 0 \end{bmatrix} \tag{7.1}$$

$$\boldsymbol{A}_3 = \begin{pmatrix} 0 & 1 & 0 \\ 1 & 0 & 1 \\ 0 & 0 & 0 \end{pmatrix} \tag{7.2}$$

无向图的邻接矩阵是对称的，因为如果边 $(V_i，V_j) \in E$，那么边 $(V_j，V_i) \in E(G)$。而有向图的邻接矩阵则不一定对称。

若用邻接矩阵来表示一个有 n 个顶点的图，则需要 n^2 个存储单元。由于无向图的邻接矩阵是对称的，因此可以只存放邻接矩阵的上三角或下三角部分。若无向图中有 n 个顶点，则所需的存储单元数为 $n(n+1)/2$。

通过邻接矩阵可以很容易地确定任意两个顶点之间是否有边相连，即 0 表示无边，1 表示有边。对无向图而言还很容易求得任何一个顶点的度，顶点 V_i 的度是矩阵中第 i 行(或第 i 列)元素之和，即

$$TD(V_i) = \sum_{j=1}^{n} A[i,j] \text{ 或 } TD(V_i) = \sum_{j=1}^{n} A[j,i]$$

对有向图而言,顶点 V_i 的出度 $OD(V_i)$ 是第 i 行元素之和;顶点 V_i 的入度 $ID(V_i)$ 是第 i 列元素之和。

上面说的是无向图和有向图的邻接矩阵。赋权图邻接矩阵的定义是类似的,不同之处在于把值为 1 的地方改为权值,即

$$A[i,j] = \begin{cases} W_{ij} & \text{若}(V_i,V_j) \in E(G) \\ 0 & \text{若 } i=j \\ \infty & \text{若}(V_i,V_j) \notin E(G) \end{cases}$$

图 7.6 给出了赋权图和它的邻接矩阵的一个示例。

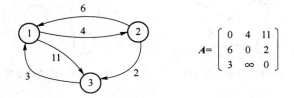

图 7.6　赋权图和它的邻接矩阵

用邻接矩阵表示一个具有 n 个顶点的图时,除了用邻接矩阵中的 $n \times n$ 个元素存储顶点间的相邻关系外,还需要另设一个向量来存储 n 个顶点的信息,其类型定义如下:

```
#define Vnum 图中顶点个数的最大值
typedef enum {0, 1} adj;
typedef  adj  adjmatrix[Vnum][Vnum];
typedef struct
{
    VertexType Vexs[Vnum];  //顶点的信息
    adjmatrix arcs;  //邻接矩阵
} graph;
```

若图中每个顶点只含一个编号 i,则只需一个二维数组来表示图的邻接矩阵,此时存储结构可简单说明如下:

```
typedef adj adjmatrix[Vnum][Vnum];
```

无向网邻接矩阵的建立方法是:首先将矩阵 A 的每个元素都初始化成 ∞,然后读入边及权值 (i, j, W_{ij})。为了表示方便,将顶点从 1 到 n 进行编号,将 A 的相应元素置成 W_{ij}。无向网邻接矩阵的建立算法如下:

```
void build_graph(graph &ga)
//建立无向网的邻接矩阵
{
  scanf("%d%d",&n,&e);  //读入顶点数和边数 e
  for (i=1; i<=n; i++)
    scanf("%d", &ga.Vexs[i]);
  for (i=1; i<=n; i++)
  for (j=1; j<=n; j++)
```

```
ga.arcs[i][j] = maxint;
if (i == j)
ga.arcs[i][j] = 0;
//将邻接矩阵的每个元素初始化为 maxint,计算机内∞用 maxint 表示
for(k = 0; k < e; k++)    //读入边(i,j)和权
{
scanf("%d%d%d", &i, &j, &w);
ga.arcs[i][j] = w;
ga.arcs[j][i] = w;
}
}
```

7.2.2　邻接表

设图 G 有 n 个顶点,且用邻接矩阵表示,要检测 G 中有多少条边,必须按行、列逐次扫描矩阵的各元素,其时间复杂度为 $O(n^2)$。由于对角线元素为零,可不用扫描,至少也要扫描 n^2-n 次。当图 G 的邻接矩阵是稀疏矩阵时,按邻接矩阵进行扫描以确定边的数目是很浪费时间的,因为大量的零元素也必须扫描。为此,人们提出了图的另一种物理表示法,即邻接表表示法。在图的邻接表表示法中,只表示图中有的那些边,没有的边不表示。邻接表表示法为图中每个顶点建立一个单链表,第 i 个链表中的结点是依附于顶点 V_i 的边(对有向图是以顶点 V_i 为尾的弧)。每个结点由两个域组成:顶点域(adjvex),用以指示与顶点 V_i 邻接的顶点的序号;链域(next),用以指向下一条边。结点的结构如图 7.7 所示。

图 7.7　邻接表结点结构

每一个链表设一表头结点,这些表头结点本身以向量的形式存储以便随机访问任一顶点的链表。

图 7.8(a)和(b)分别给出了图 7.2 中 G_1 和 G_3 的邻接表。

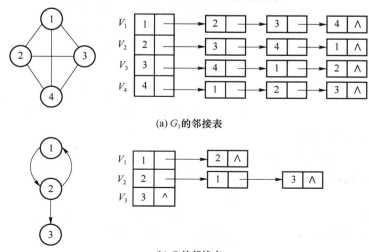

(a) G_1 的邻接表

(b) G_3 的邻接表

图 7.8　G_1 和 G_3 的邻接表

若用邻接表表示赋权图,还需在表结点中增加一个存放权值的域,即表结点结构如图 7.9 所示。

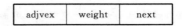

图 7.9　带权值的邻接表结点结构

图 7.10 给出了一个用邻接表表示无向网的示例。

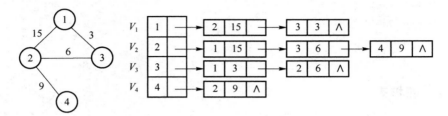

图 7.10　无向网和它的邻接表

从以上看出,若无向图中有 n 个顶点和 e 条边,则它的邻接表需 n 个头结点和 $2e$ 个表结点,每个表结点有两个或三个域。显然,在边稀疏的情况下,用邻接表比邻接矩阵节省存储空间。

对于邻接表,要求一个无向图中某个顶点的度是很容易的,只需要扫描该顶点的链表中所包含的结点数即可,所需的最大时间是 $O(e)$。要确定 G 中有多少条边也是容易的,只需要扫描所有的链表,所需时间为 $O(n+e)$。

如果 G 是一个有向图,有 n 个结点,e 条边。它的邻接表只有 e 个结点,这时要求任意一个顶点的出度是容易的,即 $OD(V_i)=$ 第 i 个链表的结点数。但是要确定某一顶点的入度就困难了,这时要对整个邻接表扫描一遍,找到顶点域的值为 V_i 的结点个数。显然,这是很麻烦的。为了解决这个问题,可以另建立一个逆邻接表,即对每个顶点 V_i 建立一个链接以 V_i 为头的弧的表。例如,图 7.2 中图 G_3 的逆邻接表如图 7.11 所示。

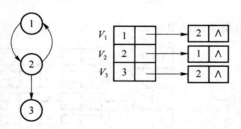

图 7.11　G_3 的逆邻接表

邻接表的类型定义如下:

```
#define Vnum 图中顶点个数的最大值
typedef struct EdgeNode              //弧结点的结构
{
    int adjvex;                      //该弧所指向的顶点的位置
    struct EdgeNode * next;          //指向下一条弧的指针
} * edgeptr;
typedef struct                       //顶点结点的结构
```

```
{
    VertexType vertex;              //顶点信息
    edgeptr link;                   //指向第一条依附该顶点的弧
} VexNode;
typedef VexNode Adj_List[Vnum];
```

建立邻接表的方法是：首先将邻接表表头数组初始化，对图中的顶点从 1 到 n 进行编号，第 i 个表头的 vertex 域初始化为 i，link 域初始化为 NULL。然后读入顶点对 $<i, j>$，产生一个表结点，将 j 放入到该结点的 adjvex 域，将该结点链到邻接表表头的 link 域上。

建立邻接表的算法如下：

```
void build_adjlist(Adj_List& ga)
{
    scanf("%d%d", &n, &e);          //读入顶点数和边数 e
    for (i = 1; i <= n; i++)        //初始化邻接表
    {
        ga[i].vertex = i;
        ga[i].link = NULL;
    }
    for(k = 0; k < e; k++)
    {
        scanf("%d%d", &i, &j);      //读入顶点对<i,j>
        p = new struct EdgeNode;
        p->adjvex = j;
        p->next = ga[i].link;
        ga[i].link = p;
    }
}
```

在邻接表中要判定任意两个顶点 V_i 和 V_j 之间是否有边或弧相连，需要遍历第 i 个或第 j 个单链表，不像邻接矩阵那样能方便地对顶点进行随机访问。因此，对于图来说使用邻接矩阵或邻接表作存储结构各有其利弊。

7.2.3　十字链表

十字链表是有向图的另一种链式存储结构。在十字链表中，每个结点表示一条弧，它由以下 5 个域组成，如图 7.12 所示。其中，tail 和 head 域分别是弧（边）的尾顶点 j 和头顶点 k；dut 域是弧上的权值；hlink 域链接以 k 为头的另一条弧；tlink 域链接以 j 为尾的另一条弧。

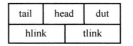

图 7.12　十字链表的结点的结构

另外，设立一个由 n 个表头结点组成的向量，每个表头结点表示一个顶点，它也由如上所列的 5 个域组成。其中 tail 域存放该顶点的出度 OD 值；head 域存放该顶点的入度 ID 值；hlink 域链接以该顶点为头的一条弧；tlink 域链接以该顶点为尾的一条弧。图 7.13 给出了一个有向图的十字链表表示。

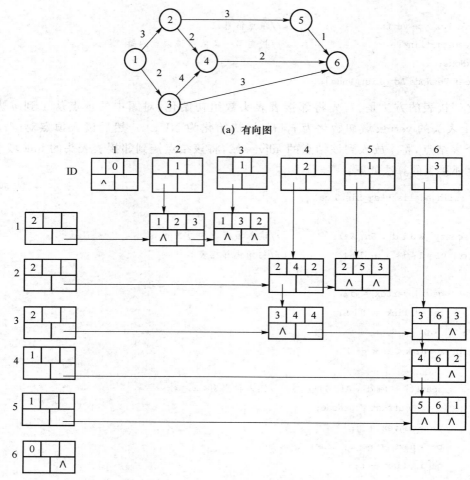

(a) 有向图

(b) 有向图的十字链表

图 7.13 十字链表

在十字链表中既容易找到以 V_i 为尾的弧,也容易找到以 V_i 为头的弧,因而容易求得顶点的出度和入度。在某些有向图的应用中,十字链表是很有用的工具。

图的十字链表的类型定义如下:

```
#define Vnum 图中顶点的最大值
typedef struct EdgeNode
{
    int tail, head;
    struct EdgeNode * hlink, * tlink;
    float dut;
} EdgeNode;
typedef struct VexNode
{
    VexType data;
    EdgeNode * hlink, * tlink;
```

```
        int tail,Head;
}VexNode;
typedef struct
{
        VexNode Vertex[Vnum];
        int vexnum;                         //图中的顶点数
        int edgenum;                        //图中的边数
}OrthoGraph;
```

建立图的十字链表的算法如下：

```
void CreateOrthoGraph (OrthoGraph * pG)
{
        int n, e;
        printf("Input vexnum and arcnum in the graph:\n");
        scanf(" % d % d",&n, &e);
        pG - > vexnum = n;
        pG - > edgenum = e;
        for(i = 1;i < = pG - > vexnum;i + + )
        {
                pG - > Vertex [i]. data = i;
                pG - > Vertex [i]. hlink = NULL;
                pG - > Vertex [i]. tlink = NULL;
                pG - > Vertex [i]. tail = 0;
                pG - > Vertex [i]. head = 0;
        }
        for(k = 1;k < = pG - > edgenum;k + + )
        {
                printf("Input the two node num of edge and its weight % d:\n", k);
                scanf(" % d % d % f", &i, &j,&w);
                pA = new EdgeNode;
                pA - > tail = i;
                pA - > head = j;
                pA - > dut = w;
                pA - > hlink = NULL;
                pA - > tlink = NULL;
                pG - > Vertex[i]. tail + + ;      //顶点 i 的出度加 1
                pG - > Vertex[j]. Head + + ;      //顶点 j 的入度加 1
                //将 pA 所指的结点插入到 pG - > Vertex[i].tlink 所指的链表中
                if(pG - > Vertex[i]. tlink = = NULL)
                        pG - > Vertex[i]. tlink = pA;
                else
                {
                        p = pG - > Vertex[i]. tlink;
                        s = NULL;                //s 为 p 的前驱,始终尾随 p 前移
```

```
        while(p != NULL&& p -> head < pA -> head)
        {
            s = p;
            p = p -> tlink;
        }
        if(s != NULL) //将 pA 插在 s 和 p 之间
        {
            pA -> tlink = p;
            s -> tlink = pA;
        }
        else   //pA 所指的结点应插在链表的最前端
        {
            pA -> tlink = pG -> Vertex[i].tlink;
            pG -> Vertex[i].tlink = pA;
        }
    }
    //将 pA 所指的结点插入到 pG -> Vertex[j].hlink 所指的链表中
    if(pG -> Vertex[j].hlink == NULL)
        pG -> Vertex[j].hlink = pA;
    else
    {
        p = pG -> Vertex[j].hlink;
        s = NULL; //s 为 p 的前驱,始终尾随 p 前移
        while(p != NULL&& p -> tail < pA -> tail)
        {
            s = p;
            p = p -> hlink;
        }
        if(s != NULL) //将 pA 插在 s 和 p 之间
        {
            pA -> hlink = p;
            s -> hlink = pA;
        }
        else //pA 所指的结点应插在链表的最前端
        {
            pA -> hlink = pG -> Vertex[j].hlink;
            pG -> Vertex[j].hlink = pA;
        }

    }
    }
}
```

7.2.4　邻接多重表

邻接多重表是无向图的另一种链式存储结构。在邻接表中,每一条边(V_i,V_j)被表示两次,分别在第 i 个和第 j 个链表中。在某些情况下,这将会带来不便。比如,在有些图的应用问题中,需要对被搜索过的边作记号,当给某个被访问过的边(V_i,V_j)打上标志后,还必须去找到边(V_j,V_i),给它也打上标志。为了避免这些不便,可以把邻接表变成一个多重表,即每一条边只用一个结点来表示。它由五个域组成,如图 7.14 所示,其中,mark 为标志域,可用以标记该条边是否被搜索过;ivex 和 jvex 为与该边相连接的两个顶点的序号;ilink 指向下一条依附于顶点 V_i 的边;jlink 指向下一条依附于顶点 V_j 的边。

图 7.14　邻接多重表的结点的结构

图 7.15 给出了无向图 G_5 的邻接多重表表示。

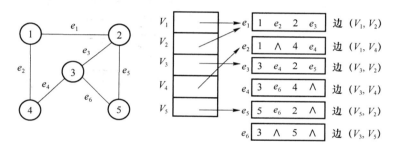

图 7.15　G_5 和它的邻接多重表

当用邻接多重表表示网络时,只要在每一个表结点中增加一个域存放权值即可。链表为:

$$V_1:e_1 \to e_2 \qquad V_2:e_1 \to e_3 \to e_5 \qquad V_3:e_3 \to e_4 \to e_6$$
$$V_4:e_2 \to e_4 \qquad V_5:e_5 \to e_6$$

7.3　图的遍历和求图的连通分量

和树的遍历类似,对于图来说,我们希望从图中某一顶点出发访问图中其余顶点,且使每一个顶点仅被访问一次,这一过程叫作图的遍历(traversing graph)。

由于图的任一顶点都可能与其余的顶点相邻接,故在访问了某个顶点之后,可能顺着某条边又访问到已访问过的顶点,因此图的遍历要比树的遍历复杂得多。例如,对于图 7.2 的 G_1,它的每个顶点都与其余三个顶点相邻接。在访问了 V_1、V_2 和 V_3 之后,顺着边(V_3,V_1)又可访问到 V_1。因此在遍历图的过程中,必须记下每个被访问到的顶点,以免同一个顶点被访问多次。为此,我们对每个顶点引进一个辅助变量 Visited[w],用以标志该顶点是否被访问过,其初态为零,一旦顶点 w 被访问过,则 Visited[w]$=1$。

通常有两种遍历图的方法:深度优先搜索和广度优先搜索,它们对无向图和有向图都适用。

7.3.1 深度优先搜索

搜索过程如下：从图 $G=(V,E)$ 中某一顶点 V_0 出发，先访问顶点 V_0，而后选取一个与 V_0 邻接且未被访问过的顶点 W_1，在访问了 W_1 后，再从 W_1 出发，访问和 W_1 邻接且未被访问过的任意顶点 W_2，然后从 W_2 出发进行如上的访问，重复这个过程，直到某个顶点的所有邻接点都被访问过时，回退到尚有邻接点未被访问过的顶点，再从该顶点出发，重复上述搜索过程，直到所有被访问过的顶点的邻接点都被访问过，这时搜索结束。

图深度优先遍历

例如，用深度优先搜索法遍历图 7.16 中的 G_6，从 V_1 出发一种可能的顶点访问顺序为：V_1，V_2，V_4，V_8，V_5，V_6，V_3，V_7。

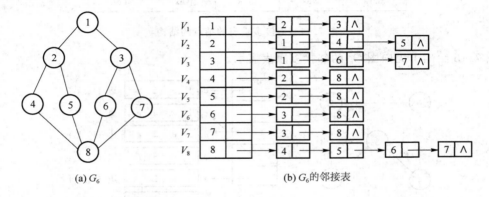

(a) G_6 (b) G_6的邻接表

图 7.16 G_6 和它的邻接表

显然，深度优先搜索过程是一个递归过程。设 g 为图的邻接表，p 是指向当前顶点的指针。Visited 是标志向量，Visited$[V_i]=1$ 表示 V_i 已被访问，Visited$[V_i]=0$ 表示未被访问。访问从 V_0 开始，由于 V_0 已访问，这时 Visited$[V_0]=1$，再访问与 V_0 邻接的顶点。于是把 V_0 的表头指针送给 p，即 $p \leftarrow g[V_0]$. link。当 p 所指的顶点未被访问时，则访问它（即调用本过程）；否则 p 指向邻接表中的下一个结点。倘若 p 的邻接表全部访问完，则沿着原来的路径退回去。为了记录这个路径，需要设立一个栈，在由访问 V_i 的邻接表转向访问（调用）V_j 的邻接表时，将 V_i 压入堆栈。而当某一个顶点的邻接表被访问完时，出栈，调用本过程。

现将深度优先搜索的递归算法描述如下：

```
void dfs(Adj_List g, int V0)
{//从 V0 出发深度优先遍历图 g,g 以邻接表为存储结构

    printf("[ % d]", V0);
    Visited[V0] = 1;                //标志 V0 已访问
    p = g[V0].link;                 //找 V0 的第一个邻接点
    while (p != NULL)
    {
        if (Visited[p->adjvex] == 0)
            dfs(g, p->adjvex);
        p = p->next;               //回溯，找 V0 的下一个邻接点
    }
}
```

类似于二叉树的前序遍历,我们可以写出深度优先搜索遍历图的非递归算法如下:

```
void dfs(Adj_List g, int V₀)
{//从 V₀ 出发深度优先遍历图 g,stack 为附设的栈,其栈顶指针为 top
    top = 0;                        //置栈空
    printf("% d", V₀);
    Visited[V₀] = 1;
    p = g[V₀].link;                 //找 V₀ 的第一个邻接点
    while((p != NULL) || (top > 0))
    {
        while(p != NULL)
        {
            if (Visited[p -> adjvex] == 1)
                p = p -> next;      //p 指向下一个邻接点
            else
            {
                w = p -> adjvex;
                printf("% d",w);
                Visited[w] = 1;
                top++;
                stack[top] = p;
                p = g[w].link;
            }
        }
        if(top > 0)
        {
            p = stack[top];         //退栈找下一个邻接点
            top--;
            p = p -> next;
        }
    }
}
```

由上述算法可知,在遍历图时,对图中每个顶点至多调用一次 dfs 过程,因为一旦某个顶点被标志成已被访问,就不再从它出发进行搜索。因此,遍历图的过程实质上是对每个顶点查找其邻接点的过程,其耗费的时间取决于所采用的存储结构。当用邻接矩阵作图的存储结构时,查找每个顶点的邻接点所需时间为 $O(n^2)$,其中 n 为图中顶点数。而当以邻接表作图的存储结构时,查找邻接点所需时间为 $O(e)$,其中 e 为无向图中的边数或有向图中弧的个数。因此,当以邻接表作存储结构时,深度优先搜索遍历图的时间复杂度为 $O(n+e)$。

7.3.2 广度优先搜索

搜索过程如下:访问图中某一顶点 V_0,并从 V_0 出发,首先依次访问 V_0 的邻接点 W_1,

$W_2,\cdots,W_t$,然后再顺序访问 $W_1,W_2,\cdots,W_t$ 的所有邻接的尚未访问过的全部顶点,再从这些被访问过的顶点出发,逐次访问与它们连接且未被访问过的顶点,依此类推,直到所有顶点都被访问完为止。上述过程叫作图的广度优先搜索。

在上述搜索过程中,若 W_1 在 W_2 之前被访问,则 W_1 的邻接表也将在 W_2 的邻接表之前被访问。因此对于图的广度优先搜索算法,无须记录所走过的路径,但却需要记录与一个顶点相邻接的全部顶点。由于访问完这些顶点后,将按照先被访问的顶点也先访问它的邻接表的方式进行广度优先搜索,所以需要用一个先进先出的队列 Q 来存放这些顶点。

图广度优先遍历

以图 7.16 中的图 G_6 和它的邻接表为例,从 V_1 出发访问 V_1,再访问 V_1 的邻接点 V_2、V_3,V_2、V_3 进队 Q,V_1 的邻接表访问完;V_2 出队,访问 V_2 的邻接点 V_4、V_5,于是 V_4、V_5 进队,V_2 的邻接表访问完;V_3 出队,访问 V_3 的邻接点 V_6、V_7,于是 V_6、V_7 进队,V_3 的邻接表访问完;V_4 出队,访问 V_4 的邻接点 V_8,于是 V_8 进队,V_4 的邻接表访问完;接着 V_5、V_6、V_7、V_8 顺序出队,队空,遍历图结束。

遍历顶点的顺序是:$V_1,V_2,V_3,V_4,V_5,V_6,V_7,V_8$。

假设图用邻接表来表示,辅助数组 Visited[w] 标志顶点是否被访问过,则图的广度优先搜索算法如下:

```c
void bfs(Adj_List g, int V0)
{//g 表示图的邻接表,V0 为任一顶点,f 和 r 分别为队列的头和尾指针

    int Q[Vnum]; //队列
    Visited[V0] = 1;
    printf(" % d", V0);
    f = 0;
    r = 0;
    p = g[V0].link;
    do
    {
        while (p != NULL)
        {
            V = p->adjvex;
            if (Visited[V] == 0)
            {
                r++;
                Q[r] = V;
                printf(" % d", V);
                Visited[V] = 1;
            }
            p = p->next;   //找某一个顶点的所有邻接点并进队
        }
        if ( f != r)  //V 出队
```

```
    {
        f ++ ;
        v = Q[f];
        p = g[V].link;
    }
}while ((p != NULL) || (f ! = r));
}
```

由上述算法可知,在广度优先搜索过程中,图的每个顶点至多进一次队列。遍历图的过程实质上是通过边或弧找邻接点的过程,因此广度优先搜索遍历图的时间复杂度和深度优先搜索遍历相同,两者不同之处仅在于对顶点访问顺序的不同。

7.3.3 求图的连通分量

可以利用 dfs 或 bfs 算法来判别图是否连通。在对无向图进行遍历时,对于连通图,仅需一次调用搜索过程(dfs 或 bfs),图中的顶点就全部被访问到。如果要遍历一个非连通图,则需要多次调用 dfs 或 bfs,每一次得到一个连通分量,调用 dfs 或 bfs 的次数就是连通分量的个数,因此很容易写出非连通图的遍历算法和计算一个图的连通分量的算法。下面给出的是以邻接表为存储结构,通过调用深度优先搜索实现计算连通分量的算法。

```
int Visited [Vnum];
void Count_Component(Adj_List g, int n)  // n 为图中的顶点数
{
    int count;
    for(v = 1; v <= n; v ++ )  //初始化 visited 数组
        Visited [v] = 0;
    count = 0;
    for(v = 1; v <= n; v ++ )
        if(Visited [v] == 0)
        {
            count ++ ;
            printf("连通分量 d% 包含以下顶点:", count);
            dfs(g, v);
            printf("\n");
        }
    printf("共有 %d 个连通分量\n", count);
}
```

该算法执行的时间主要取决于两部分:第一个 for 循环所用的时间为 $O(n)$;第二个 for 循环调用了 dfs 函数,若 G 用邻接表表示,则已知用 dfs 遍历 n 个顶点、e 条边的图,所需时间为 $O(n+e)$。此算法也是对 n 个顶点的图进行遍历,所以整个算法的时间复杂度为 $O(n+e)$。

7.4 生成树和最小生成树

所谓一个连通图 G 的生成树,是指仅由图 G 的部分边组成且包含 G 的所有顶点的树。例

如,图 7.17 中 G_7 的生成树分别如图 7.17(b)~(e)所示。

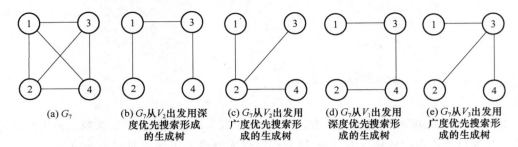

(a) G_7 (b) G_7 从 V_2 出发用深度优先搜索形成的生成树   (c) G_7 从 V_2 出发用广度优先搜索形成的生成树   (d) G_7 从 V_1 出发用深度优先搜索形成的生成树   (e) G_7 从 V_3 出发用广度优先搜索形成的生成树

图 7.17 G_7 和它的生成树

当给定一个无向连通图以后,如何找出它的生成树呢? 可以从连通图的任意一个顶点出发,进行深度优先搜索或广度优先搜索。搜索的结果必将把 $E(G)$ 分成两个集合,一个是遍历过程中走过的边的集合 $T(G)$,另一个是剩余边的集合 $B(G)$,显然 $G'=(V, T)$ 是 G 的子图。我们称这个子图为连通图 G 的生成树。遍历的方法不同会得到不同的生成树。例如,图 G_7 若分别从 V_2、V_1 出发用深度优先搜索,就产生了图 7.17 中的(b)和(d)两棵生成树;若分别从 V_2、V_3 出发用广度优先搜索,就产生了(c)和(e)两棵生成树。

由此可见,生成树 G' 是 G 的极小连通子图。因为 $V(G')=V(G)$,即包括了图中所有顶点;$E(G')\subset E(G)$ 是边的子集;$E(G')=T(G)\subset E(G)$;子图的边 $E(G')=T(G)$ 生成树的边。

在此需要注意生成树与图的连通分量的区别,虽然连通分量与生成树都仅仅包含一部分边,但连通分量中的顶点 $V(G'')\subset V(G)$ 是 G 中顶点的一部分,而不一定是 G 中的所有顶点。

在生成树的应用中(如运输、通信),经常遇到的一个问题是网络。例如,要在 n 个城市之间建立通信联络网,那么要连通 n 个城市只需要 $n-1$ 条线路。这时,自然会考虑这样一个问题,如何在最节省经费的前提下建立这个通信网。

在每两个城市之间都可以设立一条线路,相应地也都要付出一定的经济代价。n 个城市之间,最多可能设立 $n(n-1)/2$ 条线路,作为一个好的设计师就要研究如何在这些可能的线路中选择 $n-1$ 条,以使总的耗费最少。我们可以用网来表示 n 个城市以及 n 个城市间可能设立的通信线路,其中,网的顶点表示城市;边表示两城市之间的线路;在边上所赋的权值表示相应的代价。

对于 n 个顶点的连通网可以建立许多不同的生成树,每一棵生成树都可以是一个通信网。现在,我们要选择这样一棵生成树,即使总的耗费最小。这样一个问题就是构造连通网的最小生成树(或称最小代价生成树)的问题。一棵生成树的代价是指树上各边的代价之和。

构造网的最小生成树的依据有两条:

① 在网中选择 $n-1$ 条边,连通网中的 n 个顶点;

② 尽可能选取权值较小的边。

根据这两条,1956 年克鲁斯卡尔(Kruskal)提出了一种求最小生成树的方法,它的主要思想是按权值递增的顺序来构造最小生成树。

为了说明克鲁斯卡尔算法,我们先看一个具体的例子。假设有网络 N_1(如图 7.18 所示),$N_1=(V, E)$。设最小生成树的初态为只有 n 个顶点而无边的非连通图 $T=(V, \emptyset)$,图

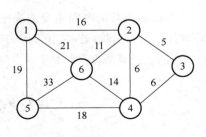

图 7.18 N_1 网

中每个顶点自成一个连通分量。在 E 中选择代价最小的边,若该边依附的顶点落在 T 中不同的连通分量上,则将此边加入 T 中,否则舍去此边而选择下一条代价最小的边。依此类推,直至 T 中所有顶点都在同一连通分量上为止,形成最小生成树的过程如表7.1所示。

设 $E=\{(1,2),(1,6),(1,5),(2,3),(2,6),(2,4),(4,3),(4,6),(4,5),(5,6)\}$。

表7.1 网 N_1 最小生成树的行程过程

步骤	边	权值	操作	T
初态				
1	(2,3)	5	接收(从 E 中删去(2,3))	
2	(2,4)	6	接收(从 E 中删去(2,4))	
3	(3,4)	6	丢掉(加入后形成回路,从 E 中删去(3,4))	
4	(2,6)	11	接收(从 E 中删去(2,6))	
5	(4,6)	18	丢掉(加入后形成回路,从 E 中删去(4,6))	
6	(1,2)	16	接收(从 E 中删去(1,2))	
7	(4,5)	18	接收(从 E 中删去(4,5))	

最后已够 5 条边了，这棵生成树就是最小生成树。然而最小生成树不唯一，但权的总和相同。上面的网 N_1 还可以生成如图 7.19 所示的最小生成树。

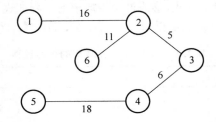

图 7.19 N_1 网的另一种形式的最小生成树

这两棵最小生成树的权的总和均为：$5+16+11+6+18=56$。

根据以上思想，构造最小生成树的步骤如下。

(1) 设 T 的初态为空集。

(2) 当 T 中的边小于 $n-1$ 时，做：

① 从 $E(G)$ 中选取权值为最小的边 (V, W)，并删除它；

② 若 (V, W) 不和 T 中的边一起构成回路，则将边 (V, W) 加入 $T(G)$ 中去。

上面就是克鲁斯卡尔提出来的算法，用类 C 语言描述上述算法如下。

设一个结构数组 edge，存储网络中的各条边。边的结构类型包括边连接的两个顶点的编号（start 和 end）和边上的权值（weight）。为了判断新选择的边是否和已有的边构成回路，这里设置一个数组 Component[n]，其初值为 Component[i]=i(i=0, 1, …, n-1)，表示各顶点在不同的连通分量上。每次查找属于两个不同连通分量且权值最小的边，并将这条边作为最小生成树的边输出并合并它们所属的连通分量。重复上述过程 $n-1$ 次，即可得到最小生成树。

```
#define Vnum 图中顶点个数的最大值
#define Enum 图中边数的最大值
struct TreeEdge
{
    int start;                        //边中第一个顶点的编号
    int end;                          //边中另外一个顶点的编号
    float weight;                     //边上的权值
};
void Kruskal(graph g, TreeEdge tree[], int n)// n 为图中的顶点数
{
    int Component[Vnum];
    TreeEdge edge[Enum];
    for(i = 1; i <= n; i++)
        Component[i] = i;
    m = 0;                            //m 为图中的边数
    for(i = 1; i <= n-1; i++)
        for(j = i+1; j <= n; j++)     //无向图的连接矩阵为对称阵,只扫描其上三角部分
        {
            if(g.arcs[i][j] != maxint)
```

```
            {
                m + + ;
                edge[m].start = i;
                edge[m].end = j;
                edge[m].weight = g.arcs[i][j];
            }
        }
    Sort(edge, m);                          //对 m 条边按照权值从小到大排序
    v = 1;                                  //当前考察的边的序号
    float sum = 0;
    for(k = 1; k < = n - 1; k + + )
    {
        while(Component[edge[v].start] == Component[edge[v].end])
            v + + ;                          //如果该边的两个顶点同属一个连通分量,则考察下一
                                            //条边
        tree[k] = edge[v];                  //将当前扫描到的边加入生成树中
        sum = sum + tree[k].weight;
        for(j = 1; j < = n; j + + )           //将两个连通分量合并为一个连通分量
            if(Component[j] == Component[edge[v].end])
                Component[j] = Component[edge[v].start];
        v + + ;
    }
    printf("最小生成树中的边如下:\n 起点终点权值\n");
    for(i = 1; i < = n - 1; i + + )
        printf(" % d     % d    % f\n", tree[i].start, tree[i].end, tree[i].weight);
    printf("最小生成树上各边的权值之和为: % f\n", sum);
}
```

下面介绍求无向图的最小生成树的另外一种方法,它把对边的判断改为对顶点的判断选择。

例如,有一生成树如图 7.20 所示,其中,边的集合为:

$$T(G) = \{(1, 3), (2, 4), (1, 4)\}$$

设已落在最小生成树上的顶点的集合为 $V(T)$,那么 $V(T) = \{1, 2, 3, 4\}$。显然,若选择的边的两个顶点均属于 $V(T)$,则该边必然和 $T(G)$ 中的边一起构成回路。例如,从 $V(T)$ 中取 $(1, 2)$ 这条边加到生成树中,就形成了回路,同理,从 $V(T)$ 中取 $(2, 3)$,$(3, 4)$都必定形成回路。所以我们可以对所选择的边的两个顶点进行判断,看其是否同属于 $V(T)$ 集合,若同属于必定形成回路。若有一个顶点不属于 $V(T)$ 集合,则就可以作为生成树的一个边。因此,我们

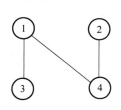

图 7.20　生成树

不必从全部剩余的边中去选权值最小的那条边,而只需在一个顶点属于 $V(T)$ 而另一个顶点不属于 $V(T)$ 的边中去选权值最小者即可。

按上述思想构造最小生成树的过程可以从任一顶点出发进行,因此,上述算法可修改如下。

（1）设 $V(T)$ 的初态为空集。

（2）在连通图上任选一顶点加入 $V(T)$ 集合中去。

（3）将下列步骤重复 $n-1$ 次：

① 在 i 属于 $V(T)$、j 不属于 $V(T)$ 的边中，选权值最小的边 (i,j)；

② 将顶点 j 加入 $V(T)$ 中去；

③ 输出 i、j 及 W_{ij}。

此算法被称为普里姆（Prim）算法。

以图 7.18 中网 N_1 为例，说明用普里姆算法形成最小生成树的过程，如表 7.2 所示，其中 $V(T)$ 的初态为空集。

表 7.2 用普里姆算法形成最小生成树的过程

步骤	边	权	操作	$V(T)$	输出
初态				Φ	
1			任选一顶点 1 加入	{1}	
2	(1, 2)	16	加入 2	{1, 2}	1, 2, 16
3	(2, 3)	5	加入 3	{1, 2, 3}	2, 3, 5
4	(3, 4)	6	加入 4	{1, 2, 3, 4}	3, 4, 6
5	(2, 6)	11	加入 6	{1, 2, 3, 4, 6}	2, 6, 11
6	(4, 5)	18	加入 5	{1, 2, 3, 4, 6, 5}	4, 5, 18

最后得到图 7.19 所示的最小生成树，总的代价为：$16+5+11+6+18=56$。

上述方法比较容易实现，当无向网采用邻接矩阵进行存储时，普里姆算法的类 C 语言描述如下：

```
void Prim(graph g, TreeEdge tree[], int n, int m, int v)
//g为图的邻接矩阵表示,n为图中的顶点个数,m为图中的边数,v为初始加入的顶点
{
    float LowerCost[Vnum];
    //用于保存 V(T)与 V-V(T)中各顶点构成的边中权值最小的边的集合
    int CloseVertex[Vnum]; //用于保存在 V(T)中依附于该边的顶点的集合
    float sum = 0;
    //从图中第 v 个顶点出发,按照 Prim 算法生成最小生成树
    for(i=1; i<n; i++)
    {
        LowerCost[i] = g.arcs[v][i];
        CloseVertex[i] = v;
    }
    LowerCost[v] = 0;
    CloseVertex[v] = v;
    for(i=1; i<=n; i++)
    {
        //寻找一个顶点属于 V(T)而另一个顶点不属于 V(T)的边中权值最小的边
```

```
    mincost = maxint;
    j = 1; k = 1;
    while(j <= n)
    {
        if(LowerCost[j] != 0 && LowerCost[j] < mincost)
        {
            mincost = LowerCost[j];
            k = j;
        }
        j++;
    }
    //将当前选择的边加入最小生成树中,并更新 LowerCost 和 CloseVertex 数组
    tree[i].start = CloseVertex[k];
    tree[i].end = k;
    tree[i].weight = mincost;
    sum = sum + tree[i].weight;
    LowerCost[k] = 0; //该顶点已加入 V(T)中
    for(j = 1; j < n; j++)
        if(g.arcs[k][j] < LowerCost[j])
        //当前扫描的边(k,j)上的权值比原来的(LowerCost[j],j)上的权值更小
        {
            LowerCost[j] = g.arcs[k][j];
            CloseVertex[j] = k;
        }
}
printf("最小生成树中的边如下:\n起点终点权值\n");
for(i = 1; i <= n-1; i++)
    printf("% d    % d   % f\n", tree[i].start, tree[i].end, tree[i].weight);
printf("最小生成树上各边的权值之和为:% f\n", sum);
}
```

需要注意的是,在上述算法中,图的邻接矩阵中 $g.arcs[i][i] = maxint(i = 1, 2, \cdots, n)$。算法的执行时间主要取决于 $n-1$ 次循环,每循环一次就要选一条权值最小的边,其频度为 n,在最坏情况下它的执行时间为 $O(n^2)$,与网中的边数无关,因此适用于求边稠密的网的最小生成树。

7.5　最　短　路　径

图的最普遍的应用是在交通运输和通信网络中寻求两个结点间的最短路径。譬如说,可以用图来表示一个省或一个国家的公路网络,图的顶点表示城市,边表示公路段,边上的权值表示两个城市之间的距离或者表示通过这段公路所需要的时间或花费。那么,对于一个驾驶员来说,若想从 A 城驾驶汽车到 B 城,他自然就会想到下列问题。

（1）从 A 到 B 有公路吗？

（2）若从 A 到 B 的路径不止一条,那么走哪一条路径最短或花费最小？

这就是本节所要讨论的最短路径问题。这里路径的长度,是指路径上各边的权值的总和。考虑到公路的有向性,称路径上的起始点为源点,最后一个顶点为终点。

7.5.1　从某个源点到其余各顶点的最短路径

给定有向图 $G=(V,E)$,G 中边的权函数为 $W(e)$,源点为 V_0。确定从 V_0 到各顶点的最短路径。

以图 7.21 所示的有向图 G 为例。

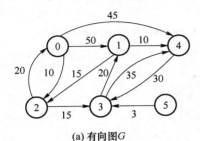

源点	终点	最短路径	最短路径长度
V_0	V_1	$<V_0,V_2,V_3,V_1>$	45
V_0	V_2	$<V_0,V_2>$	10
V_0	V_3	$<V_0,V_2,V_3>$	25
V_0	V_4	$<V_0,V_4>$	45
V_0	V_5	无	

(a) 有向图 G　　　　　　　(b) 从 V_0 到各顶点的最短路径及长度

图 7.21　有向图 G 及从 V_0 到各顶点的最短路径及长度

如果将这些最短路径依其长度递增顺序排列,便可得到:

$<V_0,V_2>$

$<V_0,V_2,V_3>$

$<V_0,V_2,V_3,V_1>$

$<V_0,V_4>$

分析上述从 V_0 到其他各顶点的最短路径及其中间经过的顶点可以发现:每一条最短路径(设其终点为 x)只可能是 (V_0,x) 或者 $(V_0,u,\cdots,v,x)$,而且 $u,\cdots,v$ 都是已求得的最短路径的终点。一般地我们可设 S 为已求得最短路径的终点的集合(S 的初态为空集),则下一条长度次短的最短路径(设它的终点为 x)或者是弧 (V_0,x),或者是中间经过集合 S 中的顶点,最后到达顶点 x 的路径。

以上思想就是迪杰斯特拉(Dijkstra)提出的按路径长度递增的次序产生最短路径的思想。

现在我们来按路径长度非递减的顺序产生最短路径。为此,引进一个辅助向量 dist(距离向量),它的每个分量 dist[w] 表示当前找到的从 V_0 到每个终点 $w(w \in V(g))$ 的最短路径的长度。初始状态为:

$$\text{dist}[w]=\begin{cases}\text{弧上的权值} & \text{（从 } V_0 \text{ 到 } w \text{ 有弧）}\\ \infty & \text{（从 } V_0 \text{ 到 } w \text{ 无弧）}\end{cases}$$

例如图 7.22 中的图 G:

从 V_0 出发则

dist[w]:	dist[1]	dist[2]	dist[3]	dist[4]	dist[5]
初态	50	10	∞	40	∞

在所有的路径中找到一条最短的路径,设终点为 u,则
$$\text{dist}[u]=\min\{\text{dist}[w] \mid w\in V(G)\}$$
在这里,$u= V_2$；$w= V_1,V_2,V_3,V_4,V_5$。

那么下一条长度次短的最短路径是哪一条呢？设终点为 x,则

此条路径为
$$\begin{cases}(V_0,x)\\ \text{或}\\ (V_0,V_2,x)\end{cases}$$

即
$$\text{dist}[x]=\min\{\text{dist}[w]\mid w\notin S\}$$

取值为
$$\text{dist}[x]=\min\begin{cases}<V_0,x> \quad \text{弧上的权值}；<V_0,x>\in E(G)\\ \text{dist}[u]+<u,x>；\quad <u,x>\in E(G)\end{cases}$$

此时 $x=V_3$；$w=V_1,V_3,V_4,V_5$。

取值
$$\text{dist}[V_3]=\text{dist}[V_2]+<V_2,V_3>=10+15=25$$

$\text{dist}[w]$ 的值变为

dist[1]	dist[2]	dist[3]	dist[4]	dist[5]
50	10	25	45	∞

继续进行下去将得到：

dist[w]:	dist[1]	dist[2]	dist[3]	dist[4]	dist[5]
	45	10	25	45	∞

下面给出迪杰斯特拉算法的思想。

(1) 设 cost 为带权的邻接矩阵
$$\text{cost}[i][j]=\begin{cases}<i,j>\text{上的权值} \quad (i、j \text{ 之间有弧})\\ \infty \qquad\qquad\qquad (i、j \text{ 之间无弧})\end{cases}$$
$$\text{cost}[i][i]=0$$

设 S 为已找到的从 V_0 出发的最短路径的终点的集合,它的初态为空集。此时从 V_0 出发到 G 中其余各顶点(终点)w(为任意顶点)的最短路径长度初态为：
$$\text{dist}[w]=\text{cost}[V_0][w],\ w\in V(G)$$

(2) 选择 u,使 $\text{dist}[u]=\min\{\text{dist}[w]\mid w\notin S,w\in V(G)\}$(则 u 为目前求得的一条从 V_0 出发的最短路径的终点)。

令 $S=S\cup\{u\}$(即 u 进入 S)。

(3) 修改所有不在 S 中的终点的最短路径长度。

若(新选的这条最短路径长度)$\text{dist}[u]+\text{cost}[u][w]<\text{dist}[w]$(其他终点的最短路径长度),则修改 $\text{dist}[w]$ 为 $\text{dist}[w]=\text{dist}[u]+\text{cost}[u][w]$。

(4) 重复操作(2)和(3)共 $n-1$ 次,由此求得从 V_0 到 G 中其余各顶点的最短路径是依路径长度递增的序列。

算法如下：

```
void shortpath(float cost [][], int V₀, int n) //n 为图中的顶点数
//求从源点 V₀ 到其他各顶点的最短路径,cost 为有向图的带权邻接矩阵,V₀ 为其中某个顶点的编号;
//dist[i]为当前找到的从 V₀ 到 i 的最短路径长度;path[i]为相应的路径;
//max 为计算机内允许的最大值
{
    for (i = 0; i < n; i++)
    {
        dist[i] = cost[V₀][i];
        if (dist[i] < max)
            path[i] = [V₀] + [i];  //[]表示集合,+表示集合运算,表示两个集合相并
        else
            path[i] = [];  //[]表示为空集
    }
    //建立 dist 及 path 的初态
    S = [V₀];  num = 0;  // S 为已找到最短路径的终点的集合
    while (num < n-1)
    {
        wm = max;  u = v₀,
        for (i = 0; i < n; i++)
        //选 dist[i]的最小值
        {
            if (! (i in S))  //若 i 不属于 s
            if (dist[i] < wm)
            {
                u = i;  wm = dist[i]
            }
        }
        //按 dist[i]的最小值选取了 u
        S = S + [u];  //将 u 加入最短路径的终点集合 S
        for (i = 0; i < n; i++)  //修改 dist 和 past 的值
        if (! (i in S))  //若 i 不属于 s
        {
            if (dist[u] + cost[u][i] < dist[i])
            {
                dist[i] = dist[u] + cost[u][i];
                path[i] = path[u] + [i];
            }
        }
        num++;
    }
}
```

图 7.22 给出了对图 7.21 中的有向图 G 求从 V₀ 到各顶点的最短路径的执行过程。

$$cost = \begin{pmatrix} 0 & 50 & 10 & \infty & 45 & \infty \\ \infty & 0 & 15 & \infty & 10 & \infty \\ 20 & \infty & 0 & 15 & \infty & \infty \\ \infty & 20 & \infty & 0 & 35 & \infty \\ \infty & \infty & \infty & 30 & 0 & \infty \\ \infty & \infty & \infty & 3 & \infty & 0 \end{pmatrix}$$

(a) 图 G 的邻接矩阵

循环次数	选择的终点 u	集合 S	Dist $V_1\ V_2\ V_3\ V_4\ V_5$	Path
初态	V_0	$\{V_0\}$	50 10 ∞ 45 ∞	$(V_0,V_1)\ (V_0,V_2)\ (V_0,V_4)$
1	V_2	$\{V_0,V_2\}$	50 10 25 45 ∞	$(V_0,V_1)\ \underline{(V_0,V_2)}\ (V_0,V_2,V_3)\ (V_0,V_4)$
2	V_3	$\{V_0,V_2,V_3\}$	45 10 25 45 ∞	$(V_0,V_2,V_3,V_1)\ (V_0,V_2)\ \underline{(V_0,V_2,V_3)}\ (V_0,V_4)$
3	V_1	$\{V_0,V_2,V_3,V_1\}$	45 10 25 45 ∞	$\underline{(V_0,V_2,V_3,V_1)}\ (V_0,V_2)\ (V_0,V_2,V_3)\ (V_0,V_4)$
4	V_4	$\{V_0,V_2,V_3,V_1,V_4\}$	45 10 25 45 ∞	$(V_0,V_2,V_3,V_1)\ (V_0,V_2)\ (V_0,V_2,V_3)\ \underline{(V_0,V_4)}$
5	—			

(b) 求 V_0 到其他各顶点的最短路径执行过程

图 7.22 求图 7.21 中有向图 G 从 V_0 到各顶点的最短路径执行过程

算法的复杂性分析:第一个 for 循环的时间为 $O(n)$,while 循环共进行 $n-1$ 次,每一次执行的时间是 $O(n)$,所以总的时间复杂度为 $O(n^2)$。如果用带权的邻接表作为有向图的存储结构,则虽然修改 dist 的时间可以减少为 $O(e)$,但在 dist 向量中选择最小分量的时间不变,所以时间复杂度仍为 $O(n^2)$。

7.5.2 每一对顶点之间的最短路径

前面介绍的是求图中从某一顶点到其他各顶点最短路径的方法,现在把这个问题再扩展一下,即求图中任意两点间的最短路径及其长度。有了上面的算法,解决此问题并不困难,可以每次以一个顶点为源点调用迪杰斯特拉算法,这样便可求得每一对顶点之间的最短路径,总的时间复杂度为 $O(n^3)$。

下面再介绍一种由弗洛伊德(Floyed)提出的算法,这个算法的时间复杂度也是 $O(n^3)$,但形式上要简单些。

弗洛伊德算法仍从图的带权邻接矩阵 cost 出发,其基本思想是:求从顶点 V_i 到 V_j 的最短路径时,如果从 V_i 到 V_j 有弧,则从 V_i 到 V_j 存在一条长度为 cost$[i][j]$ 的路径,该路径不一定是最短路径,尚需进行 n 次试探。每一次试探产生一个矩阵,共 n 次试探,因此产生 n 个矩阵,即 $\boldsymbol{A}^{(1)},\boldsymbol{A}^{(2)},\cdots,\boldsymbol{A}^{(k)},\cdots,\boldsymbol{A}^{(n)}$。

设 $\boldsymbol{A}^{(0)}$ 是初态,$\boldsymbol{A}^{(0)} = $ cost$[i][j]$。

先考虑中间经过顶点 V_1 的情况($k=1$),也就是考虑路径(V_i, V_1, V_j)是否存在(即判别弧$<V_i, V_1>$和$<V_1, V_j>$是否存在),若不存在,则还取原来的 cost$[i][j]$;若存在,则将$(V_i,$

V_j)与(V_i,V_1,V_j)这两条路径加以比较,谁短就保留谁,作为当前求得的最短路径。于是由 $A^{(0)}$ 产生了 $A^{(1)}$ 矩阵,此矩阵就是中间顶点序号不大于 1 的各条最短路径。

然后再在各对顶点 V_i、V_j 中插进一个点 V_2,看路径(V_i,…,V_2)和(V_2,…,V_j)是否存在,若不存在,那么当前的最短路径仍是 $A^{(1)}$ 中求得的中间点序号不大于 1 的最短路径。若存在,则将(V_i,…,V_2,…,V_j)的路径与 $A^{(1)}$ 中的(V_i,V_j)进行比较,谁短取谁。这样就由 $A^{(1)}$ 求得了 $A^{(2)}$ 矩阵,此矩阵是中间顶点序号不大于 2 的各条最短路径。

一般地,如果已经求得了 $A^{(k-1)}[i][j]$,那么对于 $A^{(k)}[i][j]$,可以按下面两种情况产生:

(1) 若从 V_i 到 V_j 的最短路径不通过 V_k 点,那么 $A^{(k)}[i][j]=A^{(k-1)}[i][j]$;

(2) 若从 V_i 到 V_j 的最短路径通过 V_k 点,则将 $A^{(k-1)}[i][j]$ 与 $A^{(k-1)}[i][k]+A^{(k-1)}[k][j]$ 比较,哪一个小就取哪一个作为 $A^{(k)}[i][j]$ 的值。此矩阵是中间顶点序号不大于 k 的各条最短路径。经过 n 次比较,最后求得 $A^{(n)}$,即是每一对顶点之间的最短路径。

弗洛伊德算法的类 C 语言描述如下:

```
void Floyed(float cost[][ ], int n)     //n为图中的顶点数
//cost为有向图的带权邻接矩阵,有向图的顶点从 1 到 n 编号,a 和 path 均为 n 阶方阵,
//a[i][j]为从 V[i]到 V[j]的最短路径长度,path[i][j]为相应的路径
{
    for(i = 1;i < = n;i + +)
      for(j = 1;j < = n;j + +)
      {
          a[i][j] = cost[i][j];
          if ((i != j) && (a[i][j] < max))
            path[i][j] = [i] + [j];   //建立了 A⁽⁰⁾和 path⁽⁰⁾即 A 和 path 的初始矩阵
      }
    for(k = 1;k < = n;k + +)
    for(i = 1;i < = n;i + +)
    for(j = 1;j < = n;j + +)
      if(a[i][k] + a[k][j] < a[i][j])
      {
      a[i][j] = a[i][k] + a[k][j];
      path[i][j] = path[i][k] + path[k][j];
      }
}
```

【例7.1】 求图 7.23 所示有向图的每一个对顶点间的最短路径及其长度。

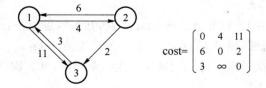

图 7.23 有向图和它的带权邻接矩阵

利用弗洛伊德算法所求得的 $A^{(k)}$($k=1,2,3$)以及最短路径如图 7.24 所示。

$A^{(0)}$	1	2	3
1	0	4	11
2	6	0	2
3	3	∞	0

Path$^{(0)}$	1	2	3
1		AB	AC
2	BA		BC
3	CA		

$A^{(1)}$	1	2	3
1	0	4	11
2	6	0	2
3	3	7	0

Path$^{(1)}$	1	2	3
1		AB	AC
2	BA		BC
3	CA	CAB	

$A^{(2)}$	1	2	3
1	0	4	6
2	6	0	2
3	3	7	0

Path$^{(2)}$	1	2	3
1		AB	ABC
2	BA		BC
3	CA	CAB	

$A^{(3)}$	1	2	3
1	0	4	6
2	5	0	2
3	3	7	0

Path$^{(3)}$	1	2	3
1		AB	ABC
2	BCA		BC
3	CA	CAB	

图 7.24　求图 7.23 所示有向图各对顶点间的最短路径的执行过程

7.6 拓扑排序

　　图可以用来描述一个工程或系统的执行过程。除最简单的工程外,几乎所有的工程都可分成若干个子工程,这些子工程称为活动(或任务),完成了这些子工程也就完成了整个工程。例如,一个软件专业的学生必须学完一系列基本课程(如表 7.3 所示)才能毕业。在这种情况下,工程就是完成专业的学习规划,或者说教学计划就是一个工程,而活动就是学习一门课程。其中有些课程是基础课,不需要先修其他课程,而有些课程则必须先修完某种课程或某些课程才能开始。例如,在"程序设计"和"离散数学"学完之前,不能开始学"数据结构"这门课。因此,先决条件定义了课程之间的一种优先关系。这个关系可用有向图清楚地表示出来,图 7.26给出了表 7.3 所示的各个活动之间的优先关系,图中的顶点表示课程,有向弧表示课程之间的优先关系。

　　若课程 i 是课程 j 的先决条件,则图中有弧$<i,j>$。一般情况下,这样的有向图可以用来表示某工程的施工图,或产品的生产流程图。在图中,顶点表示子工程(或称活动),有向边表示活动间的优先关系。我们把这样的有向图称为顶点表示活动的网络,或称 AOV 网(activity on vertex network)。

　　在 AOV 网中,若从顶点 i 到顶点 j 有一条有向路径,则 i 是 j 的前驱,j 是 i 的后继。若$<i,j>$是图中的有向边,则 i 是 j 的直接前驱,j 是 i 的直接后继。

什么是拓扑排序呢?

先介绍一下拓扑有序的概念:对一个 AOV 网,构造顶点的线性序列,使得在此序列中不仅保持有向图中原有顶点之间的先后关系,而且对有向图中所有没有关系的两个顶点之间也建立一个先后关系。称具有上述特性的线性序列为拓扑有序序列。对 AOV 网寻找它的拓扑有序(topological order)序列的过程,称为拓扑排序(topological sort)。

例如,图 7.25 所示的 AOV 网的两种拓扑有序序列分别如下:C_1,C_2,C_3,C_4,C_5,C_7,C_9,C_{10},C_{11},C_6,C_{12},C_8 和 C_9,C_{10},C_{11},C_6,C_1,C_{12},C_4,C_2,C_3,C_5,C_7,C_8,除此之外还可以构造其他的拓扑有序序列。

表 7.3　软件专业学生必修课程

课程编号	课程名称	先决条件
C_1	程序设计	None
C_2	离散数学	C_1
C_3	数据结构	C_1,C_2
C_4	汇编语言	C_1
C_5	高级语言	C_3,C_4
C_6	计算机原理	C_{11}
C_7	编译语言	C_5,C_3
C_8	操作系统	C_3,C_6
C_9	高等数学	None
C_{10}	线性代数	C_9
C_{11}	普通物理	C_9
C_{12}	数值分析	C_9,C_{10},C_1

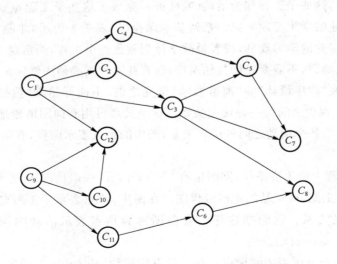

图 7.25　表示课程之间优先关系的有向图

在 AOV 网中,不应该出现有向回路,因为有向回路的存在说明了某项活动应以自己为先决条件。显然,这是荒谬的。若设计出这种有向图,工程便无法进行。那么我们如何判断网中是否存在有向回路呢?判断的方法是对有向图构造其顶点的拓扑有序序列,若网中所有顶点都在它的拓扑有序序列中,则该 AOV 网中必定不存在有向回路,工程是可行的。

下面来讨论如何对 AOV 网进行拓扑排序。

解决的方法很简单,仅有两步:

(1) 在有向图中选一个没有前驱的顶点并输出;

(2) 从有向图中删除该顶点和以它为尾的所有弧。

重复上述两步,直至全部顶点被输出,或者图中剩余的顶点中有前驱顶点,不能再继续执行了。前一种情况说明工程是可行的,后一种情况说明网中有环,工程不可行。

以图 7.26(a) 为例,图中 V_1 和 V_6 没有前驱,可任选一个。假设先输出 V_6,删除 V_6 及 $<V_6,V_4>$,$<V_6,V_5>$ 之后,如图 7.26(b) 所示。只有顶点 V_1 没有前驱,输出 V_1 且删去 V_1 及弧 $<V_1,V_2>$,$<V_1,V_3>$,$<V_1,V_4>$,结果如图 7.26(c) 所示。此时 V_3、V_4 都无前驱,可任选一个。假设选 V_3,当输出 V_3 和删除 V_3 及 $<V_3,V_2>$,$<V_3,V_5>$ 时,结果如图 7.26(d) 所示。尚有 V_2 和 V_4 没有前驱。于是,再取 V_2 输出。依此类推,最后得到拓扑有序序列为:V_6,V_1,V_3,V_2,V_4,V_5。

如何有效地在计算机上实现上述拓扑排序过程呢?我们采用的方法是:

(1) 采用邻接表作为有向图的存储结构,并将表头指针改成表头结点,其数据域存放该顶点的入度,其中入度为零的点即为没有前驱的顶点;

(2) 至于删除顶点及以其为尾的弧的运算,则可由将这些弧的头顶点的入度减 1 来实现。

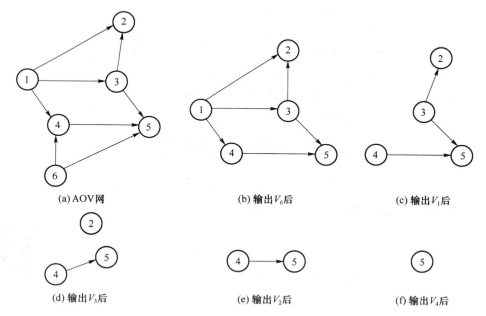

图 7.26　AOV 网及其拓扑有序产生的过程

例如,图 7.26(a) 所示的有向图,在依次输入弧 $<1,2>$,$<1,3>$,$<1,4>$,$<3,2>$,$<3,5>$,$<4,5>$,$<6,4>$,$<6,5>$ 之后,由计算机自动建立的邻接表如图 7.27 所示。

在输入之前,表头向量的每个结点的初始状态为:数据域(入度)in 为零;指针域 link 为空;每输入一条弧$<j,k>$,建立链表的一个结点,同时令 k 的入度加 1。因此,在输入结束时,表头结点的两个域分别表示顶点的入度和指向链表第一个结点的指针。

在图 7.27 中 V_1 和 V_6 的入度为零,在输出 V_6 之后可将 V_5 和 V_4 的入度分别减为 2 和 1,为了避免重复检测入度为零的顶点,可另设一链表将所有入度为零的顶点链接在一起,每当输出便从链表中删除;反之,若出现新的入度为零的顶点则可插入。由于入度为零的顶点在拓扑有序序列中的次序是人为设定的,因此,插入和删除运算均可在表头进行,此时的链表相当于一个链栈。由此可得拓扑排序的算法如下。

(1) 查邻接表中入度为零的顶点,并进栈。

(2) 当栈非空时,进行拓扑排序:

① 输出栈顶的顶点 V_j 并退栈;

② 在邻接表中查找 V_j 的直接后继 $V_k(k=1,2,\cdots)$,将 V_k 的入度减 1,并将入度减至零的顶点进栈。

(3) 若栈空时输出的顶点数不足 AOV 网中顶点数 n,则说明有向图中存在有向环;否则拓扑排序完毕。

以上仅是文字描述的算法,在实际编制可执行的程序时,尚可施一小技,以节省为链栈另分配的存储空间。当一个顶点的入度为零时,该顶点的数据域也就没有用处了,我们可以借用入度为零的顶点的数据域来存放带链的栈指针(下一个入度为零的顶点的序号),而不必为栈另辟存储单元。此技巧能实现的条件在于表头结点向量中,表头结点的序号与顶点的序号一致。

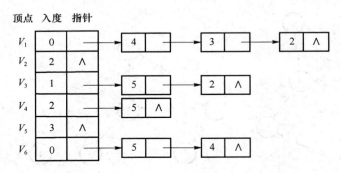

图 7.27　图 7.26(a)所示网的邻接表

这样,拓扑排序算法的类 C 语言描述如下:

拓扑排序

```
void toposort(Adj_List g, int n)
//假设 G 为有 n 个顶点 e 条边的有向图,g 是它的邻接表,每个结点设两个域 adjvex
//和 next,对入度为 0 的顶点设计带链的栈,top 表示栈指针,in 为入度
{
    top = 0;
    for(i = 1;i <= n; i++)  //查找入度为零的顶点,并建立链栈
    if (g[i].in == 0)
    {
        g[i].in = top;
```

```
        top = i;
    }
    m = 0;  //设 m 为计数器,计算输出的顶点个数
    while (top != 0)
    {
        j = top;
        top = g[top].in;   //退栈
        printf("v%d", j);
        m++;   //输出顶点并计数
        q = g[j].link;  //q 是指针,指示以 j 为尾的弧
        while (q != NULL)
        {
            k = q->adjvex;   //顶点 k 为 j 的直接后继
            g[k].in = g[k].in - 1;//入度减 1
            if (g[k].in == 0)
            {
                g[k].in = top;
                top = k;  //入度为零的顶点进栈
            }
            q = q->next;
        }
    }
    if (m < n)
        printf("the network have cycle"); //输出顶点数不足 n,说明网中有环
}
```

图 7.28 给出了对图 7.26(a)所示的 AOV 网进行拓扑排序的执行过程。

由上述算法可知,当有向图有 n 个顶点 e 条边时,搜索入度为零的顶点的时间为 $O(n)$;在拓扑排序过程中,若有向图无环,则每个顶点进一次栈,出一次栈,入度减 1 的运算在 while (top !=0)的循环中共执行 e 次,所以总的时间复杂度为 $O(n+e)$。

7.7 关 键 路 径

在上一节研究的 AOV 网中,我们关心的是活动之间的优先关系。但在实际应用中,仅考虑优先关系是不够的,还要考虑完成每次活动所需要的时间,哪些活动延迟就会影响整个工程的完成,而它的加速又将会使整个工程提前,这便是本节将要研究的关键路径问题。

在本节中也要接触到一种网,这种网是以顶点表示事件,有向边表示活动,权表示活动持续的时间,称该类有向图为边表示活动的网,即 AOE 网(activity on edge network)。在这种网中一般仅有两种情况:

(1)以事件 V_i 为尾的活动,若 V_i 未发生,则它的所有活动不能进行,如图 7.29 所示;

(2)以事件 V_i 为头的活动,若所有活动未进行,则 V_i 事件不会发生,如图 7.30 所示。

表头结点数据域的初始状态

V_1	0
V_2	2
V_3	1
V_4	2
V_5	3
V_6	0

建初始链栈

```
top i            g [i]in

0 1              0
1
  2 3 4 5
不作任何工作
6                1
```

表头结点数据域变为

V_1	0
V_2	2
V_3	1
V_4	2
V_5	3
V_6	1	← top

要输出的顶点序号 j	栈顶指针 top	输出 V_j	步骤 m	q的当前内容	V_j的直接后继序号 k	g[V_k] in	V_j的直接后继入度减1	表头结点数据域状态
6	1	V_6	1	5	5	2	3−1=2	top→ V_1 0, V_2 2, V_3 1, V_4 1, V_5 2, V_6 1
				4	4	1	2−1=1	
				∧				
1	0	V_1	2	4	4	0	1−1=0	V_1 0, V_2 1, V_3 4 (top→), V_4 0, V_5 2, V_6 1
				3	3	4	1−1=0	
				2	2	1	2−1=1	
				∧				
3	4	V_3	3	5	5	1	2−1=1	V_1 0, V_2 4 (top→), V_3 4, V_4 0, V_5 1, V_6 1
							1−1=0	
		2		2	2	4		
				∧				
2	4	V_2	4	∧				V_1 0, V_2 4, V_3 4, V_4 0, V_5 (top→), V_6 1
4	0	V_4	5	5	5	0	1−1=0	
		5		∧				
5	0	V_5	6	∧				
	top=0 结束 m=6							

图7.28 以图7.26(a)和图7.27为例说明拓扑排序算法的执行过程

图 7.29 以事件 V_i 为尾的活动示例   图 7.30 以事件 V_i 为头的活动示例

图 7.31 是一个假想的有 8 项活动的 AOE 网,其中有 6 个事件 V_1,V_2,…,V_6,每个事件表示在它之前的活动已经完成,在它之后的活动可以开始。例如,V_1 表示整个工程的开始,V_6 表示整个工程的结束,V_4 表示 a_3、a_5 已经完成,a_7 可以开始。每条边表示一项活动,边上的权值表示这个活动所需的时间。比如,活动 a_1 需要 3 天,a_2 需要 2 天……在整个工程中只有一个起点和一个终点,故在正常的情况(无环)下网中只有一个入度为零的点,称作源点,一个出度为零的点,称作汇点。在图 7.31 中,源点为 V_1,汇点为 V_6。

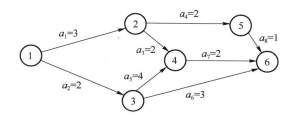

图 7.31 假想的 AOE 网

AOE 网主要研究的问题是:

(1) 完成整项工程至少需要多少时间?

(2) 哪些活动是影响工程进度的关键?

由于 AOE 网中的某些活动能够并行地执行,比如,图 7.31 所示的网中事件 V_1 发生之后(即工程开工),活动 a_1、a_2 则可以同时进行。因此,完成工程的最短时间是:从开始点到完成点的最长路径之长(路径之长是指路径上各活动持续时间之和,而不是路径上边的数目)。长度最长的路径叫作关键路径(critical path)。图 7.31 中的关键路径为:$<V_1,V_3,V_4,V_6>$,关键路径之长为:$2+4+2=8$。(有时,在一个 AOE 网中可能有多条关键路径)。

我们现在知道了完成整项工程所需要的时间,那么哪些活动是影响工程进度的关键呢?即找关键活动,得知关键活动后再想办法提高关键活动的速度,以便缩短整个工期。怎样找关键活动,这里需要先介绍两个问题。

1. 活动的最早开始时间 $e(i)$

第 i 个活动的最早开始时间 $e(i)$ 等于从源点 V_1 到与第 i 个活动尾相联接的顶点 V_j 的最长路径之长,如图 7.32 所示。

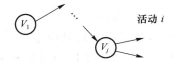

图 7.32 V_i 到 V_j 的路径

例如,图 7.31 所示的网中,V_4 能够发生的最早时间是 $a_2+a_5=6$,即从 $V_1 \rightarrow V_3 \rightarrow V_4$,这个时间同时也是以 V_4 为尾的活动 a_7 的最早开始时间,即 $e(7)=V_4$ 的最早发生时间 $=6$。

2. 活动的最迟开始时间用 $l(i)$ 表示

活动的最迟开始时间是在不推迟整个工程完成的前提下,一个活动最迟必须开始的时间。例如,$e(8)=6$,而 $l(8)=$ 关键路径长度 $-a_8=8-1=7$。两者之差 $l(i)-e(i)$ 即意味着活动 a_i 完成的时间余量。那么 $l(8)-e(8)=7-6=1$,这就是说 a_8 推迟 1 天动工(即在第 7 天动工)不影响整个工程的工期。

我们再看 $e(5)=2$,而 $l(5)=8-2(a_7)-4(a_5)=2$,$e(5)=l(5)$。我们把 $e(i)=l(i)$ 的活动称为关键活动。显然,在关键路径上的活动都是关键活动。只有提高关键活动的速度,才可能使整个工程提前完成。

我们要找关键活动就得找出 $e(i)=l(i)$ 的各个活动。而要想知道各活动的 $e(i)$、$l(i)$ 就必须首先知道事件的最早发生时间 $Ve(j)$ 和最迟发生时间 $Vl(j)$,因为活动的 $e(i)$ 和 $l(i)$ 依赖于事件的 $Ve(j)$ 和 $Vl(j)$。如图 7.33 所示,设活动 a_i 由弧 $<j,k>$ 表示,其持续时间记为 $dut(<j,k>)$,则有如下关系:

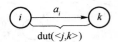

图 7.33　持续时间

$$\begin{cases} e(i)=Ve(j) \\ l(i)=Vl(k)-dut(<j,k>) \end{cases}$$

现在的问题是如何求得 $Ve(j)$ 和 $Vl(j)$?

需要分两个阶段,用向前阶段求得 $Ve(j)$,用向后阶段求得 $Vl(j)$。

(1) 求 $Ve(j)$,从 $Ve(1)=0$ 开始向前递推。

$Ve(j)=\max\{Ve(i)+dut(<i,j>)\}<i,j>\in T$(所有以 j 为头的边的集合),$2\leqslant j\leqslant n$

利用此公式对图 7.32 可求得:$Ve(j)(j=2,3,4,5,6)$。

已知

$$Ve(1)=0$$
$$Ve(2)=0+dut(a_1)=0+3=3$$
$$Ve(3)=0+dut(a_2)=0+2=2$$
$$Ve(4)=\max\begin{cases} Ve(2)+dut(a_3)=3+2=5 \\ Ve(3)+dut(a_5)=2+4=6 \end{cases}=6$$
$$Ve(5)=Ve(2)+dut(a_4)=3+2=5$$
$$Ve(6)=\max\begin{cases} Ve(5)+dut(a_8)=5+1=6 \\ Ve(4)+dut(a_7)=6+2=8 \\ Ve(3)+dut(a_6)=2+3=5 \end{cases}=8$$

求 $Ve(j)$ 是在 j 的所有前驱顶点的最早开始时间求得后,因此如果我们将所有的顶点进行拓扑排序,按顶点的拓扑次序依次求出各个事件的最早发生时间将是十分方便的。因此只需对拓扑排序的算法作如下修改便可求得 $Ve(j)$:①在拓扑排序之前设初值,令 $Ve[1]=0$;②在拓扑算法的第(2)步中增加一项,计算 V_j 的直接后继 V_k 的最早发生时间,若 $Ve(j)+dut(<j,k>)>Ve(k)$,则 $Ve(k)=Ve(j)+dut(<j,k>)$。

(2) 求 $Vl(i)$:从 $Vl(n)=Ve(n)$ 起向后递推。

用下述递推公式：

$Vl(j)=\min\{Vl(k)-\mathrm{dut}(<j,k>)\}<j,k>\in T$（所有以 j 为尾的边的集合），$1\leqslant j\leqslant n-1$。

例如求图 7.32 的 $Vl(i)$，$i=6，5，4，3，2，1$。

已知

$$Vl(6)=Ve(6)=8$$

$$Vl(5)=Vl(6)-\mathrm{dut}(a_8)=8-1=7$$

$$Vl(4)=Vl(6)-\mathrm{dut}(a_7)=8-2=6$$

$$Vl(3)=\min\begin{Bmatrix}Vl(6)-\mathrm{dut}(a_6)=8-3=5\\Vl(6)-\mathrm{dut}(a_5)=6-4=2\end{Bmatrix}=2$$

$$Vl(2)=\min\begin{Bmatrix}Vl(5)-\mathrm{dut}(a_4)=7-2=5\\Vl(4)-\mathrm{dut}(a_3)=6-2=4\end{Bmatrix}=4$$

$$Vl(1)=\min\begin{Bmatrix}Vl(2)-\mathrm{dut}(a_1)=4-3=1\\Vl(3)-\mathrm{dut}(a_2)=2-2=0\end{Bmatrix}=0$$

求 $Vl(j)$ 是在 j 的所有后继事件的最迟发生时间求得后才进行计算。因此计算各顶点的 Vl 值必须在逆拓扑排序的过程中进行。首先设初值 $Vl(n)=Ve(n)$；然后查找出度为零的顶点 V_k，并计算 V_k 的直接前驱 V_j 的最迟发生时间。由此，需建立网的逆邻接表，并在表头向量中增加一个存储顶点出度的数据域。这样为了求网的关键路径，必须建立邻接表和逆邻接表，为避免顶点信息重复，此时可取十字链表作为存储结构。

下面给出求关键路径的算法：

（1）输入 e 条弧 $<j，k>$，建立十字链表；

（2）从源点 V_1 出发，令 $Ve[1]=0$，按拓扑有序求其余各顶点的最早发生时间 $Ve[i]$（$2\leqslant i\leqslant n$）。若得到的拓扑有序序列中顶点个数小于网中顶点数 n，则说明网中有环，不能求关键路径，算法终止；否则执行步骤（3）；

（3）从汇点 V_n 出发，令 $Vl(n)=Ve(n)$，按逆拓扑有序求其余各顶点的最迟发生时间 $Vl(i)$（$n-1\geqslant i\geqslant 1$）；

（4）根据各顶点的 Ve 和 Vl 值，求每条弧 s 的最早开始时间 $e(s)$ 和最迟开始时间 $l(s)$；

（5）若 $e(s)=l(s)$，则弧 s 为关键活动，输出关键活动，算法结束。

上述算法的类 C 语言描述如下：

```
♯define Vnum 图中顶点个数的最大值
♯define Enum 图中边数的最大值
void CrticalPath(OrthoGraph* pG)
{
    float Ve[Vnum]; //各顶点对应事件的最早开始时间
    float Vl[Vnum]; //各顶点对应事件的最晚开始时间
    CreateOrthoGraph(pG); //建立 AOE 网的十字链表表示
    for(i=1; i<=pG->vexnum; i++)
    {
        Ve[i] = 0;
        Vl[i] = maxint;
    }
```

```
//根据图的十字链表中 tlink 指针构造的邻接表进行拓扑排序,并计算各事件的
//最早开始时间
Ve[1] = 0;
top = 0;
for(i = 1;i <= pG -> vexnum;i++)  //查邻接表中入度为零的顶点,并建立链栈
if (pG -> Vertex[i].Head == 0)
{
    pG -> Vertex[i].Head = top;
    top = i;
}
m = 0;  //设 m 为计数器,计算输出的顶点个数
while (top != 0)
{
    j = top;
    top = pG -> Vertex[top].Head;  //退栈
    m++;   //输出顶点并计数
    q = pG -> Vertex [j].tlink;  //q 是指针,指示以 j 为尾的弧
    while (q != NULL)
    {
        k = q -> Head;   //顶点 k 为 j 的直接后继
        pG -> Vertex [k].Head = pG -> Vertex [k].Head - 1;//入度减 1
        if((Ve[j] + q -> dut) > Ve[k])
            Ve[k] = Ve[j] + q -> dut;
        if (pG -> Vertex[k].Head == 0)
        {
            pG -> Vertex [k].Head = top;
            top = k;  //入度为零的顶点进栈
        }
        q = q -> tlink;
    }
}
if (m < pG -> vexnum)
{
    printf("the network have cycle"); //输出顶点数不足,说明网中有环
    return;
}
//根据图的十字链表中 hlink 指针构造的逆邻接表进行拟拓扑排序,并计算各事
//件的最晚开始时间
Vl[pG -> vexnum] = Ve[pG -> vexnum];
top = 0;
for(i = 1;i <= pG -> vexnum;i++)  //查逆邻接表中入度为零的顶点,并建立链栈
if (pG -> Vertex[i].tail == 0)
{
    pG -> Vertex[i].tail = top;
```

```
            top = i;
    }
    m = 0;    //设 m 为计数器，计算输出的顶点个数
    while (top != 0)
    {
        j = top;
        top = pG->Vertex[top].tail;    //退栈
        m++;    //输出顶点并计数
        q = pG->Vertex[j].hlink;    //q 是指针，指示以 j 为头的弧
        while (q != NULL)
        {
            k = q->tail;    //顶点 k 为 j 的直接后继
            pG->Vertex[k].tail = pG->Vertex[k].tail - 1;//入度减 1
            if((Vl[j] - q->dut) < Vl[k])
                Vl[k] = Vl[j] - q->dut;
            if (pG->Vertex[k].tail == 0)
            {
                pG->Vertex[k].tail = top;
                top = k;    //入度为零的顶点进栈
            }
            q = q->hlink;
        }
    }
    if (m < pG->vexnum)
    {
        printf("the network have cycle");    //输出顶点数不足,说明网中有环
        return;
    }
    //计算每个活动的最早开始时间和最晚开始时间,并输出其中的关键活动
    printf("各活动的情况(＊表示关键活动)：\n");
    for(i = 1; i <= pG->vexnum; i++)
    {
        q = pG->Vertex[i].tlink;
        while(q != NULL)
        {
            j = q->Head;
            e = Ve[i];
            l = Vl[j] - q->dut;
            tag = (e == l)?'＊':'';
            printf("v%d, v%d,活动的持续时间%f,最早开始时间%f,最晚开始时间%f,是否关
            键活动%c\n", i, j, q->dut, e, l, tag);
            q = q->tlink;
        }
    }
}
```

以图 7.31 所示的网和它的十字链表为例,按照上述算法计算出的各事件和活动的最早及最晚开始时间如表 7.4 所示。

表 7.4 图 7.31 所示的网中顶点的发生时间和活动的开始时间

顶点	Ve	Vl	活动	e	l	$l-e$
V_1	0	0	a_1	0	1	1
V_2	3	4	a_2	0	0	0
V_3	2	2	a_3	3	5	2
V_4	6	6	a_4	3	4	1
V_5	5	7	a_5	2	2	0
V_6	8	8	a_6	2	5	3
			a_7	6	6	0
			a_8	5	7	2

可见 a_2、a_5、a_7 为关键活动,组成了一条从源点到汇点的关键路径,如图 7.34 所示。

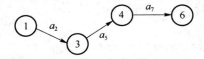

图 7.34 图 7.28 的一条关键路径

对于图 7.35 所示的网,按上述算法求得的关键活动为 a_1,a_4,a_7,a_8,a_{10},a_{11}。它们构成两条关键路径:$<V_1,V_2,V_5,V_7,V_9>$ 和 $<V_1,V_2,V_5,V_8,V_9>$,如图 7.36 所示。

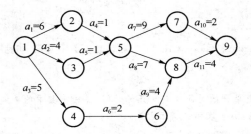

图 7.35 一个假想过程的 AOE 网

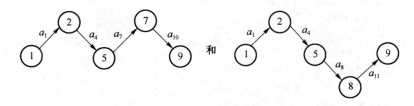

图 7.36 图 7.35 网的两条关键路径

实践已经证明:用 AOE 网来估算某些工程完成的时间是很有用的,实际上求关键路径的方法本身最初就是与维修和建造工程一起发展的。由于网中各项活动是互相牵涉的,因此影响关键活动的因素亦是多方面的,任何一项活动持续时间的改变都会影响关键路径的改变。因此要注意以下两个方面。

(1) 关键活动速度的提高是有限度的,只有在不改变网的关键路径的情况下,提高关键活动的速度才有效。如图 7.35 所示的网,若 a_5 的持续时间改为 3,会发现关键活动数量增加,关键路径就会增加到 3 条。若其他活动不变,把 a_4 的时间改成 5,则 (V_1,V_3,V_4,V_6) 不再是关键路径,由此可见关键活动速度的提高是有限度的。

(2)若网中有多条关键路径,那么必须提高在所有关键路径上的那个关键活动的速度才行。例如图 7.35 所示的网,只有提高 a_1 或 a_4 后,才能导致整个工程缩短工期。

算法的复杂性分析:由于此算法是在拓扑排序算法的基础上加入了求关键活动的新语句,而求关键活动所需时间是 $O(e)$,并没有改变整个计算的执行时间,因此这个算法的执行时间与拓扑排序的执行时间相同,其时间复杂度仍为 $O(n+e)$。

习 题 7

一、简答题

1. 已知无向图 G 的邻接矩阵如下,按要求完成下列各题:

$$\begin{bmatrix} \infty & 4 & 9 & 7 & 5 \\ 4 & \infty & 1 & \infty & 1 \\ 9 & 1 & \infty & 5 & 2 \\ 7 & \infty & 5 & \infty & 6 \\ 5 & 1 & 2 & 6 & \infty \end{bmatrix}$$

(1)给出无向图 G 中各顶点的度数;

(2)给出无向图 G 的邻接表。

2. 证明当深度优先搜索算法应用于一个连通图时,遍历过程中所经历的边形成一棵树。

3. 对如图 7.37 所示的有向网,用迪杰斯特拉算法求顶点 1 到其他顶点的最短路径。

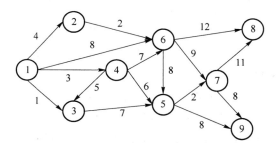

图 7.37　简答题 3 图

4. 无向带权图如图 7.38 所示,分别用 Prim 和 Kruskal 算法求解其最小生成树。

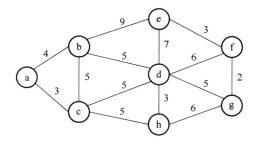

图 7.38　简答题 4 图

5. 对图 7.39 所示的 AOV 网,试给出它的带入度值的邻接表,从该邻接表中得到的拓扑序列是什么?

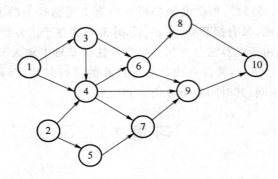

图 7.39 简答题 5 图

6. 对图 7.40 所示的 AOE 网,计算各活动弧的最早开始时间 $e(i)$ 和最晚开始时间 $l(i)$、各事件的最早开始时间 $Ve(i)$ 和最晚开始时间 $Vl(i)$,列出各条关键路径,并回答:工程完成的最短时间是多少? 哪些活动是关键活动? 是否有某些活动提高速度后能导致整个工程缩短工期?

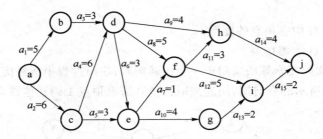

图 7.40 简答题 6 图

二、算法设计与分析题

1. 编写一个将无向图的邻接矩阵转化为邻接表的算法。

2. 假设图采用邻接矩阵来存储,写一个算法判断顶点 V_i 到 V_j 之间是否可达。

3. 设计一个算法输出图 G 中从顶点 V_i 到顶点 V_j 的所有简单路径。

4. 假设图采用邻接表进行存储,编写一个算法输出图中包含顶点 V_i 的所有简单回路。

第8章 查找表

查找表（search table）是一种以集合为逻辑结构、以查找为核心运算、同时包括其他运算的数据结构。本章首先介绍查找表的基本概念、静态查找表与动态查找表的分类及定义，然后分别讨论静态查找表、树表、散列表等几种常见的查找表的实现方法。

8.1 查找表的基本概念

查找表是由同一类型的数据元素构成的集合。集合作为一种逻辑结构与前面讲过的线性结构、树形结构和图状结构均不同。其根本的区别是：在集合这种逻辑结构中，任何结点之间都不存在逻辑关系，也即"集合"中的数据元素之间存在着完全松散的关系，因此查找表是一种非常灵活的数据结构。

在实际应用中，查找是一种常用运算，其功能是从大量的数据元素中找出某个特定的数据元素。通常是根据某给定值 k 到集合中查找一个数据元素 x，使得 x 的某个数据项的值等于 k。这就是说，通常要用某个数据项的值来"标识"数据元素，即规定"查找目标"。这种用来标识数据元素的数据项称为关键字，简称键。该数据项的值称为键值，有时也将键值简称为键。

查找运算的功能可确切地表述如下：根据给定的某个值 k，在查找表中寻找一个其键值等于 k 的数据元素，若找到一个这样的数据元素，则称查找成功，此时的运算结果为该数据元素在查找表中的位置；否则，称查找不成功，此时的运算结果为一个特殊标志。

作为一种数据结构，查找表的逻辑结构是集合，它的基本运算包括查找、读表元、插入和删除等。一个查找表是否包括插入和删除运算将造成该查找表在适用范围和实现方法等方面的重大差别，因此需要分别加以讨论。

静态查找表是包括下列三种基本运算（但不包括插入和删除运算）的数据结构：

① 建表 create(st)，其作用是生成一个由用户给定的若干数据元素组成的静态查找表 st。

② 查找 search(st, k)，若 st 中存在关键字值等于 k 的数据元素，运算结果为该数据元素在 st 中的位置；否则，运算结果为特殊标志。

③ 读表元 get(st, pos)，其运算结果是 st 中 pos 位置上的数据元素。

动态查找表除包括上述查找和读表元以外，还包括下述三种基本运算：

① 插入 insert(st, k)，若 st 中不存在关键字值等于 k 的数据元素，则将一个关键字值等于 k 的新数据元素插入到 st 中。

② 删除 delete(st, k)，当 st 中存在关键字值等于 k 的数据元素时，将其删除。

③ 初始化 initiate(st)，其作用是设置一个空的动态查找表 st。

由于查找表中的数据元素之间仅存在着"同属一个集合"的松散关系，给查找带来不便。为此，需在数据元素之间人为地加上一些关系，以便按某种规则进行查找。下面分别就静态、动态查找表的实现所涉及的问题进行讨论。

8.2　静态查找表的实现

8.2.1　顺序查找

静态查找表最简单的实现方法是以顺序表作为存储结构，然后在这个存储结构上实现静态查找表的基本运算（在此只考虑查找的实现）。

顺序查找

顺序表的类型定义如下：

```
#define maxsize 静态查找表的最大表长
typedef struct
{
    keytype key;                //关键字
    …                          //其他域
} rec;
typedef rec sqtable[maxsize + 1];
int n; //查找表中数据元素的个数
```

顺序查找（sequential search）是最基本又是最简单的查找方法，其基本思想是：假定这个表有 n 个记录，首先将要查找的那个关键字赋值给实际上并不存在的第 $n+1$ 个记录（第 1 至第 n 个记录存放数据）的关键字域，然后从头开始一个个的向下找，用 i 来计数，查到就送出来看 n 是第几个。若 $i \leqslant n$，则说明找到了，查找成功；若 $i=n+1$，则说明查找失败。上述查找思想可用程序语言描述如下：

```
void seqsrch(sqtable r, keytype k, int n)
//在长度为 n 的表 r 中查找关键字为 k 的元素，r[n+1]为表尾的扩充；i指示查找结果
{
    r[n + 1].key = k;              //给监督哨赋值
    i = 1;
    while (r[i].key != k)
        i++;
    if (i <= n)
        printf("succ, i= %d", i);  //查找成功，i指示待查元素在表中的位置
    else
        printf("unsucc");          //i=n+1 时表明查找不成功
}
```

这个算法在查找前，先对 $r[n+1]$ 的关键字赋值为 k，目的在于避免查找过程中每一步都要检测整个表是否查找完毕。在此，$r[n+1]$ 起到了监督哨的作用。这是一个程序设计技巧上的改进。然而，实践证明，这个改进能使顺序查找在 $n \geqslant 1\,000$ 时进行查找所需的平均时间几乎减少一半。那么此算法还能改进吗？软件工作者应不断地向自己提出这样的问题。实际情况是算法 seqsrch 还能进一步改进。我们把循环中的判断(r.[i].key!=k)进行分解，即把对 r[i].key!=k 的判断分成两个，即 while(r[i].key != k) ｛ if (r[i+1].key != k) i=i+2; else i++; ｝。这一"分解"绝不意味着总的测试次数增加了一倍，因为 i 的增量由 1 变成 2。事实上总的比较次数比上述算法减少了 10％，使 i++ 的操作减少了将近一半。改进后的算法

如下：

```
void quseqsrch(sqtable r, keytype k, int n)
{
    i = 1;   r[n + 1].key = k;        //给监督哨赋值
    while (r[i].key != k)
    {
        if (r[i + 1].key != k)
            i = i + 2;
        else
            i ++ ;
    }
    if(i <= n)
        printf("succ,i = % d",i);   //查找成功,i指示待查元素在表中的位置
    else
        printf("unsucc");           //i = n + 1 时表明查找不成功
}
```

实际上该算法中 i＋＋最多只执行 1 次。这些改进说明了提高一个算法的效率有着很大的空间,而且实际上现有的许多程序(或算法)确实都可以进行这样的改进。

算法的性能分析:衡量一个算法好坏的量度有三个,即时间复杂度、空间复杂度和算法的其他性能。对于查找运算而言,我们更关心的是它的时间复杂度。而且,由于我们讨论的算法中大多数是以和"关键字的比较"为核心,故引入平均查找长度作为衡量查找算法好坏的依据更为方便。

顺序查找失败

平均查找长度:为确定某元素在表中的位置所进行的比较次数的期望值。

对于长度为 n 的表,查找成功时的平均查找长度为:

$$\mathrm{ASL} = \sum_{i=1}^{n} P_i C_i$$

其中,P_i 为查找表中第 i 个元素的概率;C_i 为查到表中第 i 个元素时已经进行的和关键字比较的次数。

显然,C_i 随不同的查找过程而不同。在顺序查找时,C_i 取决于所查元素在表中的位置。如查找元素 $r[1]$(即第一个元素)时,仅需比较一次;而查找元素 $r[n]$ 时,则需比较 n 次。一般情况下,C_i 等于 i。设每个元素的查找概率相等,即 $P_i = 1/n$,则在这种等概率的情况下顺序查找的平均查找长度为:

$$
\begin{aligned}
\mathrm{ASL} &= \sum_{i=1}^{n} P_i C_i = P_i \sum_{i=1}^{n} C_i \\
&= \frac{1}{n} \sum_{i=1}^{n} C_i = \frac{1}{n} \sum_{i=1}^{n} i = \frac{1}{n} \times \frac{n(n+1)}{2} \\
&= \frac{(n+1)}{2}
\end{aligned}
$$

容易看出,顺序查找法查找不成功时和关键字比较的次数为 $n+1$。

顺序查找法和我们后面将要讨论到的其他查找法相比,其缺点是平均查找长度较大,特别是当 n 很大时,查找效率较低。然而,它也有很多优点:算法简单且适用面广,它对表的结构无

任何要求,无论元素是否按关键字有序均可应用,而且上述所有讨论对线性链表也同样适用。

8.2.2　折半查找

折半查找

此方法是在有序表中查找某一元素的一个较有名气的方法。所谓有序表是以关键字的大小顺序排列的,它满足 $r[i]$.key$\leqslant$(或$\geqslant$)$r[i+1]$.key,其中 $i=1,2,\cdots,n-1$。

折半查找(binary searching)的基本思想:设三个指针 low、high 和 mid 分别指示待查有序表的表头、表尾和表的中间元素。在开始查找时,三个指针的初值为:low$=1$,high$=n$(设表长为 n),mid$=\lfloor$(low$+$high)/2$\rfloor$。折半查找是从表的中间元素开始,用待查元素的关键字 k 和 $r[$mid$]$.key 比较,此时有三种情况(假设查找表是按关键字非递减有序的):

(1) 若 $r[$mid$]$.key$=k$,则查找成功;

(2) 若 $r[$mid$]$.key$>k$,k 必在标号较低的那一半表中,则令 mid$-1\rightarrow$high;

(3) 若 $r[$mid$]$.key$<k$,k 必在标号较高的那一半表中,则令 mid$+1\rightarrow$low。

再取中间项进行比较,直到查找成功或 low$>$high(查找失败)为止。

例如,设有序表中包含的关键字序列为 05,13,19,21,37,56,64,75,80,88,92,采用上述方法查找关键字 21 和 85 的过程分别如下。

1. 查找关键字 $k=21$ 的过程

(1) 令
$$\begin{cases} \text{low}=1 \\ \text{high}=11 \\ \text{mid}=\lfloor(1+11)/2\rfloor=6 \end{cases}$$

则

05	13	19	21	37	56	64	75	80	88	92
↑					↑					↑
low					mid					high

因为 $r[$mid$]$.key$>k$,所以向左找,即 high$=$mid$-1=5$。

(2) 令
$$\begin{cases} \text{low}=1 \\ \text{high}=5 \\ \text{mid}=\lfloor(1+5)/2\rfloor=3 \end{cases}$$

则

05	13	19	21	37	56	64	75	80	88	92
↑		↑		↑						
low		mid		high						

因为 $19<21$ 所以向右边找,则 low$=$mid$+1=3+1=4$。

(3) 令
$$\begin{cases} \text{low}=4 \\ \text{high}=5 \\ \text{mid}=\lfloor(4+5)/2\rfloor=4 \end{cases}$$

则

| 05 | 13 | 19 | 21 | 37 | 56 | 64 | 75 | 80 | 88 | 92 |

```
                        ↑    ↑
                       mid  high
                        ↑
                       low
```

此时 $r[\text{mid}].\text{key}=k$,查找成功,所查元素在表中的序号等于 mid 的值。

2. 查找关键字 $k=85$ 的过程

(1) 令 $\begin{cases} \text{low}=1 \\ \text{high}=11 \\ \text{mid}=\lfloor(1+11)/2\rfloor=6 \end{cases}$

则

| 05 | 13 | 19 | 21 | 37 | 56 | 64 | 75 | 80 | 88 | 92 |

```
  ↑                        ↑                        ↑
 low                      mid                      high
```

因为 $r[\text{mid}].\text{key}<k$,所以向右找,则 $\text{low}=\text{mid}+1=7$。

(2) 令 $\begin{cases} \text{low}=7 \\ \text{high}=11 \\ \text{mid}=\lfloor(7+11)/2\rfloor=9 \end{cases}$

则

| 05 | 13 | 19 | 21 | 37 | 56 | 64 | 75 | 80 | 88 | 92 |

```
                                   ↑         ↑         ↑
                                  low       mid       high
```

因为 $r[\text{mid}].\text{key}<k$,所以向右找,则 $\text{low}=\text{mid}+1=9+1=10$。

(3) 令 $\begin{cases} \text{low}=10 \\ \text{high}=11 \\ \text{mid}=\lfloor(10+11)/2\rfloor=10 \end{cases}$

则

| 05 | 13 | 19 | 21 | 37 | 56 | 64 | 75 | 80 | 88 | 92 |

```
                                                  ↑         ↑
                                                 mid       high
                                                  ↑
                                                 low
```

因为 $r[\text{mid}].\text{key}>k$,所以向左找,即 $\text{high}=\text{mid}-1=10-1=9$。

(4) 令 $\begin{cases} \text{low}=10 \\ \text{high}=9 \end{cases}$

此时 $\text{low}>\text{high}$,说明表中没有关键字等于 k 的元素,查找不成功。

从上述例子可见,折半查找是以区间的中间元素的关键字和给定值比较,若相等,则查找

折半查找失败

成功;若不等,则缩小范围,直到区间大小小于零时表明查找不成功为止。

折半查找算法的类 C 语言描述如下:

```
void Binsrch(sqtable r, keytype k, int n)
//在长度为 n 的有序表 r 中查找关键字为 k 的元素,查到后输出
{
    low = 1;   high = n;                   //置初值
    while(low <= high)
    {
        mid = (low + high) / 2;
        if(k == r[mid].key)
        {
            printf("succ i = % d\n", mid) ;
            break;
        }
        else if (k > r[mid].key)
            low = mid + 1;                  //向右找
        else
            high = mid - 1;                 //向左找
    }
    if (low > high)                        // low > high,查找不成功
        printf("no succ\n");
}
```

算法的性能分析:以上述 11 个元素的表为例,从查找过程可知,找到第 6 个元素仅需比较 1 次;找到第 3 个和第 9 个元素需比较 2 次;找到第 1、4、7 和 10 个元素需比较 3 次;找到第 2、5、8 和 11 个元素需比较 4 次。这个查找过程可用图 8.1 所示的二叉树来描述。树中每个结点表示表中的一个数据元素,结点中的值为该元素在表中的位置,通常称这个描述折半查找过程的二叉树为判定树。

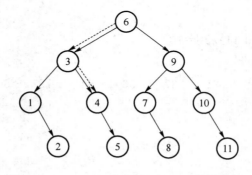

图 8.1 描述折半查找过程的判定树及查找 21 的过程

由上述判定树可知,采用折半查找找到表中任一元素的过程就是走了一条从根结点到与该元素相应的结点的路径,为了找到该元素所进行的比较次数为该结点在判定树上的层数。因此,折半查找法在查找成功时进行的比较次数最多不超过判定树的深度,而具有 n 个结点的判定树的深度为 $\lfloor \log_2 n + 1 \rfloor$ 或 $\lceil \log_2 (n+1) \rceil$。

如图 8.2 所示,在图 8.1 所示的判定树中所有结点的空指针上加上一个指向一个方形结点的指针,我们称这些方形结点为判定树的外部结点(称那些圆形结点为内部结点),那么折半查找时查找不成功的过程就是走了一条从根结点到外部结点的路径,和关键字进行比较的次数等于该路径上内部结点的个数(因为到外部结点处已经 low>high,因此不与外部结点比较了)。例如查找 85 的过程即为走了一条从根结点到结点 9-10 的路径,但与关键字的比较次数为 3 次。因此,折半查找在查找不成功时进行的和关键字比较的次数最多也不超过 $\lceil \log_2(n+1) \rceil$。

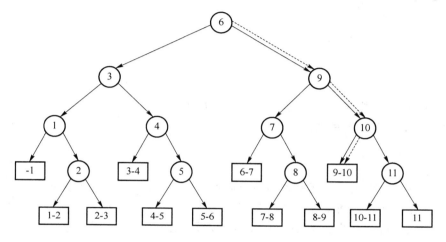

图 8.2　加上外部结点的判定树和查找 85 的过程

那么,折半查找的平均查找长度是多少呢?

为讨论方便起见,假设表的长度 $n=2^h-1$(或 $h=\log_2(n+1)$),则描述折半查找的判定树是深度为 h 的满二叉树,其特点是:

层次为 1 的结点有 1 个;

层次为 2 的结点有 2 个;

层次为 3 的结点有 4 个;

……

层次为 h 的结点有 2^{h-1} 个。

又假设表中每个元素的查找概率相等($P_i=1/n$),则折半查找的平均查找长度

$$
\begin{aligned}
\mathrm{ASL_{bs}} &= \sum_{i=1}^{n} P_i C_i = \frac{1}{n} \sum_{i=1}^{n} C_i \\
&= \frac{1}{n}(1 \times 2^0 + 2 \times 2^1 + 3 \times 2^2 + \cdots + h \times 2^{h-1}) \\
&= \frac{1}{n} \sum_{j=1}^{h} j \times 2^{j-1} \\
&= \frac{1}{n}[(2^h-1) + (2^h-2) + (2^h-4) + \cdots + (2^h-2^{h-2}) + (2^h-2^{h-1})] \\
&= \frac{1}{n}[h \times 2^h - (1+2+4+\cdots+2^{h-1})] \\
&= \frac{1}{n}[h \times 2^h - (2^h-1)] \\
&= \frac{1}{n}[2^h(h-1)+1] \quad (代入 \ h=\log_2(n+1) \ 和 \ n=2^h-1)
\end{aligned}
$$

$$= \frac{1}{n}\left[((2^h-1)+1)(h-1)+1\right]$$

$$= \frac{1}{n}\left[(n+1)(h-1)+1\right]$$

$$= \frac{1}{n}\left[(n+1)(\log_2(n+1)-1)+1\right]$$

$$= \frac{n+1}{n}\log_2(n+1)-\frac{n+1}{n}+\frac{1}{n}$$

$$= \frac{n+1}{n}\log_2(n+1)-1$$

当 $n>50$ 时，

$$\mathrm{ASL_{bs}}\approx\log_2(n+1)-1\approx\log_2(n+1)$$

由此可见，折半查找的效率比顺序查找高，但折半查找只能适用于有序表，且存储结构限于顺序存储(对链式存储无法进行折半查找)。

8.2.3 分块查找

分块查找

这种查找方法是将表里的元素均匀地分成若干块，块与块之间是有序的，而块内的元素是无序的。通常把分块查找又称为索引顺序查找，这是顺序查找的另一种改进方法。在此查找法中，除表本身以外，还需建立一个"索引表"。例如，假设表中元素的关键字分别为：22，12，13，9，8，33，42，44，38，24，48，60，58，74，47，则可将其按图 8.3 所示分成三块，每块 5 个关键字。

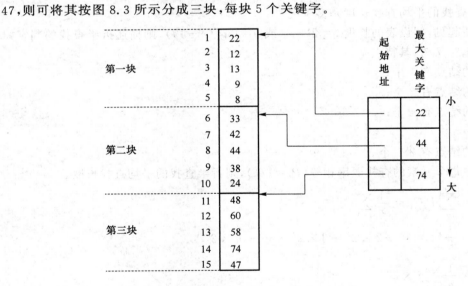

图 8.3　表及其索引表

对每一块建立一个索引项，其中包括两项内容：关键字项(其值为该块内的最大关键字或最小关键字)和指针项(指示该块的第一个记录在表中的位置)，索引表按关键字有序，则表有序或者分块有序。所谓"分块有序"指的是第二块中所有记录的关键字均大于(或小于)第一块中的最大(或最小)关键字；第三块中所有记录的关键字均大于(或小于)第二块中的最大(或最小)关键字，依此类推。

分块查找的基本思想：建立一个索引表(存放块中的最大关键字(或最小)和指示该块在表

中位置的指针)。查找关键字为 k 的元素时,将已知关键字 k 和索引表中的各关键字进行比较,以确定待查元素所在的块,然后再在这个块中进行顺序查找。

分块查找的查找方法如下:

(1) 由于索引表按关键字有序,因此,确定 k 在哪一块的查找可以用顺序查找,也可用折半查找;

(2) 由于块中记录是任意排列的,在块中只能用顺序查找。

采用折半查找索引表的分块查找算法如下:

```
#define Bnum    查找表中分块的最大值
struct IndexItem
{
    keytype key;
    int pos;    //最大关键字值等于 key 的记录所在的块在查找表中的起始序号
}
typedef struct IndexItem IndexList[Bnum];
int IdxSearch(sqtable r, IndexList idx, int n, int m, keytype k)
//m 和 n 分别为索引表和查找表的长度
{
    low = 1;  high = m;        //置初值
    while(low <= high)
    {
        mid = (low + high) / 2;
        if (k < idx[mid].key)
            high = mid - 1;
        else
            low = m id + 1;
    }
    if(low > m)                    //查找失败
        return -1;
    //在第 low 个块中查找
    start = idx[low].pos;
    if( low == m)
        end = n;
    else
        end = idx[low + 1].pos - 1;
    for(k = start; k <= end; k++)
    {
        if(r[k].key == k)
            break;
    }
    if(k <= end)
        return k;
    else
        return -1;
}
```

例如,对图 8.3 所示的查找表,假定给定值 $k=42$,则先将 k 依次和索引表中各关键字进行比较,因为 $22<42<44$,因此,若关键字 42 存在,则必定在第二块中。由于索引项中的指针指示的第二块中的第一个记录是表中的第六个记录,因此,自第六个记录起进行顺序查找,直到 $r[7].\text{key}=k$ 为止。若比较至该块的末尾,仍没有找到,则查找失败。

因此分块查找分两步:①确定待查元素所在的块;②在块内进行顺序查找。

很显然分块查找的平均查找长度应该是两者之和,即

$$\text{ASL}_{\text{bs}}=L_{\text{b}}+L_{\text{w}}$$

其中,L_{b} 为查找索引表确定所在块的平均查找长度;L_{w} 为在块中查找元素的平均查找长度。

一般情况下,为进行分块查找,可以将长度为 n 的表均匀地分成 b 块,每块含有 s 个记录,即 $b=n/s$;又假定表中每个记录的查找概率相等,则每块查找的概率为 $1/b$,块中每个记录的查找概率为 $1/s$。

用顺序查找方法确定所在的块,查找成功时的平均查找长度为:

$$L_{\text{b}}=\frac{1}{b}\sum_{j=1}^{b}j$$

用顺序查找方法确定元素在块中的位置,查找成功时的平均查找长度为:

$$L_{\text{w}}=\frac{1}{s}\sum_{i=1}^{s}i$$

所以,
$$\begin{aligned}\text{ASL}_{\text{bs}}&=\frac{1}{b}\sum_{j=1}^{b}j+\frac{1}{s}\sum_{i=1}^{s}i\\&=\frac{b+1}{2}+\frac{s+1}{2}\text{(代入 }b=\frac{n}{s}\text{)}\\&=\frac{1}{2}\left(\frac{n}{s}+s+2\right)=\frac{1}{2}\left(\frac{n}{s}+s\right)+1\end{aligned}$$

由上述公式可知,分块查找的平均查找长度不仅和表长 n 有关,而且还和每一块中的记录个数 s 有关。在给定 n 的前提下,s 是可以选择的。为了计算出 s 的最佳值,我们对式 $\frac{1}{2}\left(\frac{n}{s}+s\right)+1$ 中的 s 求导,并令其导数等于零,则有

$$\left(\frac{1}{2}\left(\frac{n}{s}+s\right)+1\right)'=-\frac{n}{s^{2}}+1=0$$

得

$$s=\sqrt{n}$$

因此,当 $s=\sqrt{n}$ 时,用顺序查找确定块的分块查找的平均查找长度最小,其值为:

$$\text{ASL}_{\text{bs}}=\sqrt{n}+1$$

若用折半查找确定所在的块,则分块查找的平均查找长度为:

$$\text{ASL}'_{\text{bs}}=\log_{2}(b+1)-1+\frac{s+1}{2}$$

将 $b=\frac{n}{s}$ 代入,

$$\begin{aligned}\text{ASL}'_{\text{bs}}&=\log_{2}\left(\frac{n}{s}+1\right)-\frac{2}{2}+\frac{s+1}{2}\\&=\log_{2}\left(\frac{n}{s}+1\right)+\frac{s-1}{2}\end{aligned}$$

以上介绍了三种最常用的查找方法,这三种方法的比较如下。

(1) 就平均查找长度而言,折半查找最小,分块查找次之,顺序查找最大。

(2) 就表是否有序而言,顺序查找对有序表、无序表均可应用,折半查找仅适用于有序表,而分块查找要求表中的元素是分段有序的,即需将表分成若干块,块与块之间的记录按关键字有序。

(3) 就表的存储结构而言,顺序查找和分块查找对两种存储结构(顺序存储和链式存储)均适用;而折半查找只适用于以顺序存储作存储结构的表。这就要求表中的元素基本不变,否则,当进行插入或删除运算时,为保持表的有序性,便要移动元素,这在一定程度上降低了折半查找的效率。

因此,对于不同的结构应采用不同的查找方法,特别是顺序查找法,由于它非常简单,在 n 较小时还是很适用的。

8.3 动态查找表的实现

前面讨论的查找方法主要适用于具有固定大小的表,所以称为静态查找算法。如果表的大小可以变化,能在其上方便地进行插入或删除记录的操作,则应寻求相应的动态查找算法。动态查找算法又常称为符号表算法,这是因为在编译程序、汇编程序和其他系统子程序中都广泛使用这种算法去监视和记录用户所定义的符号。

为了满足表的大小可变以及插入和删除操作的要求,自然应当采用链式存储结构。在本节中,将要介绍几种特殊的树和二叉树,它们通常作为表的一种组织手段。因此,这里统称它们为树表。下面将分别讨论在这类树表上进行查找的方法。

8.3.1 二叉排序树

1. 二叉排序树及其构造

二叉排序树(binary sort tree)或者是一棵空树,或者是具有下列性质的二叉树:

(1) 若它的左子树不空,则左子树上所有结点的关键字值均小于它的根结点的关键字值;

(2) 若它的右子树不空,则右子树上所有结点的关键字值均大于或等于根结点的关键字值;

(3) 它的左、右子树分别为二叉排序树。

如何构造一棵二叉排序树呢?通常,二叉排序树是由依次输入的数据元素序列(只要序列中的元素相互之间是可以进行比较的)构造而成的。构造的方法如下。

设 $R=\{R_1,R_2,\cdots,R_n\}$ 为一组记录,可以按下列的方法来建立二叉排序树:

(1) 令 R_1 为二叉树的根;

(2) 若 $R_2.key<R_1.key$,则令 R_2 为 R_1 的左子树的根结点;否则令 R_2 为 R_1 的右子树的根结点;

(3) 对 $R_2,R_3,\cdots,R_n$ 递归重复步骤(2)。

例如,给定关键字序列 10,18,3,8,12,2,7,3,按上面的方法构造出的二叉排序树如图 8.4 所示。

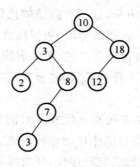

图 8.4　二叉排序树

上述构造二叉排序树的方法的类 C 语言描述如下：

```
struct treenode
{
    keytypekey;
    struct treenode * Lchild;
    struct treenode * Rchild;
};
typedef treenode * btree;
void BstInsert(btree& s, btree& t)
//将指针 s 所指结点插入到根指针为 t 的二叉排序树中去
{
    if(t == NULL)
        t = s;
    else if (s->key < t->key)
            BstInsert (s, t->Lchild);
    else
            BstInsert (s, t->Rchild);
}
voidBstCreate(btree &t, int m, int r[])
//建立一个有 m 个结点 r[i](0<= i<= m-1)的二叉排序树,t 为指向二叉树根结点的指针
{
    q = new treenode;
    q->key = r[0];
    q->Lchild = NULL;
    q->Rchild = NULL;
    t = q;
    for(i=1; i<m; i++)
    {
        q = new treenode;
        q->key = r[i];
        q->Lchild = NULL;
        q->Rchild = NULL;
```

```
        BstInsert (q, t);
    }
}
```

二叉排序树的特点是用非线性结构来表示一个线性有序表。只要对二叉排序树进行中序遍历打印,就可以看出其关键字值是非递减有序的。由此可以得出结论:一个无序序列可以通过构造一棵二叉排序树而变成一个有序序列,构造树的过程即为排序的过程。不仅如此,从上面插入的过程还可以看到,每次插入的新结点都是二叉排序树的叶子结点,在进行插入操作时,不必移动其他结点,仅需改动某个结点的指针由空变为非空即可,这就相当于在一个有序序列上插入一个元素而没有移动其他元素。这个特性告诉我们,对于需要经常插入和删除记录的有序表采用二叉排序树来表示更为合适。

2. 二叉排序树的查找

二叉排序树查找

前面已经提到,二叉排序树可看成是一个有序表。在二叉排序树中,左子树上所有结点的关键字都小于根结点的关键字;右子树上所有结点的关键字都大于等于根结点的关键字。因此,二叉排序树的查找类似于折半查找。但是,若需要频繁地对有序表进行插入、删除的话,采用折半查找就很不方便,为保持表的有序性,需要经常移动表中的元素。而对二叉排序树进行插入和删除是很方便的,因此采用二叉排序树结构更适当些。

二叉排序树的查找思想是,已知要找的那个记录的关键字为k,从根结点的关键字开始比较,有三种情况:

(1) 若二者相等,则说明查找成功,根结点即为所找记录;

(2) 若k小于根结点的关键字,则继续查找左子树;

(3) 反之则继续查找右子树。

若二叉树为空,则查找失败。

例如,在图8.5中查找关键字等于93的记录(树中结点内的数均为记录的关键字),首先以k(93)和根结点的关键字比较,因$k>45$,故查找右子树,此时右子树非空,且$k>53$,则继续查找结点的右子树,由于k和53的右子树的关键字93相等,则查找成功。

又如在图8.5中查找关键字等于25的记录,和上述过程类似,先用25和45比较,因25<45,故查找左子树。用25和24比较,因25>24,故查找右子树。用25和37比较,因25<37,故查找37的左子树,又因为37的左子树为空,说明该树中没有待查记录,故查找失败。

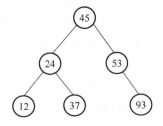

图8.5 由关键字序列构成的二叉排序树

在二叉排序树上查找关键字为k的记录的算法如下:

```
void BstSearch(btree t, keytype k)
//在 t 所指的二叉排序树中,查找关键字为 k 的结点
```

```
{
    if( t == NULL)
        printf("unsucc");              //树已空查找不成功
    else if (k == t->key)
    {
        printf("succ");
        outdata();                     //查找成功并输出信息
    }
    else if (k < t->key)
        BstSearch (t->Lchild, k);
    else
        BstSearch (t->Rchild, k);
}
```

或写成如下的非递归算法：

```
void BstSearch (btree t,  btree &p,  keytype k, int &B)
//在二叉排序树 t 中查找 k,若 k 不在 t 中,则送回 B = 1;否则送回 p,结果 p->key = k
{
    p = t; B = 1;                      //当 B = 0 时,查找成功,否则失败
    while ((p != NULL) && (B == 1))
    {
        if (k < p->key)
            p = p->Lchild;            //查找左子树
        else if (k == p->key)
        {
            B = 0;
            outdata();                //查找成功并输出信息
        }
        else
            p = p->Rchild;            //查找右子树
    }
}
```

从上述算法可以看出,在二叉排序树上查找关键字等于给定值的记录的过程是走了一条从根结点到该记录的路径,并且与关键字比较的次数等于路径长度加 1(或结点所在层数)。以图 8.5 为例,假设 6 个记录的查找概率都相等,均为 1/6,则图 8.5 所示的二叉排序树查找成功时的平均查找长度为：

$$ASL1 = (1+2+2+3+3+3)/6 = 14/6$$

显然,当二叉排序树的形态与折半查找的判定树相同时,其平均查找长度和 $\log_2 n$ 成正比。但是,由于二叉排序树是动态生成的,因此含有 n 个结点的二叉排序树的形态并不唯一。也许会形成一棵如图 8.6 所示的单支树,在该树中查找成功时的平均查找长度为：

$$ASL2 = (1+2+3+4+5+6)/6 = 21/6$$

当树的深度为 n 时,这种退化的二叉排序树查找成功时的平均查找长度为 $(n+1)/2$,和顺序查找相同。可以证明,在随机情况下二叉排序树的平均查找长度为 $1+4\log_2 n$。

二叉排序树的特点是可以方便地进行插入或删除操作。那么怎样进行插入和删除呢？下面讨论此问题。

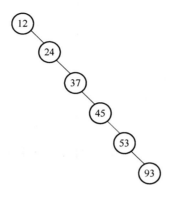

图 8.6 退化的二叉排序树

3. 二叉排序树查找过程中的插入和删除

(1) 二叉排序树的插入

下面给出在二叉排序树中插入某个元素 x 的算法。如果 x 在二叉树中，则返回；否则，将 x 插入到二叉排序树的适当位置。参考代码如下：

```
void BstInsert(btree &t, , keytype x)
//在二叉排序树 t 中查找关键字 x,若 x 不在表中,则将它插入到适当位置
{
    q = t;  B = 1;  p = NULL;
    while((q != NULL)&&(B == 1))
    {
        if (x < q->key)
        {
            p = q;
            q = q->Lchild;
        }
        else if (x == q->key)
        {
            B = 0;
            printf("succ\n");
        }
        else
        {
            p = q;
            q = q->Rchild;
        }
    }
    if (B == 1)
    {
        q = newtreenode;
        q->key = x;
```

```
            q->Lchild = NULL;
            q->Rchild = NULL;
            if (t == NULL)
                t = q;
            else if(x < p->key)
                p->Lchild = q;
            else if(x > p->key)
                p->Rchild = q;
        }
    }
```

显然,此算法的执行时间与二叉排序树的查找算法同阶,最好是 $O(\log_2 n)$,最差是 $O((n+1)/2)$。

（2）二叉排序树的删除

对于一个表,除了要查找其关键字等于给定值的元素或插入一个新元素之外,有时常常希望从对应表的二叉排序树中删除某个结点。删除此结点后,仍保持二叉排序树的性质。那么,应该怎样进行删除操作呢？假设在二叉排序树上被删除的结点为 j;指向被删结点双亲的指针为 p;指向新选择的根结点的指针为 s;指向新选择根结点双亲的指针为 q。下面分四种情况进行讨论。

① 被删结点是叶子,即 $j->Lchild=NULL, j->Rchild=NULL$,则 $s=NULL$。由于删去叶子结点不破坏整棵树的结构,因此只需修改其双亲结点的指针,即若被删结点是 p 的左子树,则 $s→p$ 的左子树;若被删结点是 p 的右子树,则 $s→p$ 的右子树。

② 若被删结点 j 不是叶子,j 无左子树,仅有右子树,则 $s=j->Rchild$,s 做 p 的左（或右）子树,如图 8.7(a)所示。

③ j 不是叶子,j 有左子树,无右子树,则 $s=j->Lchild$,s 做 p 的左（或右）子树,如图 8.7(b)所示。

④ j 既有左子树,又有右子树,则沿 j 的左子树的右子树方向找,一直找到按中序遍历 j 的直接前驱结点,此结点作为新选的根结点 s,然后进行相应的指针修改,如图 8.7(c)所示（沿虚线方向找到新选结点）。

在图 8.7(c)中,

$s->Rchild = NULL; s->Lchild != NULL;$

修改以下 4 个指针:

$s->Rchild = j->Rchild;$
$q->Rchild = s->Lchild;$
$s->Lchild = j->Lchild;$
$p->Lchild = s;$

图 8.7(d)中,$s->Rchild=s->Lchild=NULL$,仍进行如上 4 个操作。
图 8.7(e)中,$s->Rchild=NULL$ 且 $q=j$,修改以下两个指针:

$s->Rchild = j->Rchild;$
$p->Lchild = s;$

下面给出的算法在二叉排序树 t 中查找结点 j,使 $j->key==x$,如果 x 在二叉排序树中,则删除 x 所在结点（即 j 指向的结点）;否则,送出 $B=1$ 说明此树中无被删的结点。

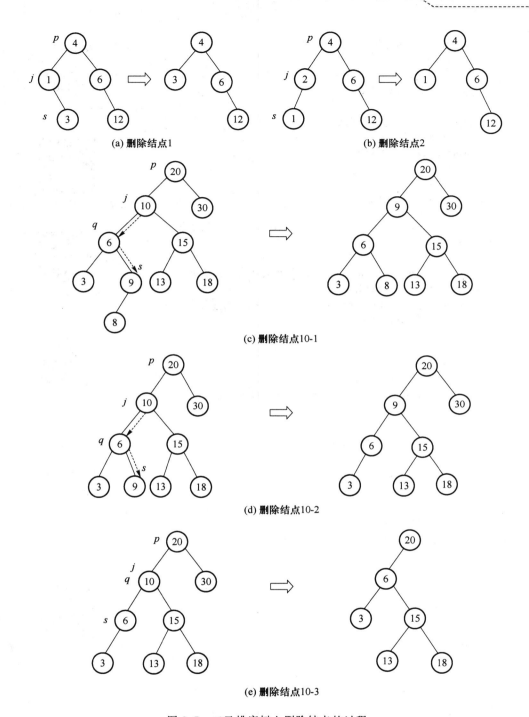

(a) 删除结点1　　　　　　　　　(b) 删除结点2

(c) 删除结点10-1

(d) 删除结点10-2

(e) 删除结点10-3

图 8.7 二叉排序树上删除结点的过程

```
void Bstdelete(btree &t,  keytype x, int &B)
// j指向被删结点，p指向其双亲,假设树不空
{
    j = t;  B = 1; p = NULL;
    while((j != NULL) && (B == 1))
```

```
        {
            if (x < j->key)
            {
                p = j;
                j = j->Lchild;
            }
            else if (x == j->key)
                B = 0;
            else if (x > j->key)
            {
                p = j;
                j = j->Rchild;
            }
        }                           //以上过程是查找过程
    if(B == 0)
    {
        if(j->Lchild == NULL)       //被删结点无左子树
            s = j->Rchild;
        else if (j->Rchild == NULL) //j有左,要判j是否有右
            s = j->Lchild;
        else
        {
            q = j;
            s = q->Lchild;
            while(s->Rchild != NULL)//从左沿右找新结点
            {
                q = s;
                s = s->Rchild;
            }
            s->Rchild = j->Rchild;
            if (q != j)
            {
                q->Rchild = s->Lchild;
                s->Lchild = j->Lchild;
            }
        }
        if(p == NULL)
        {
            t = s;
        }
        else
        {
            if (j == p->Lchild)
                p->Lchild = s;
            else
                p->Rchild = s;
            //若被删的结点是p的左,则让s作为p的左,否则s作为p的右子树
        }
    }
}
```

二叉排序树删除(叶子结点)

二叉排序树删除(非叶子结点1)

二叉排序树删除(非叶子结点2)

二叉排序树删除(非叶子结点3)

二叉排序树删除(非叶子结点4)

二叉排序树删除(非叶子结点5)

由于二叉排序树是动态生成的,如果每次所构造的二叉排序树的深度都保持与折半查找的判定树深度一样,则平均查找长度和最大比较次数都将最小。但是事实上,对二叉排序树进行多次插入和删除后最终形成什么树形很难预测。因此,需要在构造二叉排序树的过程中进行"平衡化"处理,使其成为平衡二叉树。

8.3.2 平衡二叉树

平衡二叉树(balanced binary tree)又称 AVL 树,它或者是一棵空树,或者是具有下列性质的二叉树:它的左子树和右子树都是平衡二叉树,且左子树和右子树的深度之差的绝对值不超过1。二叉树上结点的平衡因子(balanced factor)定义为该结点的左子树的深度减去它的右子树的深度。可见,平衡二叉树上的所有结点的平衡因子只可能是 -1、0 和 1。只要二叉树上有一个结点的平衡因子的绝对值大于1,那么该二叉树就是不平衡的。图 8.8(a)所示为两棵平衡的二叉树,而图 8.8(b)为两棵不平衡的二叉树,结点中的值为该结点的平衡因子。

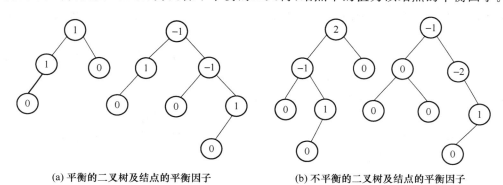

(a) 平衡的二叉树及结点的平衡因子   (b) 不平衡的二叉树及结点的平衡因子

图 8.8　平衡与不平衡的二叉树及结点的平衡因子

我们希望由任何初始序列构成的二叉排序树都是 AVL 树。因为 AVL 树上任何结点的左右子树的深度之差都不超过 1,可以证明它的深度和 $\log_2 n$ 是同数量级的(其中 n 为结点个数)。由此,它的查找长度也和 $\log_2 n$ 同数量级。

如何使构成的二叉排序树成为平衡树呢?先看一个具体例子,如图 8.9 所示。

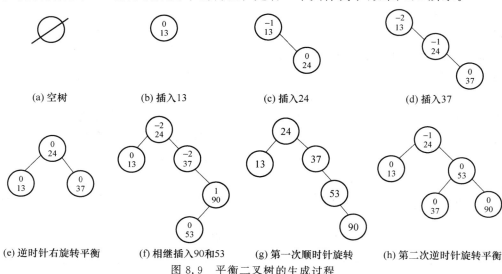

(a) 空树　　　(b) 插入13　　　(c) 插入24　　　(d) 插入37

(e) 逆时针右旋转平衡　(f) 相继插入90和53　(g) 第一次顺时针旋转　(h) 第二次逆时针旋转平衡

图 8.9　平衡二叉树的生成过程

假设表中关键字序列为 13，24，37，90，53，空树和只含 1 个结点 13 的二叉树显然都是平衡的二叉树。在插入 24 之后仍是平衡的，只是根结点的平衡因子 bf 由 0 变为 -1，在继续插入 37 之后，由于结点的 bf 值由 -1 变为 -2，由此出现了不平衡现象。此时就好比扁担出现一头重一头轻的现象，若能将扁担的支撑点由 13 改为 24，则扁担两头就平衡了。由此，可以对树做一个逆时针"旋转"的操作。令 24 为根结点，13 为它的左子树，这样结点 13 和 24 的平衡因子都为 0，而且仍保持二叉排序树的特性。在继续插入 90 和 53 之后，由于结点 37 的 bf 值由 -1 变为 -2，排序树中出现了新的不平衡现象，需进行调整。但此时由于结点 53 插在结点 90 的左子树上，因此不能作如上简单的调整。对于以结点 37 为根的子树来说，既要保持二叉排序树的特性，又要平衡，因此必须以 53 作为根结点，而使 37 成为它左子树的根，90 成为它右子树的根。这好比对树做了两次"旋转"操作（先顺时针，后逆时针）（参见图 8.9(f) ~(h)），使二叉排序树由不平衡转为平衡。

一般情况下，假设由于在二叉排序树上插入结点而失去平衡的最小子树的根结点指针为 a（a 是离插入结点最近且平衡因子绝对值超过 1 的祖先结点），即 a 为插入前其平衡因子为 ±1、离新结点最近的结点，则失去平衡后进行调整的规律可归纳为下列四种情况。

（1）LL 型平衡旋转：新结点在 a 的左子树的左子树上插入，使 a 的平衡因子由 1 增至 2 而失去平衡，需进行一次顺时针旋转操作，如图 8.10(a) 所示。

（2）RR 型平衡旋转：新结点在 a 的右子树的右子树上插入，使 a 的平衡因子由 -1 减至 -2 而失去平衡，需进行一次逆时针旋转操作，如图 8.10(c) 所示。

（3）LR 型平衡旋转：新结点在 a 的左子树的右子树上插入，使 a 的平衡因子由 1 增至 2 而失去平衡，需进行两次旋转操作（先逆时针，后顺时针），如图 8.10(b) 所示。

（4）RL 型平衡旋转：新结点在 a 的右子树的左子树上插入，使 a 的平衡因子由 -1 减至 -2 而失去平衡，需进行两次旋转操作（先顺时针，后逆时针），如图 8.10(d) 所示。

上述四种情况中 LL 和 RR 对称，LR 和 RL 对称。

图 8.10(a) 以 B 为新根把 B 从 A 左下侧右转到 A 的左上侧，原 B 的右子树变为 A 的左子树，B 的右儿子为 A；图 8.10(b) 以 C 为轴心把 B 从 C 的左上侧转到 C 的左下侧（逆时针旋转），记为 (B,C)，从而 A 的左儿子是 C，C 的左儿子是 B，原 C 的左子树变为新 B 的右子树，然后再以 C 为轴心，把 A 从 C 的右上方转到 C 的右下侧（顺时针旋转），记为 (C,A)，使得 C 的右儿子是 A，左儿子是 B，原 C 的右子树变为 A 的左子树；图 8.10(c) 把结点 B 从 A 的右下侧左转到 A 的右上侧（逆时针旋转），原 B 的左变为 A 的右，新 B 的左儿子是 A；图 8.10(d) 先以 C 为轴，把 B 从 C 的右上方转到 C 的右下侧（顺时针旋转），记为 (C,B)，从而 A 的右儿子是 C，C 的右是 B，原 C 的右变为新 B 的左，然后再以 C 为轴心，把 A 从 C 的左上方转到 C 的左下方（逆时针旋转），记为 (A,C)，使得 C 的左是 A，右是 B，原 C 的左变为 A 的右。

从平衡树的定义可知，平衡树上所有结点的平衡因子的绝对值都不超过 1。在插入结点之后失去平衡，则只有在上述四种情况下才进行重新平衡。同时，失去平衡的最小子树的根结点必为离插入结点最近且插入之前的平衡因子的绝对值大于零（在插入结点之后，其平衡因子的绝对值才可能大于 1）的祖先结点。为此，需要做到以下几点：

（1）在查找新结点 y 的插入位置的过程中，记下离 y 结点最近且平衡因子不等于零的结点，令指针 a 指向该结点；

（2）修改自 a 至 y 路径上所有结点的平衡因子值；

（3）判别树是否失去平衡，即在插入结点之后，a 结点的平衡因子的绝对值是否大于 1。

若是,则需判别旋转类型并进行相应处理,否则插入过程结束。

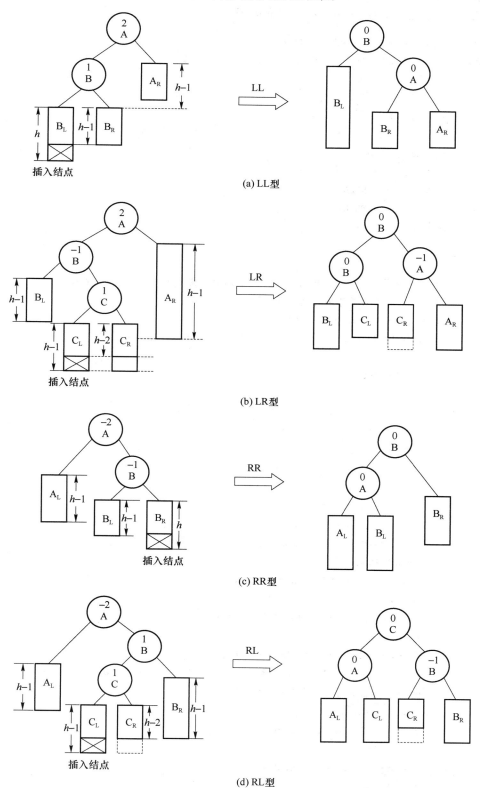

(a) LL型

(b) LR型

(c) RR型

(d) RL型

图8.10 二叉排序树的平衡旋转图例(图中 h 表示子树的高度)

下面的算法描述了在平衡二叉树上插入结点的过程,其中平衡二叉树采用二叉链表来存储,每个结点中增加一个域 bf 用于存储平衡因子。

```
void AVL_insert(AVLbtree &t, ElemType x)
//把元素 x 插入树根为 t 的 AVL 树中,树中每个结点有四个域:data、Lchild、Rchild
//和平衡因子 bf
{
    if (t == NULL)
    {
        y = new AvlNode;
        y->data = x;  t = y;  t->bf = 0;
        t->Lchild = NULL;
        t->Rchild = NULL;
        return;
    }
    else
    {    //第一阶段:找出 x 的插入点。a 始终追踪着平衡因子为 ±1 的最近结点,
        //f 是 a 的双亲指针,q 尾随 p 通过树
        f = NULL; a = t; p = t; q = NULL;
        while(p != NULL)                    //在 t 中查找 x 的插入点
        {
            if (p->bf !=  0)
            {  a = p;  f = q; }
            if (x < p->data)   //沿左分支找
            {  q = p; p = p->Lchild;}
            else if (x > p->data)
            {  q = p; p = p->Rchild;}
            else
            {  y = p; return;}
        }
        //第二阶段:插入和再平衡。x 不在 t 中,可作为 q 的适当子女插入
        y = new AvlNode;
        y->data = x; y->Lchild = NULL; y->Rchild = NULL; y->bf = 0;
        if (x < q->data)
            q->Lchild = y;//作为左子结点插入
        else
            q->Rchild = y; //作为右子结点插入
        //修改 a 至 q 路径上各结点的平衡因子。d = +1 是指 x 是插在 a 的左子树中,
        // d= -1 是指 x 插在 a 的右子树中
        if (x > a->data)
        {  p = a->Rchild; b = p; d = -1;}
            else
        {  p = a->Lchild; b = p; d = +1;}
        while(p != y)
```

```
if (x > p->data)
{   p->bf = -1; p = p->Rchild;} //右子树深度(高度)增1
else
{   p->bf = +1; p = p->Lchild;}//左子树高度加1
//以 a 为根的左子树失去平衡吗?
if (a->bf == 0)
{   a->bf = d; return;}
if(a->bf + d == 0)
{   a->bf = 0; return;}   //树仍平衡,返回
//失去平衡
if (d == +1)//树的左边不平衡
{
    if (b->bf == +1)
    {
        b = a->Lchild; a->Lchild = b->Rchild; b->Rchild = a;
        a->bf = 0; b->bf = 0;
    }//LL 型旋转
    else if (b->bf == -1)
    {
        b = a->Lchild; c = b->Rchild; b->Rchild = c->Lchild;
        a->Lchild = c->Rchild; c->Lchild = b; c->Rchild = a
    }//LR 型旋转,c 为子树新根
    //插入前 c->bf 为零,插入之后有三种情况
    if (c->bf == 1)
    {
        a->bf = -1;  b->bf = 0;
    }  //在 c 的左子树上插入结点
    else if(c->bf == -1)
    {   b->bf = +1; a->bf = 0;}   //在 c 的右子树上插入结点
    else if(c->bf == 0)
    {   b->bf = 0; a->bf = 0;}   //c 本身为插入的新结点
    c->bf = 0; b = c;   //b 为新根结点
}
else
{   //右边不平衡,与左边对称,RR,RL 算法不详写
    //根为 b 的子树已重新平衡,现为 f 的新子树,f 的原先子树之根为 a
    if(b->bf == -1)
        RR_rotation();
    if(b->bf == +1 )
        RL_rotation();
}
//修改 a 的双亲结点 f 的指针
if (f == NULL)   //在 RL 和 LR 型旋转处理结束时令 b=c
    t = b;
```

```
    if(f - > Lchild == a)
        f - > Lchild = b;
    if(f - > Rchild == a)
        f - > Rchild = b;
    }
}
```

在平衡树上进行查找的过程和排序树相同,因此查找过程中和关键字进行比较的次数不超过树的深度。那么,含有 n 个关键字的平衡树的最大深度是多少呢? 为解答这个问题,我们先分析深度为 n 的平衡树所具有的最少结点数。

设以 N_h 表示深度为 h 的平衡树中含有的最少结点数。显然,$N_0=0$,$N_1=1$,$N_2=2$,并且 $N_h=N_{h-1}+N_{h-2}+1$。这个关系和斐波那契序列极为相似($F_n=F_{n-1}+F_{n-2}$,$F_0=1$ 且 $F_1=1$)。利用归纳法,容易证明:当 $h \geqslant 0$ 时,$N_h=F_{h+2}-1$,而 F_n 约等于 $\Phi^n/\sqrt{5}$,其中 $\Phi=(1+\sqrt{5})/2$。因此,$N_h \approx \Phi^{h+2}/\sqrt{5}-1$。这就是说,若树中有 n 个结点,则该树的高度 h 至多为 $\log_{\Phi}(\sqrt{5}(n+1))-2$。因此,对于一个具有 n 个结点的平衡二叉树进行查找时,其时间复杂度为 $O(\log n)$。

8.3.3 B—树和 B十树

1. B—树及其查找

B—树是一种平衡的多路查找树,它在修改(即插入或删除)的过程中有简单的平衡算法。B—树及它的一些改进形式已经成为索引文件的一种有效结构,得到了广泛的应用。在此我们先介绍这种树的结构及查找算法。

一棵 m 阶的 B—树,或为空树,或为满足下列特性的 m 叉树:

① 树中每个结点有 $\leqslant m$ 个儿子;

② 除根和叶子之外的结点有 $\geqslant \lceil m/2 \rceil$ 个儿子;

③ 根结点至少要有两个儿子(除非它本身又是一个叶子);

④ 所有的非终端结点中包含下列数据信息:$(n,A_0,k_1,A_1,k_2,\cdots,k_n,A_n)$,其中,$n$ 为本结点中关键字的个数,$n \leqslant m-1$;k_i 为关键字($1 \leqslant i \leqslant n$),关键字按从左到右递增的顺序排列;$A_i$($0 \leqslant i \leqslant n$)为指向子树根结点的指针,它指向一个关键字都在 k_i 和 k_{i+1} 之间的子树形。

⑤ 所有的叶子结点都出现在同一层次上并且不带信息(可以看作是外部结点或查找失败的结点,实际上这些结点不存在,指向这些结点的指针为空)。

图 8.11 给出了一棵 4 阶的 B—树,其深度为 4。

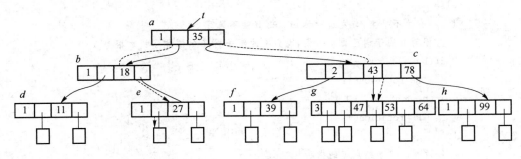

图 8.11　一棵 4 阶的 B—树

（1）查找

在图 8.11 的 B—树上查找关键字 47 的过程如下：首先从根开始，根据根结点的指针 t 找到 a 结点，因 a 结点中只有一个关键字，且 $47 > 35$，若有则必在 35 的后继指针所指结点为根的子树内，顺指针找到 c 结点，该结点有两个关键字（43 和 78），因 $43 < 47 < 78$，故 47（若有的话）必在 43 右边指针所指结点为根的子树内；同样，沿指针找到 g 结点，在该结点中顺序查找到关键字 47，至此，查找成功。查找不成功的过程也类似，例如在该树中查找 23，从根开始，因 $23 < 35$，则沿着在 35 左边的指针找到 b 结点，又因 b 结点中只有一个关键字 18，且 $23 > 18$，故沿着在 18 右边的指针找到 e 结点，同理，因 $23 < 27$，故沿着 27 左边的那个指针找到叶子结点，这说明 B—树中不存在关键字 23，查找失败。

由此可见，在 B—树上进行查找是一个顺指针查找结点和在结点的关键字中顺序查找交叉进行的过程。假设结点类型如下：

```
typedef struct TNode
{
    int keynum;
    struct TNode * parent;
    keytype keys[m-1];
    struct TNode * ptrs[m];
} * mblink;
typedef struct
{
    mblink p;
    inti;
    int tag;
} result;
```

其查找算法如下：

```
result mbsearch(mblink t,keytype k)
//在根结点指针为 t 的 m 阶 B—树上查找关键字 k。若查找成功，则返回信息(p, i, tag)，其中 p, i 指示
//等于 k 的关键字在树中的位置，它是 p 所指结点中第 i 个关键字。特征位 tag = 1，标志查找成功；
//若查找不成功，则返回信息(q, i, tag)，其中 q, i 指示等于 k 的关键字在 B—树中应插入的位置为 q
//结点中 ki 和 k(i+1)之间，tag = 0 标志查找不成功
{
    p = t;q = NULL;key[0] = -maxint;
    //初始化，q 指向 p 的双亲结点，key[0..m+1]为关键字的辅助数组
    // a[0..m+1]为指针型辅助数组
    while(p! = NULL)//取出 p 结点的全部信息
    {
        n = p->keynum; key[n+1] = maxint;
        for(j = 0;j < n;j++)
            key[j+1] = p->keys[j];
        for(j = 0;j <= n;j++)
            a[j] = p->ptrs[j];
        i = seqsrch(key, k); //在数组 key 中进行顺序查找直到 key[i] <= k <= key[i+1]
```

```
    if(key[i] == k)
        return(p, i, 1);//查找成功
    q = p; p = a[i]
}//在子树 a[i]中继续查找
return(q, i, 0);//查找不成功
}
```

从上述过程可知,在 B—树上进行查找所需时间取决于两个因素:一是等于给定值的关键字所在结点的层次数;二是结点中关键字的数目。当结点中的关键字数目较大时可采用折半查找以提高效率。

(2) 插入

B—树的生成也是从空树起,逐个插入关键字。但由于 B—树结点中的关键字个数必须≥$\lceil m/2 \rceil - 1$,因此每次插入一个关键字不是在树中添加一个叶子结点,而是首先在最底层的某个非终端结点中添加一个关键字。若该结点的关键字个数小于 $m-1$,则把新关键字直接插入该结点中即可;若把一个新关键字插入一个已包含 $m-1$ 个(m 为 B—树的阶)关键字的结点,则插入将造成这个结点的"分裂"。

例如图 8.12(a)所示的一棵 3 阶的 B—树,假设需依次插入关键字 30,26,85 和 7。首先通过查找确定应插入的位置,由根 a 起进行查找,确定 30 插入在 d 结点中,因 d 中关键字数目不超过 2(即 $m=3,m-1=2$),第一个关键字插入完成。插入 30 后的 B—树如图 8.12(b)所示。同样,通过查找确定关键字 26 亦应插入在 d 结点中,因 d 中关键字的数目超过 2,此时需将 d 分裂成两个结点,关键字 26 及其前、后两个指针仍保留在 d 结点中,而关键字 37 及其前、后两个指针存储到新产生的结点 d' 中,同时,将关键字 30 和指示结点 d' 的指针一起插入到其双亲结点 b 中,因 b 结点中关键字数目没有超过 2,故插入完成,插入后的 B—树如图 8.12(d)所示。类似地,在 g 中插入 85 后需分裂成两个结点,将 70 插入到双亲结点时,因 e 中关键字数目超过 2,故再次分裂为结点 e、e',如图 8.12(g)所示。最后插入关键字 7 时,c、b 和 a 相继分裂,并生成一个新的根结点 p,如图 8.12(h)~(j)所示。

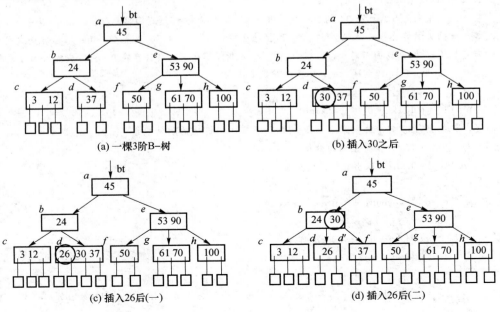

(a) 一棵3阶B—树   (b) 插入30之后

(c) 插入26后(一)   (d) 插入26后(二)

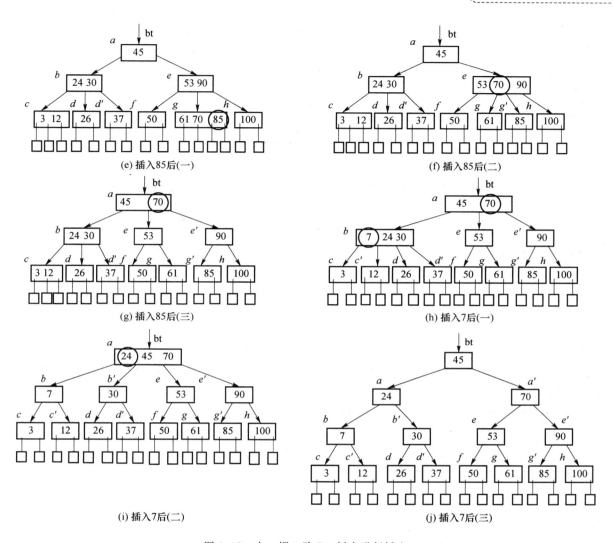

图 8.12 在一棵 3 阶 B-树中进行插入

一般情况下,假设 p 结点中已有 $m-1$ 个关键字,当插入一个关键字之后,结点中含有信息为:

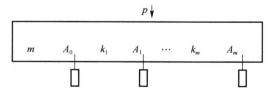

且其中 $k_i < k_{i+1}$,此时可将 p 结点分裂为 p 和 p' 两个结点:

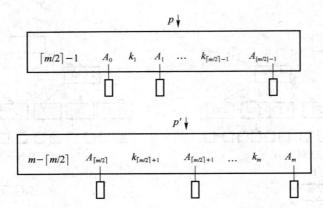

并把关键字 $k_{\lceil m/2 \rceil}$ 和指针 p' 一起插入到 p 的双亲结点中。因此,在双亲结点中指针 p 和 p' 是按如下顺序被放置的:

$$\cdots, \ p, \ k_{\lceil m/2 \rceil}, \ p', \ \cdots$$

其中,$k_{\lceil m/2 \rceil}$ 是关键字序列 $k_1, k_2, \cdots, k_m$ 中的第 $\lceil m/2 \rceil$ 个关键字,序列中包含了刚插入的关键字。

这一插入可能导致父结点"溢出",于是又发生新的分裂,这个分裂自然还按着上述方法处理。若分裂一直到达根结点,我们就把原根分裂成两个结点,并把中间的关键字 $k_{\lceil m/2 \rceil}$ 提升到上一层,作为一个新的根结点,其中只包含一个关键字 $k_{\lceil m/2 \rceil}$。此时,这 m 阶 B−树就长高了一层。

下面给出在 B−树上插入关键字的算法:

```
void mbinsert(mblink& t, keytype k)
//在以 t 所指的 m 阶 B−树上插入关键字 k, key 和 a 为查找时所用的辅助数组
//key1 和 a1 是另启用的辅助数组
{
    x = k;  ap = NULL;          //(x, ap)为插入的一对关键字和指针
    (q, i, tag) = mbsearch(t, k);
    //查找应插入的位置是 q 结点中第 i + 1 个关键字和指针
    while(q != NULL)
    {
        insert(key, i + 1, x);     //x 插入在数组 key 中第 i + 1 个分量之前
        insert(a, i + 1, ap);      //ap 插入在数组 a 中第 i + 2 个分量之前
        n ++ ;
        if(n <= m − 1)
        {
            store(n, key, a, q);    //将插入后的信息存入 q 结点
            return;                //插入完毕
        }
        s = m / 2;                 //取中间位置
        move(key, key1, s + 1);    //将数组 key 中从 s + 1 至 m 的分量传送到 key1 数组中
        move(a, a1, s);            //将数组 a 中从 s 至 m 的分量传送到 a1 数组中
        q1 = new TNode;
```

```
        store(s - 1, key, a, q);
        store(n - s, key1, a1, q1);
        //将分裂后的两组信息分别存入 q 和 q1 结点
        x = key[s];  ap = q1;          //组成新的一对插入信息
        if (q -> parent != NULL)
        {
            q = q -> parent;
            fetch(q, n, key, a);        //取出 q 结点全部信息
            i = seqsrch(key, x);
        } //继续插入至双亲结点上
    }
    t = new TNode;
    store(1, q, x, ap, t);              //生成新的根结点信息
}//mbinsert
```

（3）删除

从 B—树删除一个关键字的过程比插入要稍微复杂些。首先找到该关键字所在结点,若该结点为最下层非终端结点且其中的关键字数目大于等于 $\lceil m/2 \rceil$,则直接删除该关键字及相应的指针;否则要进行"合并"结点的操作。若所删除关键字为非终端结点中的 k_i,则以指针 A_i(右边)所指子树中的最小关键字 Y 替代 k_i,然后在相应的最下层非终端结点中删去 Y。例如,在图 8.12(a)的 B—树上删去 45,则以 f 结点中的 50 替代 45,然后在 f 结点中删去 50。由此可见,不管删除什么位置的结点中的关键字都要变为删除最下层非终端结点中的关键字。因此,我们只讨论删除最下层非终端结点中的关键字的情形就够了,下面分三种情况讨论。

① 若被删除关键字所在最下层非终端结点中的关键字数目不小于(即大于等于) $\lceil m/2 \rceil$,则只需从该结点中删去关键字 k_i 和相应指针 A_i,树的其他部分不变。例如,从图 8.12(a)所示 B—树中删去关键字 12,删除后的结果如图 8.13(a)所示。

② 若被删关键字所在最下层非终端结点中的关键字数目等于 $\lceil m/2 \rceil - 1$,而与该结点相邻的右兄弟结点或左兄弟结点中的关键字数目大于 $\lceil m/2 \rceil - 1$,则需将其兄弟结点中的最小或最大的关键字上移至双亲结点中,而将双亲结点中小于或大于上移关键字的关键字下移至被删关键字所在结点中。例如,从图 8.13(a)中删去 50,需将其兄弟结点中的最小关键字 61 上移至 e 结点中,而 e 结点中的 53 移至 f,从而使 f 和 g 中关键字数目均不小于 $\lceil m/2 \rceil - 1$,而双亲结点中的关键字数目不变,如图 8.13(b)所示。

③ 若被删关键字所在最下层非终端结点和其相邻的兄弟结点中的关键字数目均等于 $\lceil m/2 \rceil - 1$,假设该结点有右兄弟且其右兄弟结点的地址由双亲结点指针 A_i 所指,则在删去关键字之后,它所在结点中剩余的关键字和指针加上双亲结点中的关键字 k_i 一起合并到 A_i 所指兄弟结点中(若没有右兄弟,则合并至左兄弟结点中)。例如,从 8.13(b)中删去 53,则应删去 f 结点,并将双亲 e 结点中的 61 合并至兄弟结点 g 中(此时 f 中无剩余信息)。删除后的树如图 8.13(c)所示。若因此使双亲结点中的关键字数目小于 $\lceil m/2 \rceil - 1$,则依此类推。例如,在图 8.13(c)中删去关键字 37 之后,双亲结点 b 中剩余信息("空")应和其双亲结点 a 中关键字 45 合并至右兄弟结点 e 中,删除后的 B—树如图 8.13(d)所示。

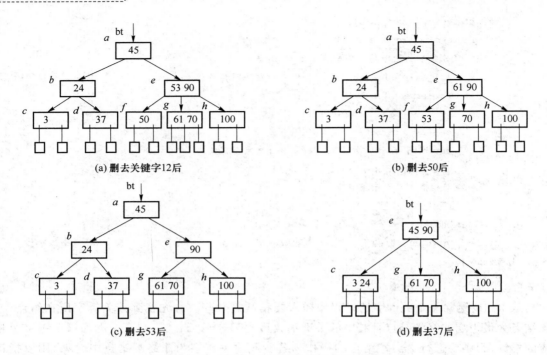

图 8.13　在 B—树中删除关键字的情形

从上述分析可知，"合并"会导致上一层发生"合并"，从而可能使得"合并"不断向上传播，或许一直波及根结点，从而有可能使整个 B—树减少一层。一棵 B—树在经历了上述的插入或删除操作之后，它仍然保持了 B—树定义的结构形式。

（4）两点讨论

① 在 B—树上进行查找所需的时间。

在 B—树上查找所需时间取决于两个因素：一是等于给定值的关键字所在结点的层次数；二是结点中关键字的数目。

显然，结点所在的最大层次即为树的深度。那么，含有 n 个关键字的 m 阶 B—树的最大深度是多少？

先看一棵 3 阶的 B—树。按 B—树的定义，3 阶的 B—树上所有非终端结点至多有两个关键字，至少有一个关键字（即子树个数为 2 或 3，故称 2—3 树）。因此，若关键字个数≤2，树的深度为 2（即叶子结点层次为 2）；若关键字个数≤6，树的深度不超过 3。反之，若 B—树的深度为 4，则关键字的个数必须≥7（此时，每个结点都含有最小可能的关键字数目）。不同关键字数目的 B—树如图 8.14 所示（图中，。表示一个关键字值，F 表示叶子）。

一般情况，设一个深度为 $j+1$ 的 m 阶 B—树，各层上的结点个数如表 8.1 所示。

表 8.1　深度为 $j+1$ 的 m 阶 B—树

层数	1	2	3	4	…	$j+1$
结点数	1	≥2	≥2$\lceil m/2 \rceil$	≥$\lceil m/2 \rceil^2$	…	≥2$\lceil m/2 \rceil^{j-1}$

若 m 阶 B—树中具有 n 个关键字，则第 $j+1$ 层上的叶子结点为 $n+1$。由此可得：

$$n+1 \geq 2 \lceil m/2 \rceil^{j-1} \qquad (j \geq 1)$$

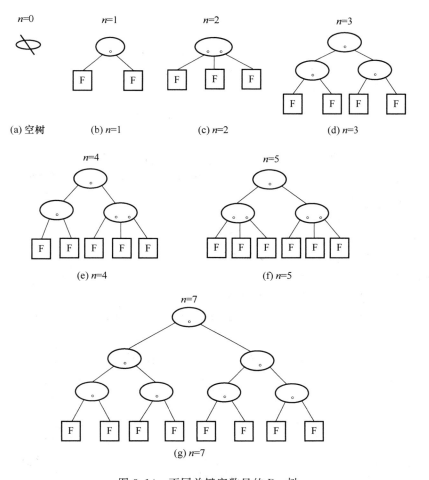

图 8.14　不同关键字数目的 B−树

即
$$j \leqslant \log_{\lceil m/2 \rceil}\left(\frac{n+1}{2}\right)+1$$

例如,当 $m=200, n\leqslant 2\times 10^6-2$ 时,代入上式,就有 $j\leqslant \log_{100}\left(\frac{n+1}{2}\right)+1=3$。亦即,在最坏的情况下,一次查找至多需存取 3 个结点。因此,上述公式表明 B−树上的查找操作是很快的。

② 对 B−树进行插入操作时(即插入一个新记录),至少需要分裂多少个结点。

设一个 m 阶 B−树共有 p 个内部结点,它包含的关键字总数为 n。先来求具有 p 个内部结点的 m 阶 B−树至少包含的关键字个数。为此,设根有一个关键字,并设除根以外的其他内部结点都包含最少数目的关键字,即均有 $\lceil m/2 \rceil-1$ 个关键字,从而得到 p 个内部结点的 B−树所包含的关键字个数最少为:
$$1+(\lceil m/2 \rceil-1)(p-1)$$
故有
$$n\geqslant 1+(\lceil m/2 \rceil-1)(p-1)$$
即
$$p\leqslant 1+(n-1)/(\lceil m/2 \rceil-1)$$

考虑最坏的情况,即除根结点外的其余结点都进行了分裂,故总共分裂了 $p-1$ 个结点。所以由上式可得出在最坏情况下分裂的结点总数 $\leqslant (n-1)/(\lceil m/2 \rceil-1)$。因此,每插入一个关键字平均需分裂的结点个数的上限是：

$$s = (p-1)/n$$
$$= (n-1)/((\lceil m/2 \rceil -1) \times n)$$
$$\leqslant ((n-1)/n)/(\lceil m/2 \rceil -1)$$
$$\leqslant 1/(\lceil m/2 \rceil -1)$$

例如,当 $m=200$ 时,每插入一个关键字平均分裂的次数还不到 1/99。

2. B+树

在许多索引文件中,使用了B+树。B+树在其叶子结点上可以存放信息,这样我们可以把文件的全部记录均存放在叶结点中,所有的非终端结点可以看成是索引部分,结点中仅含有其子树(根结点)中的最大(或最小)关键字。

m 阶 B+树的定义如下：

(1) 每个非叶结点至多可以有 m 个儿子；

(2) 每个非叶结点(根结点除外)必须有 $\geqslant \lfloor (m+1)/2 \rfloor$ 个儿子；

(3) 根结点至少有两个儿子；

(4) 有 k 个儿子的非叶结点有 k 个关键字；

(5) 所有的叶子结点中包含了全部关键字的信息及指向相应记录的指针,且叶子结点本身依关键字的大小自小而大顺序链接。

例如,图8.15给出了一个阶 $m=2$ 的B+树的简单的例子。

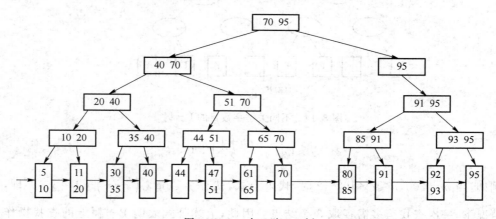

图 8.15 一个 2 阶 B+树

从8.15图看出B+树是由下而上来构造的。

通常在B+树上有两个头指针,一个指向根结点,另一个指向关键字最小的叶子结点。因此,可以对B+树进行两种查找运算：一种是从最小关键字起顺序查找,另一种是从根结点开始,进行随机查找。

在B+树上进行随机查找,插入和删除的过程基本上与B-树类似。只是在查找时,若非终端结点上的关键字等于给定值,并不终止,而是沿着关键字左边的指针继续向下直到叶子结点。因此,在B+树上,不管查找成功与否,每次查找都是走了一条从根到叶子结点的路径。

B+树的插入也仅在叶子结点上进行,当结点中的关键字个数大于 m 时要分裂成两个结点,它们所含的关键字个数分别为 $\lceil (m+1)/2 \rceil$ 和 $\lfloor (m+1)/2 \rfloor$,并且,它们的双亲结点中应同时包含两个结点的最大关键字。图8.16是一个在图8.15的B+树插入15和75的例子。

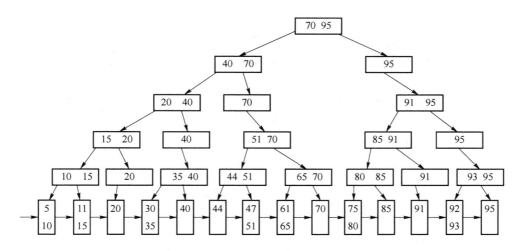

图 8.16 在图 8.15 的 B+树中插入 15 和 75 的结果

B+树的删除仅在叶子结点进行,当叶子结点中的最大关键字被删除时,其在非叶子结点中的值可以作为一个"分界关键字"存在(保留),若因删除而使结点中的关键字的个数少于 $\lfloor (m+1)/2 \rfloor$ 时,其兄弟结点的合并过程与 B−树类似。

8.3.4　数字查找树

数字查找树(digital search tree),又称键树,当关键字值为变长时,此种树特别有用。它是一种度≥2的树,树中的每个结点只含有组成关键字的一位。例如,若关键字是数值,则结点中只包含一个数字;若关键字是单词,则结点中只包含一个字符。

例如,有 19 个最常用的英文单词:A,AND,ARE,AS,AT,FOR,FROM,HAD,HAVE,HE,HER,HIS,THAT,THE,THIS,TO,WAS,WHICH,WITH,如果我们把组成每个关键字的每一字符依序表示出来,并用空格符" ⌣ "作为关键词的分界符,则上述 19 个英文单词可用图 8.17 所示的森林来表示。

图 8.17 中的五棵树分别表示首字符为 A、F、H、T 和 W 的五个关键字子集,从根到叶子结点路径上所有结点的字符组成的字符串表示一个关键字。叶子结点中的"空格符"表示字符串结束。

为查找和插入方便,我们约定键树是有序树,即同一层中结点的符号自左至右有序,并约定结束符" ⌣ "小于任何字符。

利用前面讲过的一般树和森林转换成二叉树的方法,把图 8.17 所示的森林转换成如图 8.18 所示的类似二叉树的键树。

图中每个结点包括三个域:symbol 域、son 域和 brother 域,分别存储关键字的一个字符、指向第一棵子树的指针和指向右兄弟的指针。同时,叶子结点的 son 域存储指向该关键字记录的指针,此时的二叉树又称为双链树。

双链树的查找可如下进行:假设给定值为 $k[1..n+1]$,其中 $k[1]$ 至 $k[n]$ 表示待查关键字中的 n 个字符,$k[n+1]$ 为结束符" ⌣ "(空格),从双链树的根指针出发,顺 son 指针找到第一棵子树的根结点,以 $k[1]$ 和此结点的 symbol 域比较,若相等,则顺 son 域再比较下一个字符,否则沿 brother 域顺序查找,若 symbol$<k[1]$ 说明此待查关键字不存在;若查找成功,则 search 单元中存放已查到的关键字,否则为 NULL。

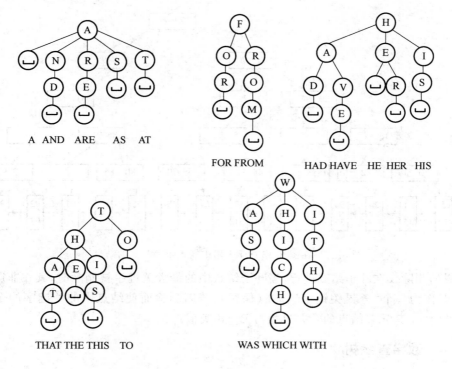

图 8.17　一个关键字集的森林

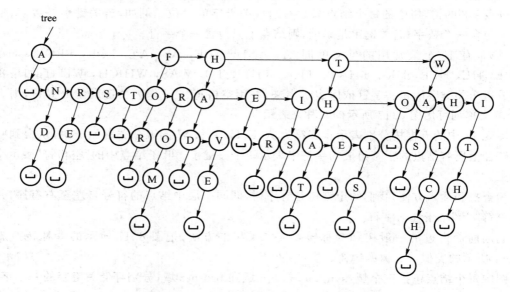

图 8.18　与图 8.17 中的森林对应的一棵二叉树形

算法描述如下：

```
#define length 20
#define bland'⌣'//即空格
typedef struct node
{
    char symbol;
```

```
        struct node * son;
        struct node * brother;
    } * ptr;
    typedef struct object
    {
        char key[length];
    } * rptr;
    rptr insert(ptr & tree, char k[], ptr &p, ptr &q, ptr&father, int i)
    // tree 为指向键树根结点的指针,father 为 p 的双亲,p 为 q 的右兄弟
    {
        s = new node;
        s - > symbol = k[i];
        s - > brother = p;
        if (tree = = NULL)
            tree = s;
        else if(q! = NULL)
            q - > brother = s;
        else if(father = = NULL)
            tree = s;
        else
            father - > son = s;
        //将 k 中剩余的字符插入键树中
        j = i;
        while(k[j]! = blank)
        {
            father = s;
            s = new node;
            s - > symbol = k[j + 1];
            father - > son = s;
            s - > brother = NULL;
            j + + ;
        }
        s - > son = new object;
        j = 0;
        while(k[j]! = blank)
        {
            s - > son.key[j] = k[j];
            j + + ;
        }
        return s - > son;
    }
    //在调用 rdlb 之前:search = NULL
    void rdlb(ptr &tree, rptr &recptr, char k[], rptr &search)
    {
```

```
        p = tree;
        father = NULL;//father 指向 p 的双亲
        found = false;
        i = 0;
        while (! found)//在键树中查找 k 中的各位关键字
        {
            q = NULL;//在兄弟间 q 尾随 p
            past = false;
            while((p! = NULL)&&(! past))
            if (p - > symbol > = k[i])
                past = true;
            else
            {
                q = p;p = p - > brother;
            }
            found = true;
            if ((p == NULL)||(p - > symbol > k[i]))
                search = insert(tree, k, p, q, father, i);//插入记录
            else if (k[i] == blank)
                search = p - > son;//已查到待查关键字
            else//继续查找 k 中的其他字符
            {
                father = p;
                p = p - > son;
                found = false;
                 i + + ;
            }//当 p = k[i]时,准备比较 p - > son 是否等于 k[i + 1]
        }
    }
```

键树中每个结点的最大度 d 和关键字的"基"有关,若关键字是单词,则 $d=27$(26 个字母和一个空格);若关键字是数值,则 $d=11$(即 10 个数字,一个空格)。键树的深度取决于关键字中字符或数字的个数。假设关键字为随机的(即关键字中每一位取基内任何值的概率相同),则在双链树中查找每一位的平均查找长度为 $(d+1)/2$,又假设关键字中字符(或数位)的个数相等,则在双链树中进行查找的平均查找长度为 $h(1+d)/2$。

8.4 Hash 法

Hash 法(hashing method)又称散列地址法或杂凑法,也是一种查找方法,它不像前面介绍的那些方法,在查找时需进行一系列和关键字的比较。Hash(哈希)法通过对关键字进行某种运算来直接确定数据元素在查找表中的位置。也就是说,对给出的关键字进行相应的运算后即可得到要找的那个元素的地址。

Hash 法利用一个函数来构造各元素的地址,即在关键字 k_i 与它的哈希地址 $adr(k_i)$ 之间

建立一个函数关系:$adr(k_i) = H(k_i)$,其中,$H(k_i)$称为 Hash 函数。

通过 Hash 函数,我们就可以把查找表中的元素映象到地址集合中。根据某一元素的关键字,可以确定该元素在表中存放的实际地址。

下面举几个例子。

【例 8.1】 假设有三个记录:

记录	关键字	ASCII	地址
...	...	...	...
ABCD	A	01000001	11000001
BD	B	01000010	11000010
...	...	...	...
ID	I	01001001	11001001
...	...	...	...

Hash 函数 $H(k_i)$ 为:关键字的 ASCII 码 + 10000000。

【例 8.2】 有 4 名学生,将他们的学号作为关键字,比如是:

学号	地址
...	...
708005	05
...	...
708011	11
...	...
708018	18
...	...
708021	21

Hash 函数 $H(k_i)$ 为:取每个学号的后两位。

【例 8.3】 有四个关键字 C,D,J,L,要求散列在 20~23 单元中,这四个单元是连续的。

变量	ASCII 码	地址(前 6 位数)	地址(八进制)
C	01000011	010000	20
D	01000100	010001	21
J	01001010	010010	22
L	01001100	010011	23

Hash 函数 $H(k_i)$ 为:(11111100 $\wedge$ k_i 的 ASCII 码)/100。

如:关键字 C 的 Hash 地址的计算方法如下:

```
    11111100
∧ 01000011
──────────────
    01000000
```

(01000000)/100 = 010000

由前三个例子可以看出,Hash 函数可以采用各种方法来构造,比如加一个数,取后两位,进行逻辑乘与一般除法,都可以构成 Hash 函数,其目的是把各元素散列地存放在内存中。所谓 Hash 法是设记录(或元素)R 的关键字为 k,我们所采用的 Hash 函数为 H,并且设 $H(k) = j$,则 j 就是记录 R 的地址。此过程便称为 Hash 映射,造出的表为 Hash 表。比如,有一组记

录,仿照第一个例子构造 Hash 函数如下:

记录	关键字	哈希地址	
a_1	ABC	11000001	$H(ABC)$
a_2	B	11000010	$H(B)$
a_3	ABE	11000001	$H(ABE)$
a_4	BAX	11000010	$H(BAX)$

此时可以看出:ABC≠ABE,但 $H(ABC)=H(ABE)$;B≠BAX,而 $H(B)=H(BAX)$。这种现象我们称为冲突,即 $k_1 \neq k_2$,而 $H(k_1)=H(k_2)$,在这里称 k_1 和 k_2 为同义词。

无论 Hash 函数如何构造,在实际中冲突很难完全避免。因此,在散列表的构造过程中,需要研究如下的两个问题:①如何构造一个简单、快速的 Hash 函数,来尽可能地将关键字均匀地散列在表中以避免冲突的产生;②一旦冲突发生时,如何解决。本节将分别就这两个问题进行讨论。

8.4.1 构造 Hash 函数的方法

1. 直接定址法

例如,有一个从 1~100 岁的人口数字统计表,用年龄做关键字,如表 8.2 所示,Hash 函数取关键字自身,即年龄。

表 8.2 基于年龄的人口统计表

地址	01	02	03	…	25	26	27	28	…	100
年龄	1	2	3	…	25	26	27	28	…	100
人数	3 000	2 000	5 000	…	1 020	2 070	7 001	7 200	…	10

若要查找 28 岁的人有多少,则只要查表中的第 28 项即可。又如,有一个新中国成立后出生的人口调查表,关键字是年份,哈希函数取关键字加一常数:$H(k)=k+(-1948)$,构造的散列表如表 8.3 所示。

表 8.3 基于出生年份的人口统计表

地址	01	02	03	…	25	26	27	28	…
年份	1949	1950	1951	…	1973	1974	1975	1976	…
人数	1 200	2 100	5 500	…	1 080	2 060	7 091	7 900	…

若要查找 1988 年出生的人数,则只要查第 (1988−1948)=40 项即可。显然直接定址法一般不会产生冲突,但它一般要求关键字为整型数值,而且关键字的取值范围较小,因此适用范围比较窄。

2. 数字分析法

如果给定的关键字是数字,则可以选择其中关键字分布比较均匀的几位构成 Hash 地址。例如,有如下七个关键字,每个关键字都有 8 位十进制数字,要求将这七个关键字散列到地址在 10 到 90 的表中(即选择其中的两位作为 Hash 地址)。

	①	②	③	④	⑤	⑥	⑦	⑧	地址
k_1:	5	4	2	4	2	2	4	2	42
k_2:	5	4	2	8	1	3	6	7	83
k_3:	5	4	2	2	2	8	1	7	28
k_4:	5	4	2	3	8	9	6	7	39
k_5:	5	4	2	5	4	1	5	7	51
k_6:	5	4	2	6	8	5	3	7	65
k_7:	5	4	2	1	9	3	5	5	13

对这些关键字进行分析可以发现,第④和第⑥个关键字分布比较均匀,故取 $H(k)$ 为 k 中的第④和第⑥两位数字组成 Hash 地址。

如果要求地址编码选择三位,即 100～990,而分布均匀的只有两位那怎么办呢? 这里,介绍两种方法:

① 取第 4 位和第 6 位后乘以 10;

② 取第 4 位和第 6 位后,再取第 7 位和第 8 位相加后舍去进位作为第 3 位地址。

显然,数字分析法比较适合于事先明确知道表中每一个关键字数值的情况。

3. 除留余数法

设给定的关键字为 k,存储单元数为 m,则可选一数 $p(p \leqslant m)$ 去除 k 得到余数 r,再用一线性函数 f 将 r 转换为散列地址 j,即 $r = k \bmod p, j = f(r)$。

例如,有一组关键字,其取值范围在 000001～859999 之间,需要将其散列到地址为 1000000～1005999 的存储单元中。显然,这里 $m = 6000$,不妨取 $p = 5999$,则对关键字 $k = 172148$,其散列地址计算如下:

$$r = 172148 \bmod 5999 = 4176, f(r) = r + 1000000 = 1004176。$$

在这里,p 的选择很关键,若 p 为偶数,则凡是奇数的关键字,都转换为奇数地址,而凡是偶数的关键字地都转换为偶数地址,容易产生冲突。一般情况下:① p 尽量接近 m;② p 为质数。

4. 平方取中法

取关键字平方后的中间几位作为 Hash 地址,这是因为关键字平方后的中间几位和组成关键字的每一位都相关,可以使散列后的地址均匀分布的概率大一些从而减少冲突。例如,设给定的关键字均为 6 位数字,所允许的散列地址范围为 0～4000,已知关键字 $k = 172148$,那么平方后,$172148^2 = 29634933904$。取中间的四位数:4933,因为 $4933 > 4000$,所以将 $4933 \times 0.4 = 1973.2 \approx 1973$,取地址为 1973。

5. 折叠法与移位法

构造方法:将关键字分成位数相等的几个部分,每部分的位数取决于存储地址的位数(若不能分成位数相等的部分,则取最后一部分的位数与其他部分不等),然后将这几部分相加而得到散列地址。相加时,每部分的末位对齐。

相加的方法有以下两种。

① 移位法:将各部分的最后一位对齐,然后相加。

② 折叠法:把一关键字看成一张纸条,从一端向另一端沿边界逐层折叠,再把相应的位数加在一起。

假定关键字: $k = d_1 d_2 d_3 \cdots d_r d_{r+1} d_{r+2} d_{r+3} \cdots d_{2r} d_{2r+1} d_{2r+2} d_{2r+3} \cdots d_{3r}$,允许有的存储地址有

r 位,则采用移位法和折叠法计算散列地址的方法如下。

移位法:

$$
\begin{array}{ccccc}
d_1 & d_2 & d_3 & \cdots & d_r \\
d_{r+1} & d_{r+2} & d_{r+3} & \cdots & d_{2r} \\
+ d_{2r+1} & d_{2r+2} & d_{2r+3} & \cdots & d_{3r} \\
\hline
d_1' & d_2' & d_3' & \cdots & d_r'
\end{array}
$$

其中,高位进位舍去,只保留后面的 r 位作为散列地址。

折叠法:

$$
\begin{array}{ccccc}
d_1 & d_2 & d_3 & \cdots & d_r \\
d_{2r} & d_{2r-1} & d_{2r-2} & \cdots & d_{r+1} \\
+ d_{2r+1} & d_{2r+2} & d_{2r+3} & \cdots & d_{3r} \\
\hline
d_1' & d_2' & d_3' & \cdots & d_r'
\end{array}
$$

和移位法类似,这里高位进位也舍去。

例如,当 $k=32834872$,允许的存储地址为三位十进制数时,利用移位法和折叠法计算散列地址的过程如下。

$$
\text{移位法:}\quad
\begin{array}{r}
328 \\
348 \\
+\ 72 \\
\hline
748
\end{array}
\qquad
\text{折叠法:}\quad
\begin{array}{r}
27 \\
348 \\
+823 \\
\hline
198
\end{array}
$$

上面介绍了哈希函数构造的五种方法,其主要思想是尽量使关键字不同的各元素均匀地存放在内存中,避免产生冲突。但无论 Hash 函数如何构造,冲突很难完全避免,下面就介绍几种处理冲突的方法。

8.4.2　处理冲突的方法

通常处理冲突的方法有两大类:开放定址法和链地址法。其中,开放定址法使用一映射序列,若地址 $H(k)$ 已有关键字存在,则顺次计算其他映射直到可存放为止。若整个散列表已满,则使用再散列技术将表扩大。链地址法将具有相同映射值的元素置于同一地址的链表中。

1. 开放定址法

开放定址法通常有三种形式:线性探测再散列、二次探测再散列和伪随机探测再散列。假设 Hash 表的存储空间为 $T[0..m-1]$,哈希函数为 $H(\text{key})$,开放定址法解决冲突求下一个地址的公式是:$H_i = (H(\text{key})+d_i) \bmod m$,其中 d_i 为增量序列,其取法如下:

(1) $d_i = 1, 2, 3, \cdots, m-1$,称为线性探测再散列;

(2) $d_i = 1^2, -1^2, 2^2, -2^2, 3, \cdots, k^2, -k^2$,称为二次探测再散列;

(3) $d_i =$ 伪随机数序列,称为伪随机探测再散列。

例如,已知一组关键字 13,29,01,23,44,55,20,84,27,68,11,10,79,14,$n=14$,选装填系数 $a=0.75$,则哈希表长 $m=\lceil n/a \rceil = 19$。因此,设哈希表为 $T[0..18]$,利用除留余数法构造哈希函数,选 $p=17$,即 $H(\text{key})=\text{key} \bmod 17$。分别用线性探测、二次探测和伪随机探测再散列解决冲突建成的哈希表如图 8.19(a)、(b)、(c)所示,其中伪随机探测使用的随机数列为 3,16,55,44,…。

对图 8.19(c)造表过程说明如下。

利用哈希函数：$H(key)＝key\ mod\ 17$ 求出各关键字的哈希地址，若对应的位置为空，直接填入即可；若对应的位置不空，说明发生了冲突，这时利用解决冲突的公式 $H_i＝(H(key)＋d_i)mod\ m$ 求出"下一个"地址，若仍不空，改变 d_i 的值再求"下一个"地址，直到找到空位为止，将关键字填入。

例如： 13 MOD 17＝13　　　　直接填入。

　　　　…

27 MOD 17＝10　　　　因为第 10 号位置已被 44 占用，因此求"下一个"位置。

(10＋3) MOD 19＝13　因为第 13 号位置已被 13 占用，因此求"下一个"位置。

(10＋16) MOD 19＝7　第 7 号位置空，所以填入 27。

为填入关键字 27,进行了 3 次比较,发生了两次冲突。

从这个例子可以看出,线性探测再散列解决冲突时会产生"淤积"现象。这是由于每一个产生冲突的记录都被再散列到与发生冲突的哈希地址相距最近的空位上,这就使得在造表的过程中增添更多冲突的机会。但是利用线性探测再散列解决冲突时,只要装填系数 $\alpha\neq1$,总能在表中为每个记录找到一个空位填入。二次探测和伪随机探测不易产生"淤积"现象,但二次探测只有当表长 $m＝4j＋3(j＝1,2,\cdots)$ 时才能探测到整个哈希表空间;而伪随机探测依赖于随机数列的随机性。

图 8.19　开放定址法造表示例

2. 链地址法

将所有关键字为同义词的记录存储在同一线性链表中。若选定的哈希函数的值域为 $[0,m-1]$,则哈希表为含 m 个指针分量的一维数组 HST,凡哈希地址为 i 的记录都插入到头指针为 HST$[i]$ 的链表中。

基于链地址法解决冲突的散列表查找、插入和删除的算法如下：

```
typedef struct node
{
    keytype key;                    //关键字
```

```
        struct node * next;
    } * Link_list;
    Link_list HashSearchChain(Link_list HST[], keytype k)
    //在散列表中查找关键字为 k 的记录
    {
        h = Hash(k);                    //计算关键字 k 的散列地址
        p = HST[h];
        while(p != NULL && p->key != k)
            p = p->next;
        return(p);
    }
    voidHashInsertChain (Link_list HST[], keytype k)
    //在散列表中查找关键字为 k 的记录,若不存在,则将其插入
    {
        h = Hash(k); //计算关键字 k 的散列地址
        if(HST[h] == NULL)              //将 k 插入到 Hash 表中
        {
            q = new node;
            q->key = k;
            q->next = NULL;
            HST[h]->next = q;
        }
        else
        {
            s = HST[h];
            while(s->key != k  && s->next != NULL)
                s = s->next;
            if (s->key == k)
                return;
            else
            {
                q = new node;
                q->key = k;
                q->next = NULL;
                s->next = q;
            }
        }
    }
    void HashDeleteChain (Link_list HST[], keytype k)
    //在散列表中查找关键字为 k 的记录,若存在,则将其删除
    {
        h = Hash(k);                    //计算关键字 k 的散列地址
        if(HST[h] == NULL)              //关键字为 k 的记录不存在,直接返回
            return;
```

```
else
{
    s = HST[h]; p = NULL;        //p 为 s 的前驱,始终尾随 p 移动
    while(s->key != k  && s->next != NULL)
    {
        p = s;
        s = s->next;
    }
    if (s->key == k)
    {
        if( p == NULL)            //s 是链表中的第一个节点
            HST[h] = s->next;
        else
            p->next = s->next;
        delete s;
    }
}
}
```

例如前面的例子,用链地址法解决冲突构造的哈希表如图 8.20 所示。

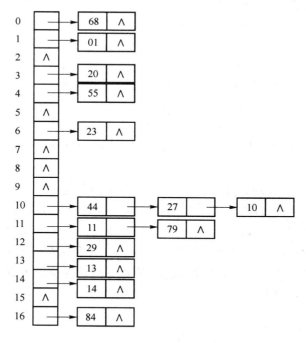

图 8.20 链地址法处理冲突时的哈希表

基于链地址法解决冲突构造的哈希表是个动态结构,更适合于造表之前无法确定记录个数的情况。此法容易实现从哈希表中删除记录的操作,只要从链表中删除相应的结点即可。而对开放定址法构造的哈希表,删除记录时不能简单地用 Φ 代替原记录(因为那样做将截断在它之后填入哈希表的同义词记录的查找路径),而应另设定一个特殊的记录以表明记录被删

除或者在哈希表的每个分量中增设一个"删除标志位"。

8.4.3 哈希表的查找及性能分析

哈希表的查找过程和建表过程相同。假设函数表为 $HST[0..m-1]$，所设哈希函数为 $H(key)$，解决冲突的方法为 $R(x)$。则查找过程为：对给定值 k，计算其哈希地址 $i=H(k)$，若 $HST[i]$ 中为"空"（尚未填入记录），则查找不成功，需要时可将关键字等于 k 的记录填入。若 $HST[i]$ 不空且 $HST[i].key=k$，则查找成功，否则重复计算处理冲突后的下一地址 $d_j=R(d_{j-1})(j=1,2,\cdots)$，直至 $HST[d_j]$ 为"空"或 $HST[d_j].key=k$ 为止，前者表明查找不成功，后者表明查找成功。

从上述查找过程可见，在哈希表中进行查找时，无论查找成功与否，都必须进行一次或多次关键字的比较（包括查找不成功时和"空记录"的比较）。但它们的平均查找长度比顺序查找要小得多，比折半查找也小。如图 8.19 和图 8.20 中的四个哈希表，在等概率情况下查找成功时的平均查找长度分别如下。

线性探测（参见图 8.19(a)）

$ASL=(1+1+1+1+1+1+2+1+1+4+6+1+7+5)/14=33/14=2.357$

二次探测（参见图 8.19(b)）

$ASL=(1+1+1+1+1+5+3+1+2+1+1+1+4+1)/14=24/14=1.714$

伪随机探测（参见图 8.19(c)）

$ASL=(1+1+1+1+1+3+4+1+1+1+1+2+1+2)/14=21/14=1.5$

链地址（参见图 8.20）

$ASL=(1+1+1+1+1+1+2+3+1+2+1+1+1+1)/14=18/14=1.286$

当 $n=14$ 时，顺序查找和折半查找的平均查找长度分别为：

$ASL_{eq}(14)=(14+1)/2=7.5$

$ASL_{bn}(14)=(1\times1+2\times2+3\times4+4\times7)/14\approx3.2$

从这个例子看出，由同一哈希函数，用不同解决冲突的方法构造的哈希表的平均查找长度并不相同。

为讨论一般情况下的平均查找长度，需先引入装填因子这一概念。哈希表的装填因子定义为：$\alpha=$ 表中的记录/表的长度。α 是标志表的装满程度的。直观地看，α 越小，发生冲突的可能性就越小；α 越大，即表越满，发生冲突地可能性就越大，也即查找时所用的比较次数也越多。因此，哈希表查找成功的平均查找长度 S_n 和 α 有关。因为在哈希表中查找不成功时所用比较次数 U_n 也和给定值有关，所以查找不成功时的平均查找长度为查找不成功时需用的比较次数的期望值。可以证明：

在线性探测再散列时

$$S_{n1}\approx\frac{1}{2}(1+\frac{1}{1-\alpha}) \quad （查找成功）$$

$$U_{n1}\approx\frac{1}{2}(1+\frac{1}{(1-\alpha)^2}) \quad （查找失败）$$

在随机探测再散列或二次探测再散列时

$$S_{n2}\approx-\frac{1}{\alpha}\ln(1-\alpha) \quad （查找成功）$$

$$U_{n2} \approx \frac{1}{1-\alpha} \qquad （查找失败）$$

在链地址法中

$$S_{n3} \approx 1 + \frac{\alpha}{2} \qquad （查找成功）$$

$$U_{n3} \approx \alpha + e^{-\alpha} \qquad （查找失败）$$

从以上分析可见,哈希表的平均查找长度是 α 的函数,而不是表长 n 的函数。因此,不管表多长,我们总可以选择一个合适的装填因子以便将平均查找长度限定在一个范围内。

习 题 8

一、简答题

1. 给定关键字序列 $47,32,21,55,29,24,35,75,69,88$,试按此顺序建立二叉排序树和平衡二叉树,并求其等概率情况下查找成功和失败时的平均查找长度。

2. 输入一个正整数序列 $45,28,6,72,54,1,13,85,68,60,93$,建立一棵二叉排序树,然后删除节点 72,分别画出该二叉树及删除节点 72 后的二叉排序树。

3. 对有序表进行折半查找和二叉排序树中的查找有何异同。

4. 向一棵空的二叉排序树上顺序插入关键字,对于关键字无序序列和经过排序的有序序列建立起来的二叉排序树,哪一种查找效率更高?为什么?

5. 向一棵空的B—树顺序插入关键字,对于关键字无序序列和经过排序的有序序列建立起来的B—树,哪一种查找效率更高?为什么?

6. 图 8.21 表示一棵 3 阶的 B—树,画出删除其中的关键字 65 后 B—树的结构。

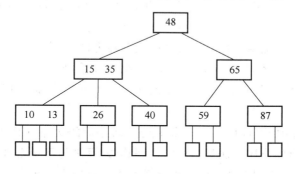

图 8.21 简答题 6 图

二、算法设计与分析题

1. 编写一个算法,利用折半查找在有序表中插入一个元素 x 并使插入后的表仍然有序。

2. 线性表中各元素的查找概率不相等,为了提高顺序查找的效率,在表中查找给定的元素 k 时,如果找到该元素,则将其与它前面的元素交换,使得经常被查找的元素位于表的前端。编写在线性表的顺序和链式存储结构上实现该策略的查找算法。

3. 设计一个算法,判断一棵二叉树是否为二叉排序树,若是返回1,否则返回 0。

4. 编写一个算法,判断一棵给定的二叉树是否为平衡二叉树。

5. 设散列表采用线性探测解决冲突,设计在散列表中查找、插入和删除关键字等于 k 的记录的算法。这里假设散列表采用的哈希函数如下:$H(\text{key}) = \text{key mod } p$。

第9章　内　排　序

排序是数据处理中经常使用的一种重要运算。排序的方法很多,应用十分广泛,排序过程中,数据全放在内存处理的称为"内排序";排序过程中,不仅需要使用内存,而且还要使用外存的称为"外排序"。

在上一章我们讨论了查找问题,不难看出,若记录是有序的,可以采用折半查找,其平均查找长度为$\log_2(n+1)-1$。而无序表只能用顺序查找,它的平均查找长度为$(n+1)/2$,在 n 较大时 $\log_2 n$ 和 n 的值相差非常明显。实际上排序的一个重要用途,就是作为查找时的辅助措施。正是由于这一原因,它几乎成为一个普遍应用的重要运算。例如,在档案室、图书馆和各种词典的目录表中,以及任何储藏必须查询和检索的物品的地方,几乎都有需要排序的对象和进行排序操作的要求。因此,在现今的计算机系统中,花费在排序上的时间占 CPU 运行时间的比重很大,特别是一些商用计算机,其批处理系统的 $15\%\sim70\%$ 的 CPU 时间都用在排序上。为了提高计算机的工作效率,学习和研究各种排序方法是计算机软件工作者必不可少的重要课题。

排序,简单地说,就是将一个数据元素的无序序列调整成为一个有序序列。它的更确切的定义为:设含 n 个记录的文件$\{R_1,R_2,\cdots,R_n\}$,其相应的关键字为$\{k_1,k_2,\cdots,k_n\}$,需确定一种顺序 $p(1),p(2),\cdots,p(n)$,使其相应的关键字满足如下的非递减(或非递增)关系:

$$k_{p(1)}\leqslant k_{p(2)}\leqslant\cdots\leqslant k_{p(n)}$$

使上述文件成为一个按关键字线性有序文件的运算称为排序。

在讲具体的排序方法之前,先介绍一下排序的稳定性问题。

如果在排序期间具有相同关键字的记录的相对位置不变,则称此排序方法是稳定的,即:

(1) $k_i\leqslant k_{i+1}(1\leqslant i\leqslant n-1)$;

(2) 若在输入文件中 $i<j$,且 $k_i=k_j$,则在经过排序后的文件中 R_i 仍先于 R_j。

凡是符合以上两点的排序方法称为稳定排序算法,反之为不稳定排序算法。

内排序的方法很多,我们选择其中几种比较常用的排序方法分别予以介绍。

为了叙述方便,这里假定待排序的数据存放在如下定义的存储结构上:

```
#define MaxNum 待排序记录个数的最大值
typedef struct
{
    int key;
    datatype otheritem  //其他域
} records;
typedef records List[MaxNum + 1];
```

其中,key 是排序时的关键字,实际应用中,其类型可以为整型、实型、字符型等。

9.1 计 数 排 序

这是一种效率比较低但却经常使用的一种排序技术。该方法的基本思想是:对每个记录计算文件中有多少个其他记录的关键字值大于该记录的关键字值,从而找到这个记录的正确排序位置。

例如,对若干学生进行了一次测验,以分数为关键字给出其名次。为了在学生成绩表中明显地反映出每个学生的名次,在每个记录中设一个 count 域,用以标志该记录的排序位置(即名次)。若多个学生具有相同的分数,为了分出名次,我们按成绩表的原始自然顺序,认为排在前面的优于排在后面的。

记录的结构如图 9.1 所示。

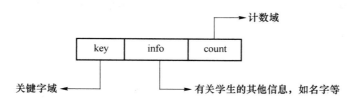

图 9.1 计数排序中记录的结构

计数排序的算法描述如下:

```
void CountSort(List& r, int n)          //n 为待排序记录的个数
{
    for(i = 1; i <= n; i++)
        r[i].count = 1;                 /将所有元素的 count 域置 1;
    for(i = 1; i < n; i++)
    for(j = i + 1; j <= n; j++)
    if (r[i].key < r[j].key)
        r[i].count = r[i].count + 1;
    else
        r[j].count = r[j].count + 1;
}
```

对给定的关键字序列 46,55,13,42,44,17,05,70,表 9.1 给出了此算法的执行过程。

表 9.1 计数排序的执行过程

	关键字	46	55	13	42	44	17	05	70
	初始化	1	1	1	1	1	1	1	1
	$i=1$	3	1	2	2	2	2	2	1
	$i=2$	3	2	3	3	3	3	3	1
count	$i=3$	3	2	7	3	3	3	4	1
域的	$i=4$	3	2	7	5	3	4	5	1
值	$i=5$	3	2	7	5	4	5	6	1
	$i=6$	3	2	7	5	4	6	7	1
	$i=7$	3	2	7	5	4	6	8	1

从以上的执行过程可以看出,当文件中有 n 个记录时,对外循环:

$i=1$ 时,内循环要进行 $n-1$ 次比较;

$i=2$ 时,内循环要进行 $n-2$ 次比较;

……

$i=n-1$ 时,内循环要进行 1 次比较。

故总的比较次数为:

$$(n-1)+(n-2)+\cdots+1=\frac{n^2-n}{2}\approx\frac{n^2}{2}$$

所以,算法的时间复杂度为 $O(n^2)$。由于无须额外的存储空间,排序过程中也无须移动记录,因此当 n 较小时可采用本算法。

上面的算法没有给出按分数高低的排序结果,可在上面的算法之后增加如下几条语句:

```
for (i = 1; i < n; i++)
{
    j = i;
    while (r[j].count != i)          //找符合名次的记录
        j++;
    if (i != j)
        exchange(r[i], r[j]);         //交换位置
}
```

加上此段后不影响总的执行时间量级,其时间复杂度仍为 $O(n^2)$。

9.2 直接插入排序

直接插入排序有时也叫线性插入排序,是日常生活中经常使用的一种排序方法。比如,有一叠卡片,每张卡片上都有编号。当按这些编号整理卡片时,我们一般这样做:查看第二张卡片,若它的编号比第一张卡片的编号小,就把第二张卡片插入在第一张卡片的前面,否则就不改变它们的相对位置;然后查看第三张卡片,将它的编号和前面两张卡片相比较,若第三张卡片比第二张卡片大,那么不改变它们的相对位置(因前两张已有序),如果第三张卡片比第二张卡片小,那么就将它再和第一张卡片相比较,直到插入到正确位置为止。如此一张一张地查看下去,直到将最后一张卡片插入到正确位置,这时这叠卡片就按编号整理好了。

一般地讲,直接插入排序的基本思想是:把第二个记录和第一个记录的关键字进行比较,并把第二个记录放到关于第一个记录的合适位置。然后,再取第三个记录,并把第三个记录插入到相对于前两个记录的合适位置,如此继续下去。直接插入排序可以利用两重循环来实现:在外循环中,从第二个记录起,每次取出一个记录 $r[i]$ 作为待插入记录,并把它送进一个工作单元 $r[0]$ 暂存起来;在内循环中,从第 $i-1$ 个记录开始向左扫描,查找 $r[i]$ 的合适插入位置。在查找的过程中,用 j 记录当前扫描的位置,若 $r[0].key<r[j].key$,则将该记录右移一个位置,即 $r[j+1]\leftarrow r[j]$;一旦 $r[0].key\geq r[j].key$,则将 $r[0]$ 插在该记录右边,即 $r[j+1]\leftarrow r[0]$。这里,$r[0]$ 是一个监督哨,用于避免在查找 $r[i]$ 的插入位置时扫描出表的左边界。

上述过程用算法描述如下:

```
void InsertSort(List& r, int n)              //r 为给定的表,其记录为 r[i], i = 1, 2, …, n
{
    for (i = 2; i <= n; i++)
    {
        r[0] = r[i];    //r[0]作为暂存单元
        j = i - 1;
        while (r[0].key < r[j].key)
        {
            r[j + 1] = r[j];
            j-- ;
        }
        r[j + 1] = r[0];                      //把 r[i]放到合适的位置上
    }
}
```

插入排序

注意:①此排序是按关键字非递减顺序排序的;②当 $r[0].key = r[j].key$ 时,$r[0]$也是排在所有相同关键字的后面,所以此方法是一种稳定的排序方法。

例如:将关键字 5,4,12,27,20,3,1 用上述方法进行排序,其过程如表 9.2 所示。从上面的分析可知,对第 i 个关键字的比较次数最多为 i(即 $r[i]$需要依次和 $r[i-1]$,$r[i-2]$,…,$r[0]$进行比较),最少为 1($r[i]$只和 $r[i-1]$比较),平均为 $(i+1)/2$。因此在整个排序过程中,若初始文件按关键字非递减有序(正序)时,对每个 i 值只进行一次关键字的比较。整个排序过程进行 $n-1$ 趟。因此,最小比较次数

$$C_{\min} = \sum_{i=2}^{n} 1 = n - 1 \qquad 量级为 O(n)$$

当原文件非递增有序(逆序)时,每个记录 $r[i]$($i=2,3,…,n$)的关键字均需和前 $i-1$ 个记录及标志位 $r[0]$的关键字作比较,所以每个记录要比较 i 次,总的比较次数为:

最大比较次数 $\qquad C_{\max} = \sum_{i=2}^{n} i = \dfrac{(n+2)(n-1)}{2} = \dfrac{n^2+n-2}{2} \qquad 量级为 O(n^2)$

平均比较次数 $\qquad C_{\mathrm{avg}} = \sum_{i=2}^{n} \dfrac{i+1}{2} = \dfrac{n^2+3n-2}{4} \qquad 量级为 O(n^2)$

再看记录移动次数。在 for 循环中对每个 i 值,除了开始时将记录 $r[i]$移至标志 $r[0]$和最后将记录 $r[0]$插入到适当位置时进行两次移动外,还需将其关键字大于 $r[i].key$ 的记录各往后移动一个位置。因此,当初始文件为"正序"时移动次数达最小值,即

最小移动次数 $\qquad M_{\min} = \underbrace{2+2+\cdots+2}_{n-1} = \sum_{i=2}^{n} 2 = 2(n-1) \qquad 量级为 O(n)$

当初始文件为"逆序"时达到最大值,因为在第 i 次循环时,要比较 i 次,所以执行 $r[j+1] = r[j]$ 共 $i-1$ 次移动,出 while 循环时,进行一次插入即 $r[j+1]=r[0]$,再加上开始时 $r[0]=r[i]$ 的一次移动,总共为 $i+1$ 次,即

最大移动次数 $\quad M_{\max} = \sum_{i=2}^{n} (i+1) = \dfrac{(n+4)(n-1)}{2} = \dfrac{n^2+3n-4}{2}$

平均移动次数 $\qquad M_{\mathrm{avg}} = \sum_{i=2}^{n} \dfrac{i+1+2}{2} = \dfrac{n^2+7n-8}{4} \qquad 量级为 O(n^2)$

从空间来看,它只需要1个记录的辅助空间,其空间复杂度为$O(1)$。

表 9.2　直接插入排序执行过程及比较次数和元素移动次数

i	$r[0]$	j	$r[1]$	$r[2]$	$r[3]$	$r[4]$	$r[5]$	$r[6]$	$r[7]$	比较次数	移动次数
2	4	1	5	4	12	27	20	3	1		送$r[0]$1次
		0	4	5	12	27	20	3	1	2	2
3	12	2	4	5	12	27	20	3	1	1	2
4	27	3	4	5	12	27	20	3	1	1	2
5	20	4	4	5	12	20	27	3	1	2	3
		3									
6	3	5									
		4									
		3									
		1									
		0	3	4	5	12	20	27	1	6	7
7	1	6									
		5									
		4									
		3									
		2									
		1									
		0	1	3	4	5	12	20	27	7	8

9.3　折半插入排序

由于直接插入排序的内循环(从 1 到 $i-1$)的查找(或说是比较)是在(部分)有序表的环境下进行的,所以内循环可以用"折半查找法",其速度比用顺序查找法要快。采用折半查找法的插入排序算法称为折半插入排序,其算法可描述如下:

```
void BinInsertSort(List& r, int n)
{
    for(i = 2; i <= n; i++)
    {
        r[0] = r[i];
        low = 1;
        high = i - 1;
        while(low <= high)
        {
```

```
            m = (low + high) / 2;
            if (r[0].key < r[m].key)
                    high = m − 1;
            else
                    low = m + 1;
        }
        for (j = i − 1; j >= low; j−−)
            r[j + 1] = r[j];        //把从第 low 起到第 i−1 个记录后移
        r[low] = r[0];              //将第 i 个记录插入
    }
}
```

折半插入排序仅在比较次数上比直接插入排序有所减少,而附加存储空间及记录的移动次数仍与直接插入排序相同,因此总的时间复杂度仍然是 $O(n^2)$。

9.4 冒泡排序

冒泡排序法属于交换类排序,在冒泡排序过程中每次将两个相邻记录间的关键字进行比较,小者往上浮,大者往下沉,故称为冒泡排序。其基本思想是:比较 k_1 和 k_2,如果不符合排序顺序,就交换 R_1 和 R_2;然后对记录 R_2 和 R_3、R_3 和 R_4 等进行相同的工作,直到 R_{n-1} 和 R_n 为止,到此得到一个最大关键字值存在 R_n 的位置上(通常将此过程叫作一趟)。重复这个过程,直到得到在位置 R_{n-1},R_{n-2},…,R_1 等处的适当记录,此时所有记录就排好序了。

冒泡排序

例如:对关键字序列 7,4,8,3,9 进行冒泡排序的过程如图 9.2 所示。

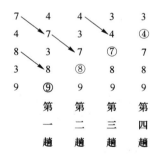

图 9.2 冒泡排序的过程

因为到第四趟就没有交换的偶对了,所以整个排序过程结束。

显然,可以用循环来实现冒泡排序,如果在某次循环中,没有进行过记录的交换,则说明这组记录已符合排序顺序,循环可以结束。这里,利用一个标志变量 all 来控制循环。

$$all = \begin{cases} T & 标志没有交换发生 \\ F & 标志有交换发生 \end{cases}$$

具体算法描述如下:

```
void BubbleSort(List& r, int n)
{
```

```
    k = n;
    do
    {
        all ='T';
        for (m = 1; m <= k - 1; m++ )
        {
            i = m + 1;
            if (r[m].key > r[i].key)
            {
                max = r[m]; r[m] = r[i];
                r[i] = max;  all ='F';
            }
        }
        k--;
    }while((all !='T') && (k != 1));
}
```

【例 9.1】 对关键字序列 46，38，65，97，76，13，27，49 进行冒泡排序的过程如图 9.3 所示。

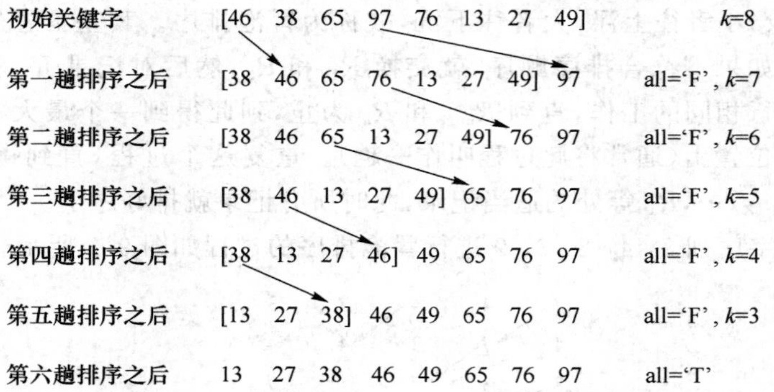

初始关键字	[46 38 65 97 76 13 27 49]	$k=8$
第一趟排序之后	[38 46 65 76 13 27 49] 97	all='F', $k=7$
第二趟排序之后	[38 46 65 13 27 49] 76 97	all='F', $k=6$
第三趟排序之后	[38 46 13 27 49] 65 76 97	all='F', $k=5$
第四趟排序之后	[38 13 27 46] 49 65 76 97	all='F', $k=4$
第五趟排序之后	[13 27 38] 46 49 65 76 97	all='F', $k=3$
第六趟排序之后	13 27 38 46 49 65 76 97	all='T'

图 9.3 冒泡排序过程示例

从上述过程容易看出,若初始文件按关键字非递减有序,则只需进行一趟排序,在排序过程中进行 $n-1$ 次关键字间的比较,且没有记录的移动;若初始文件按关键字非递增有序,则需进行 $n-1$ 趟排序,总的比较次数为 $\sum_{m=1}^{n-1}(n-m) = n(n-1)/2 \approx n^2/2$。

因为每比较一次就要交换一次记录(最坏情况),而每交换一次就要移动三次记录,故记录移动次数最多为 $3n^2/2$。因此,总的时间复杂度为 $O(n^2)$。

9.5 希 尔 排 序

希尔排序是 Shell 在 1959 年提出的,通常又称为渐减增量排序(diminishing increment sort)。该法的大意是:先取定一个两项之间的距离 $d_1(d_1 \leqslant n$,其中 n 为整个表的长度),反复比较两个相距 d_1 的项,直到以 d_1 为距离划分的组排好序为止(至此一趟排序完成);然后取 $d_2 < d_1$,再继续以 d_2 为距离反复比较每两个相距为 d_2 的项,依此类推,取每个 $d_{i+1} < d_i$,一直到 $d_t = 1$ 为止,就完成了整个排序过程。

例如,对关键字序列 46,55,13,42,94,17,05,70 进行希尔排序的过程如图 9.4 所示。

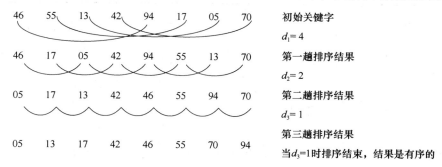

图 9.4　希尔排序过程示例

希尔排序的实质除去逐步缩小增量这点外,主要取决于在每趟中对划分出的组采用何种排序方法。

下面给出了一个在希尔排序中对每趟划分出的组采用冒泡排序的算法:

```
void ShellBubbleSort(List& r, int n)
{
    d = n;                              //增量的初值
    while (d > 1)
    {
        d = d / 2;
        do
        {
            all ='T';
            for(i = 1; i <= n - d; i++)
            {
                j = i + d;
                if (r[i].key > r[j].key)
                {
                    max = r[i];  r[i] = r[j];  r[j] = max;
                    all ='F';
                }
            }
        }while (all !='T')
    }
}
```

上述算法的执行过程如表 9.3 所示,其中加框的数据表示已交换位置。

希尔排序算法中,每一趟以不同的增量进行冒泡排序。如在表 9.3 所示的例子中,第一趟增量为 4,第二趟增量为 2,第三趟增量为 1。在每一趟排序中不需要逐项进行比较,记录作跳跃式移动,所以能提高排序速度。但究竟比冒泡排序提高多少,却很难计算。由于其排序速度是一系列增量的函数,故对较大的 n 来说,增量 d_i 究竟取多大合适很难确定。若按照 $d_{i+1} = \lfloor d_i/2 \rfloor$ 来取,那么,因每次后一增量是前一量的 1/2,故若第一次 d_1 取 n,那么经过 $t = \lfloor \log_2 n \rfloor$ 次之后,$d_t = 1$。这时,其速度为 $O(nt)$,即 $O(n\log_2 n)$。

表 9.3　希尔排序的执行过程

d	all	i	j	r[1]	r[2]	r[3]	r[4]	r[5]	r[6]	r[7]	r[8]
	T	1	5	46	55	13	42	94	17	05	70
		2	6	46	55	13	42	94	17	05	70
	F	3	7	46	17	13	42	94	55	05	70
4	F	4	8	46	17	05	42	94	55	13	70
	T	1	5	46	17	05	42	94	55	13	70
		⋮	⋮	⋮	⋮	⋮	⋮	⋮	⋮	⋮	⋮
		4	8	46	17	05	42	94	55	13	70
	T	1	3	05	17	46	42	94	55	13	70
	F	2	4	05	17	46	42	94	55	13	70
		3	5	05	17	46	42	94	55	13	70
		4	6	05	17	46	42	94	55	13	70
		5	7	05	17	46	42	13	55	94	70
		6	8	05	17	46	42	13	55	94	70
2	T	1	3	05	17	46	42	13	55	94	70
		2	4	05	17	46	42	13	55	94	70
		3	5	05	17	13	42	46	55	94	70
	F	4	6	⋮	⋮	⋮	⋮	⋮	⋮	⋮	⋮
		6	8	05	17	13	42	46	55	94	70
	T	1	3								
		⋮	⋮	⋮	⋮	⋮	⋮	⋮	⋮	⋮	⋮
		6	8	05	17	13	42	46	55	94	70
	T	1	2	05	17	13	42	46	55	94	70
	F	2	3	05	13	17	42	46	55	94	70
		3	4	05	13	17	42	46	55	94	70
		4	5	05	13	17	42	46	55	94	70
1		5	6	05	13	17	42	46	55	94	70
		6	7	05	13	17	42	46	55	94	70
		7	8	05	13	17	42	46	55	70	94
	T	1	2								
		⋮	⋮	⋮	⋮	⋮	⋮	⋮	⋮	⋮	⋮
		7	8	05	13	17	42	46	55	70	94

若在希尔排序中对每趟划分出的组采用插入排序,其时间复杂度较直接插入排序低。下面先将直接插入排序算法改写成如下形式:

```
void  ShellInsert (List& r,int d)
//本算法对直接插入算法作了以下修改:
//(1)前后记录位置的增量是 d,而不是 1;
//(2)r[0]只是暂存单元,不是哨兵,当 j≤=0 时,插入位置已找到
{
    for(i = d + 1; i <= n; i + + )
    {
        if(r[i].key< r[i－d].key)        //需将 r[i]插入有序增量子表
```

```
        {
            r[0] = r[i];                    //暂存在 r[0]
            j = i - d;
            while((j > 0) && (r[0].key < r[j].key))
            {
                r[j + d] = r[j];            //记录后移,查找插入位置
                j = j - d;
            }
            r[j + d] = r[0];                //插入
        }
    }
}
```

希尔排序的算法如下:

```
void ShellInsertSort (List& r, int dlta[], int t);
{   //按增量序列 dlta[0..t-1]对顺序表 r 作希尔排序
    for(k = 0; k < = t; k + + )
        ShellInsert(r, dlta[k]);
}
```

希尔排序算法的分析比较复杂,因为它的时间是所取"增量"序列的函数,这涉及一些数学上尚未解决的难题。有兴趣的读者可参考 Knuth 所著的《计算机程序设计技巧》第 3 卷,它给出希尔排序的平均比较次数和平均移动次数都为 $n^{1.3}$ 左右。增量序列可以有各种取法,到目前为止尚未有人求得一种最好的增量序列。

9.6 快 速 排 序

快速排序又称为分划交换排序,这一方法是由 Hoare 在 1962 年提出来的。设输入文件中有 n 个记录 $R_1,R_2,\cdots,R_n$,它们对应的关键字是 $k_1,k_2,\cdots,k_n$。该法先取文件中任意一个记录 k(通常选第一个记录),然后用 k 从两头到中间进行比较/交换,就能形成一个分划:凡小于 k 的被移到左边,凡大于等于 k 的被放到右边。从两头到中间进行比较/交换的过程如图 9.5 所示。

从上例可见,在第四次交换完成以后,$k=k_1=46$ 已把初始关键字序列分成了两个子序列(即子文件)。左边的部分 $k_1,k_2,\cdots,k_{i-1}$ 皆 $<k$,而右边的部分 $k_{i+1},k_{i+2},\cdots,k_n$ 皆 $\geqslant k$。显然,$k=46$ 已进入它最终的排序位置。在排序过程中,k 一直保留在 x 单元中,其中的交换只需要一个移动位置,另一个关键字一直在 x 单元中,因此实际上只是一个半交换操作。

经过如上的一趟排序之后,用 k 把整个文件分划成两个子文件,然后再分别对这两个子文件重复上述过程进行排序直至每一部分中剩下一个记录为止。

快速排序算法的步骤如下:

(1) 选定 R_1 为起点,且 $R_1 \rightarrow x$;

(2) 从最末项 R_p 开始起指针 j 倒向前找到第一个 $k_j < x.\text{key}$ 或 $i \geqslant j$ 时,则判 $i < j$ 是否成立,若是,则 $R_j \rightarrow R_i,i=i+1$;

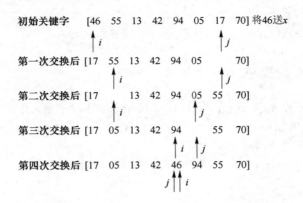

图 9.5　从两头到中间进行比较/交换的过程

（3）从 R_i 项起指针 i 向前扫描,找到第一个 $k_i > x.\text{key}$ 或 $i \geqslant j$ 时,判 $i < j$ 是否成立,若是,则 $R_i \to R_j, j = j-1$;

（4）上述过程进行到 $i=j$ 时停止,将 $x \to R_i$,同时 $i=i+1, j=j-1$,即 x 已在正确位置上,并将原文件分为两个子文件;

（5）重复调用上述过程,直到将整个文件排好序为止。

基于递归调用的快速排序算法如下:

```
void QuickSort(List& r, int L, int P)        //将 r[L]至 r[P]进行快速排序
{
    i = L; j = P; x = r[i];                  //置初值
    do
    {
        while ((r[j].key >= x.key) && (j > i))
            j--;                             //从表尾一端开始比较
        if (i < j)
        {
            r[i] = r[j];                     //将 r[j].key<x.key 的记录移至 i 所指位置
            i++;
            while ((r[i].key <= x.key) && (i < j))
                i++;                         //再从表的始端起进行比较
            if (i < j)
            {
                r[j] = r[i];
                j--;
            }
        }
    } while (i != j);
    r[i] = x; i++; j--;                      //一趟快排结束,将 x 移至正确位置
    if (L < j)
        QuickSort(r, L, j);                  //反复排序前一部分
    if (i < P)
```

快速排序

```
    QuickSort(r,i, P);                    //反复排序后一部分
}
```

表 9.4 给出了对上例进行快速排序的过程。

表 9.4 快速排序的执行过程

文件	当前正待排序的子文件的左右界(L,P)	堆栈,横线表示空栈
[46 55 13 42 94 05 17 70]	(1,8)	
[17 05 13 42] 46 [94 55 70]	(1,4)	(6,8)
[13 05] 17 [42] 46 [94 55 70]	(1,2)	(6,8)
05 13 17 42 46 [94 55 70]	(6,8)	——
05 13 17 42 46 [70 55] 94	(6,7)	——
05 13 17 42 46 55 70 94	——	

快速排序是目前内部排序中速度最快的方法,若关键字是均匀分布的,我们可以粗略地认为每次划分都把文件分成长度相等的两个子文件。设 $T(n)$ 为排序 n 个记录所需的比较次数,则有

$$T(n) \leqslant cn + 2T(n/2) \quad (其中, cn 为进行一趟排序所需的比较次数)$$
$$\leqslant cn + 2(cn/2 + 2T(n/4))$$
$$\leqslant cn + 4T(n/4)$$
$$\leqslant \cdots$$
$$\leqslant \log_2 n \cdot cn + nT(2)$$
$$= O(n\log_2 n)$$

经验表明,在所有基于比较的同数量级排序方法中,快速排序的常数因子 c 最小,因而其平均性能最好。但是,如果原来的文件是有次序的,即 $k_1 \leqslant k_2 \leqslant \cdots \leqslant k_n$,则每个"分划"操作几乎都是无用的,因为它仅使子文件的大小减少一个元素。这种情况(它应是所有情况中最易于排序的)使得快速排序根本不快,它的运行时间接近于冒泡排序,其时间复杂度为 $O(n^2)$。因此,快速排序偏爱一个无次序的文件!

霍尔曾建议用两种方法来弥补这种情况。他的建议之一是进行一趟快排之前,先在 L 和 P 之间选择一个随机整数 q,并将 R_q 送 x 单元,再将 R_1 送 R_q,然后进行分划。他的建议之二是在进行一趟快排之前,首先考察文件的小样品,即比较 $R_1.key$、$R_P.key$ 和 $R_{P/2}.key$,将三者中关键字取中值的记录和 R_1 交换。经验证明,采用以上两种方法可以改善快速排序在最坏情况下的性能。

存储空间方面,快速排序需一个栈来实现递归。若每一趟排序都能使文件均匀分割为两部分,则栈的最大深度为 $\lceil \log_2 n \rceil$(包括最外层参量进栈)。然而,在最坏情况下(即关键字有序时),栈的最大深度为 n。

9.7 简单选择排序

简单选择排序算法的基本思想是:首先在 n 个记录中选择一个具有最小或最大关键字的记录,将选出的记录与集合中的第一个记录交换位置。然后在 R_2 至 R_n 中选一个最小或最大

的值与 R_2 交换位置……依此类推,直到 R_{n-1} 和 R_n 比较完毕。

其算法描述如下:

```
void SelectionSort(List& r,int n)
//每次从 r[j](j=i，i+1，…，n)中选择最小值与 r[i](i=1,2,…,n-1)交换,进行排序
{
    for (i=1;i<=n-1; i++)            //共进行 n-1 趟排序
    {
        m = i;
        for(j=i+1; j<=n; j++)
        if(r[j].key < r[m].key)
            m = j;                   //m 指示关键字最小的记录的序号
        if (m != i)
        {
            x = r[i]; r[i] = r[m]; r[m] = x;
        }
    }
}
```

选择排序

表 9.5 给出了对关键字序列 055,55,60,13,05,94,17,70 进行简单选择排序的过程。显然,该算法是不稳定的,因为原始时 055 在 55 前面,经过选择排序后它们的相对位置发生了变化。

表 9.5　简单选择排序算法的执行过程及比较次数

i	m	j	$r[1]$	$r[2]$	$r[3]$	$r[4]$	$r[5]$	$r[6]$	$r[7]$	$r[8]$	比较次数
1	1	2	055	55	60	13	05	94	17	70	
	⋮	⋮	⋮	⋮	⋮	⋮	⋮	⋮	⋮		
	5	8	05	|55	60	13	055	94	17	70	7
2	2	3									
	⋮	⋮							⋮	⋮	
	4	8	05	13	|60	55	055	94	17	70	6
3	3	4									
	⋮	⋮									
	7	8	05	13	17	|55	055	94	60	70	5
4	4	5									
	⋮	⋮									
		8	05	13	17	55	|055	94	60	70	4
5	5	6									
		7									
		8	05	13	17	55	055	|94	60	70	3
6	6	7									
	⋮	⋮									
	7	8	05	13	17	55	055	60	|94	70	2
7		8	05	13	17	55	055	60	70	94	1

算法的复杂性分析:通过表 9.5 中的比较次数看出,选第一个最小值时需进行 $n-1$ 次比较,选第二个最小值时需进行 $n-2$ 次比较……选第 $n-1$ 个最小值时需进行 $n-(n-1)=1$ 次比较。

总的比较次数为:

$$(n-1)+(n-2)+\cdots+1=\sum_{i=1}^{n-1}(n-i)=\frac{n(n-1)}{2}=\frac{n^2}{2}$$

故排序 n 个记录所需时间为 $O(n^2)$。

由于执行一次交换,需移动三次记录,最多交换 $n-1$ 次,故移动记录的次数最多为 $3(n-1)$。

9.8　堆　排　序

若有一棵完全二叉树的结点集合 $\{R_1,R_2,\cdots,R_n\}$,当且仅当满足:

$$\begin{cases} R_i.\,\mathrm{key}\leqslant R_{2i}.\,\mathrm{key} \\ R_i.\,\mathrm{key}\leqslant R_{2i+1}.\,\mathrm{key} \end{cases} \quad 或 \quad \begin{cases} R_i.\,\mathrm{key}\geqslant R_{2i}.\,\mathrm{key} \\ R_i.\,\mathrm{key}\geqslant R_{2i+1}.\,\mathrm{key} \end{cases} (i=1,2,\cdots,\lfloor n/2\rfloor)$$

时,称为堆。

例如,下列两个序列为堆,对应的完全二叉树如图 9.6 所示。

$\{96,83,27,38,11,09\}$

$\{12,36,24,85,47,30,53,91\}$

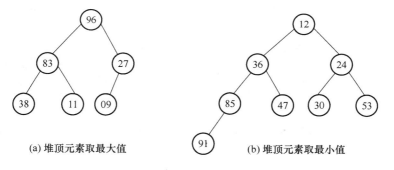

图 9.6　堆的示例

堆虽然以树的形式将其表示出来,但这里并不存在指针,它的存储表示其实是一个一维数组。例如,图 9.6(b) 的堆可表示成图 9.7 中的数组。

12	36	24	85	47	30	53	91

图 9.7　堆的存储表示

那么,对一组给定的关键字序列,如 46,55,13,42,94,17,05,70,如何将其表示成堆结构呢? 首先将关键字集合用完全二叉树的形式排列,即

$k_1,k_2,k_3,\ k_4,k_5,k_6,k_7,k_8$

$\{46,55,13,42,94,17,05,70\}$

第一个结点 46 为根结点;第二个结点 55 为 46 的左孩子;第三个结点 13 为 46 的右孩子;第四个结点 42 为 55 的左孩子;依此类推,组成如图 9.8 所示的一棵完全二叉树。

然后开始建堆,建堆的过程是采用筛选法,通过逐遍的过筛把大的关键字筛到堆底。对

图9.8建初始堆的过程如图9.9所示。

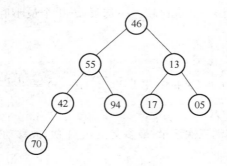

图9.8　一棵完全二叉树

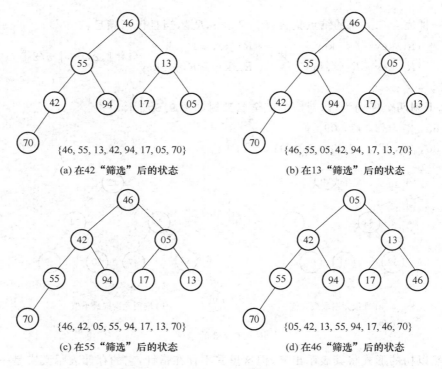

(a) 在42"筛选"后的状态　　{46, 55, 13, 42, 94, 17, 05, 70}

(b) 在13"筛选"后的状态　　{46, 55, 05, 42, 94, 17, 13, 70}

(c) 在55"筛选"后的状态　　{46, 42, 05, 55, 94, 17, 13, 70}

(d) 在46"筛选"后的状态　　{05, 42, 13, 55, 94, 17, 46, 70}

图9.9　建初始堆示例

筛选的方法是这样的:假设集合中有 m 个结点,从某个结点 i(第一个 $i=\lfloor m/2 \rfloor$)开始筛选,先看第 i 个结点的左、右子树,设第 i 个结点的左子树为 k_j,右子树为 k_{j+1},若 $k_j < k_{j+1}$(即左<右),则沿左分支筛选;否则沿右分支筛选。将 k_i 与 k_j 进行比较,若 k_i 大于 k_j(即根结点的关键字>左子树结点的关键字),则进行对调,小的上来大的下去。然后以 k_j 作为新的根结点,再对新的根结点的左、右子树进行判断。重复上述过程,直到某个结点的左或右子树结点的下标大于 m 时为止。

第一次筛选:

因为 $m=8$,所以 $i=\lfloor m/2 \rfloor=4$,从 $i=4$ 开始,看 k_4 的左、右子树,仅有左子树,因此 42 与 70 比较,因 42<70,所以不变。$j=2 \times i=8$,将 $j=i$,再向下看,此时的 i 无左、右子树,所以返回,如图9.9(a)所示。

第二次筛选:

$i=3,k_3=13$,13 的左、右子树为 17 和 05,因 05<17,故沿右子树进行比较,因 13>05,进行对调,13 下来,05 上去,此时 13 无左、右子树,所以返回,二叉树变为图 9.9(b)所示。

第三次筛选:

$i=2,k_2=55$,因 42<94,故沿 42 向下筛选。因 42<55,所以对调,此时 55 还有左子树 70,因 55<70,所以不变,再向下,70 无左、右子树,返回,此时二叉树变为图 9.9(c)所示。

第四次筛选:

$i=1,k_1=46$,因 05<42,故沿右子树筛选。因 05<46,故对调,此时 46 有左、右子树 13、17。因 13<17,故又沿右子树筛选 13<46,所以对调。对调后 46 再无左、右子树,返回,此时的二叉树为图 9.9(d)所示。此例经过 4 次调用筛选法就将一个无序序列建成一个堆。

用筛选法建堆的算法描述如下:

```
void sift(List& r,int k,int m)
//对 m 个结点的集合 r,从某个结点 i = k 开始筛选,如果 r[j]>r[j+1](j=2i),则沿右分支筛
//否则沿左分支筛,把关键字大的筛到堆底
{
    i = k; j = 2 * i; x = r[i];
    while (j < = m)
    {
        if ((j < m) && (r[j].key > r[j+1].key))      //左子树>右子树
            j++;                                      //沿右筛
        if(x.key > r[j].key)
        {
            r[i] = r[j]; i = j; j = 2 * i;
        }    //将关键字小的换到 i 位置,x.key 再准备与下一层的比较
        else
            j = m + 1;                                //强制跳出 while 循环
    }
    r[i] = x;                                         //将 x 放在适当的位置
}
```

一个无序序列建堆的过程就是一个反复"筛选"的过程。若将此序列看成是一个完全二叉树,则最后一个非终端结点是第 $\lfloor n/2 \rfloor$ 个元素,由此"筛选"只需从第 $\lfloor n/2 \rfloor$ 个元素开始,反复"筛选",最终得到堆。至此排序工作还未完成,只是选出了 n 个元素中最小的一个作为堆顶。我们利用拔尖的方法将堆顶输出,把最后的一个元素送到树根上(即堆顶位置),然后再从 $i=1$ 调用筛选算法,重建新堆,再将堆顶输出,将最后一个送到树根,再重建堆……如此往复,直到得到最后全部排好序的关键字序列。

堆排序的算法描述如下:

```
void HeapSort(List& r, int n)
//对 n 个结点的集合 r 进行堆排序
{
    for (i = n/2; i > = 1; i--)
        sift(r, i, n);                //从第 n/2 个结点开始进行筛选建初始堆
    for (k = n; k > = 2; k--)
    {
        t = r[k]; r[k] = r[1]; r[1] = t;
```

```
        printf("%d", r[k]);
        sift(r, 1, k-1);              //重建堆
    }
    printf("%d", r[1]);               //输出最后一个元素即最大元素
}
```

例如,以图 9.9(d)所示的堆为例,说明重建堆的执行过程,如图 9.10 所示。

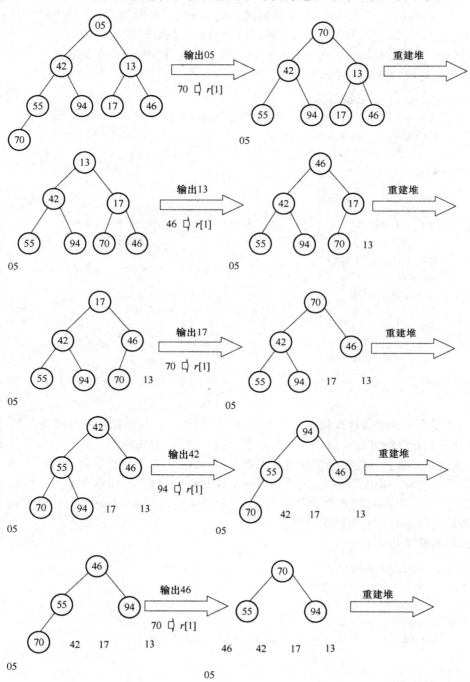

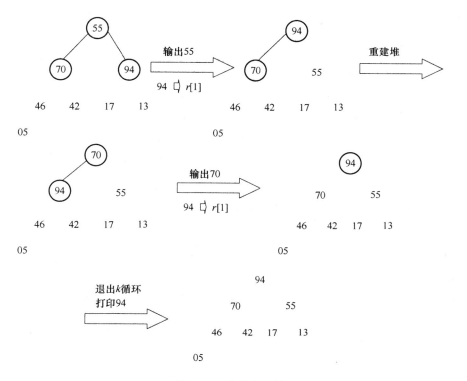

图 9.10 堆排序示例

堆排序对 n 较大的文件很有效,其运行时间主要花费在建初始堆和重建堆时进行的反复"筛选"上。在堆排序算法中,第一个 for 循环要执行 $\lfloor n/2 \rfloor$ 次(即对每一个有孩子的结点都要调用一次筛选过程)。对深度为 k 的堆,每次调用筛选法所进行的比较次数至多为 $2(k-1)$ 次。对深度为 h 的堆,由于第 i 层上的结点至多为 2^{i-1} 个,以它们为根的二叉树的深度为 $h-i+1$,则调用 $\lfloor n/2 \rfloor$ 次 sift 过程时(即建初始堆时)总共进行比较的次数不超过:

$$\sum_{i=h-1}^{1} 2^{i-1} \times 2(h-i) = \sum_{i=h-1}^{1} 2^i(h-i) = \sum_{j=1}^{h-1} 2^{h-j} \times j$$
$$= 2 \times 2^{h-1} \sum_{j=1}^{h-1} 2^{-j} \times j = 2n \sum_{j=1}^{b-1} \frac{j}{2^j} \leqslant 4n = O(n)$$

在第二个循环中,调用"筛选"算法 $n-1$ 次,最大深度为 $\lfloor \log_2 n \rfloor + 1$,因此总的比较次数不超过:

$$\underbrace{2(\lfloor \log_2(n-1) \rfloor + \lfloor \log_2(n-2) \rfloor + \cdots + \log_2 2)}_{n-2\text{项相加}} < 2n(\lfloor \log_2 n \rfloor)$$

由此,堆排序在最坏的情况下,其时间复杂度为 $O(n\log n)$。

9.9 归并排序

归并就是把多个有序的文件合并成一个有序的文件。例如,我们可以把文件$\{503,703,765\}$和文件$\{087,512,677\}$归并到一起,得到结果文件$\{087,503,512,677,703,765\}$。归并的方法很简单:比较诸文件的最小项目,输出其中之最小者,然后重复此过程,直到只剩下一个文件并将其输出为止。我们用上面的例子来说明这一方法,开始先比较 503 和 087,因 087

小故输出之,得到:

$$087 \begin{cases} 503,703,765 \\ 512,677 \end{cases}$$

接着比较 503 和 512,输出 503,又得到:

$$087\ 503 \begin{cases} 703,765 \\ 512,677 \end{cases}$$

接着比较 512 和 703,输出 512,然后 703 和 677 比较,输出 677 得到:

$$087\ 503\ 512\ 677 \begin{cases} 703,765 \\ 空 \end{cases}$$

因文件 2 已空,故只需依序输出 703 和 765,最终得到:

$$087\ 503\ 512\ 677\ 703\ 765$$

归并结束。

根据上述思想,给出如下的两路归并算法 merge 如下:

```
void merge(int s,int m,int n,List& r,List& r2)
//表 r 可看成首尾相接的两个文件,即需归并的两个文件为 r,归并到第三个表 r2 上,两个被归并文件
//采用的是顺序存放,第一个文件的下标从 s 到 m,第二个文件的下标从 m+1 到 n。在算法中使用了三
//个指针 i,j,k 分别指向第一个文件、第二个文件以及归并后的结果文件
{
    i = s;   //从 s 开始
    k = s;
    j = m + 1;
    while (i <= m) && (j <= n)            //当两个表都有内容未归并完时
    {
        if (r[i].key <= r[j].key)
        {
            r2[k] = r[i];
            i++;
        }
        else
        {
            r2[k] = r[j];
            j++;
        }
        k++;
    }
    if (i > m)
        Copy(r, j, n, r2);               //将 r[j]到 r[n]照抄至 r2 上,即表 1 已扫描完,照抄第 2 个表
    else
        Copy(r, i, m, r2);              //将 r[i]到 r[m]照抄至 r2 上
}
```

该算法的主要时间是用于记录的比较和传送上,两个文件共计有 $n-s+1$ 个记录,当 $s=1$ 时,运算的时间复杂度为 $O(n)$。空间方面,除了原来的两个文件外,另需 $n-s+1$ 个存储单元,移动记录的次数也是 $n-s+1$。

需要说明的是,算法 merge 仅仅是一个归并算法,并不是排序算法。但采用 merge 算法,很容易实现记录的排序,具体过程如下:先将初始文件分成长度为 1 的 n 个子文件并且归并相邻的子文件,可以得到大约 $n/2$ 个长度为 2 的子文件。重复这一过程,直到仅剩下一个长度为 n 的文件为止。

下面给出上述归并排序方法的类 C 语言描述。这里,设一个辅助数组 aux 来保存归并 r 的两个子数组所得的结果。变量 size 用于控制被归并子文件的大小。因为每次被归并的两个子文件总是 r 的两个子数组,所以用变量来指示子数组的上、下界。ib1 和 ub1 分别表示待归并的第一个子文件的下界与上界,ib2 和 ub2 分别表示第二个子文件的下界与上界。变量 i 和 j 用来指示待归并的两个子文件(即源文件)的元素,变量 k 用于指示归并得到的目标子文件的元素。

```
void MergSort(List& r, int n)
//r 存放待归并的文件,n 为待归并文件中记录的个数
{
    size = 1;                        //置被归并文件的长度为 1
    while (size < n)
    {
        ib1 = 1;                     //初始化第一个文件的起始下标
        while (ib1 + size <= n)      //检查是否还有子文件需要归并
        {
            ib2 = ib1 + size;
            ub1 = ib2 - 1;
            if (ib2 + size - 1 > n)
                ub2 = n;
            else
                ub2 = ib2 + size - 1;
            merge(ib1, ub1, ub2, r, aux);
            ib1 = ub2 + 1;
        }
        //复制剩余的单个子文件
        i = ib1;
        while (i <= n)
        {
            aux[i] = r[i];
            i ++ ;
        }
        for (k = 1; k <= n; k ++ )
            r[k] = aux[k];
        size = 2 * size;
    }
}
```

从上述算法可看出变量 size 的取值不超过 $\log_2 n$ 个,对 size 的每一个值都扫描 n 个记录,所以算法 MergSort 的时间复杂度是 $O(n\log_2 n)$。

图 9.11 所示的例子显示了上述算法的执行过程,排序过程中待归并的每个子文件用方括号括起来。

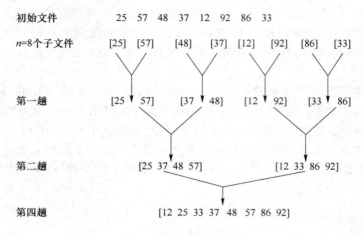

图 9.11　归并排序示例

9.10　基 数 排 序

基数排序和以前所研究过的各类排序方法均不同,前面介绍的排序方法都是按关键字值的大小进行排序的,而基数排序是按关键字各位的值进行排序的技术。

它把关键字 k 看成一个 d 元组,即 $k=(k^1,k^2,\cdots,k^d)$,其中 k^d 是最低位关键字;k^{d-1} 是次低位关键字……k^1 是最高位关键字。例如,若关键字是数字 $k=172$,则它可以表示成 $k=(k^1,k^2,k^3)=(1,7,2)$,该关键字中有三个十进制数字,每位可以出现 0,1,2,3,…,9 中任意一个,因此其基数 rd 等于 10。为实现多关键字排序,通常有两种方法,第一种方法是按关键字最高位优先的排序方法,简称为 MSD 方法;第二种方法是按关键字最低位优先的排序方法,简称为 LSD 方法。

最高位优先的排序方法 MSD 的思想为:先对 k^1 进行排序,并按 k^1 的不同值将记录序列分成若干子序列之后,分别对 k^2 进行排序,依此类推,直至最后对最低位关键字 k^d 排序完成为止。

最低位优先的排序方法 LSD 的思想为:先对 k^d 进行排序,然后对 k^{d-1} 进行排序,依此类推,直至对最主位关键字 k^1 排序完成为止。排序过程中不需要根据"前一个"关键字的排序结果将记录序列分割成若干个("前一个"关键字不同的)子序列。

例如:学生记录含系别、班号和班内的序号三个关键字,其中以系别为最高位关键字,班内序号为最低位关键字。设有五个学生的信息分别为:(3,2,30),(1,2,15),(3,1,20),(2,3,18),(2,1,20),则采用 LSD 进行排序的过程如下:

对 k^3 排序 (1,2,**15**) (2,3,**18**) (3,1,**20**) (2,1,**20**) (3,2,**30**)

对 k^2 排序 (3,**1**,20) (2,**1**,20) (1,**2**,15) (3,**2**,30) (2,**3**,18)

对 k^1 排序 (**1**,2,15) (**2**,1,20) (**2**,3,18) (**3**,1,20) (**3**,2,30)

在多关键字记录序列中,如果每个关键字的取值范围相同,则按 LSD 法进行排序时可以采用"分配—收集"的方法,其好处是不需要进行关键字间的比较。对于数字型或字符型的单关键字,可以看成是由多个数位或多个字符构成的多关键字,此时也可以采用"分配—收集"的办法进行排序。具体而言,就是从最低位关键字起,按关键字的不同值将记录"分配"到 rd 个桶中去后再"收集",如此重复 d 次,便是基数排序。

实际上早在计算机出现之前就有的卡片分类机对穿孔卡片上的记录进行排序用的就是这种方法。然而,在计算机出现之后却长期得不到应用,原因是所需的辅助存储量(rd×n 个记录空间)太大。直到1954年有人提出用"计数"代替"分配"才使基数排序得以在计算机上实现,但此时仍需要 n 个记录和 $2×$rd 个计数单元的辅助空间。此后,有人提出用链表作文件的存储结构,则又省去了 n 个记录的辅助空间。下面我们就来介绍这种"链式基数排序"的方法。

具体做法是:根据其基数 rd,置 rd 个桶,第一次从关键字的最低位开始,将每个关键字送进相应的桶(低位数是 j 就送进第 i 个桶)。然后,再依0至 rd 的顺序回收,且在同一桶内是先进先回收(即一个桶相当于一个队列)。第二次从第二位开始,按上述方法处理……直至最高位,最后得到排序好的文件。

例如,有一组关键字{179,208,306,093,859,984,055,009,271,033},这些关键字是10进制数,基数 rd=10,位数 $d=3$。文件的初始状态是一个单链表,表头指针指向第一个记录,如图9.12所示:

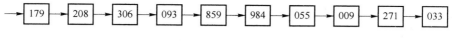

图9.12　文件的初始状态

第一趟分配对最低关键字(个位数)进行,改变记录的指针值将文件中的记录分配至10个队列(桶)中去,每个队列中记录关键字的个位数均相等,如图9.13(a)所示,其中 $f[i]$ 和 $e[i]$ 分别为第 i 个队列的头指针和尾指针。第一趟收集是改变所有非空队尾记录的指针域,令其指向下一个非空队列的队头记录,重新将10个队列中的记录链成一个链表文件,如图9.13(b)所示。

第二趟分配及收集和第三趟分配及收集分别是对十位数和百位数进行的,其过程和个位数相同,如图9.13(c)~(f)所示,至此,排序完毕。

若想从大到小排序,分配的过程与上述相同,收集的过程是从第 $e[9]$ 队列向 $e[0]$ 方向收集。

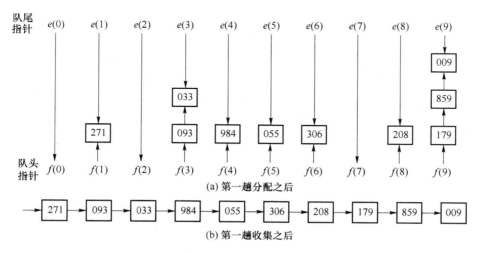

(a) 第一趟分配之后

(b) 第一趟收集之后

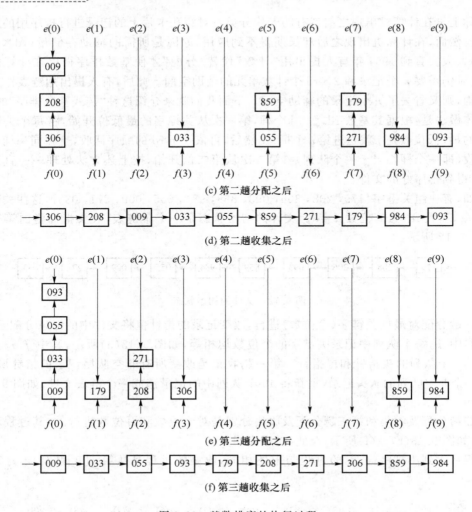

图 9.13 基数排序的执行过程

下面给出基数排序的简要算法。

```
#define MAX_NUM_OF_KEY   关键字项数(位数)的最大值
#define RADIX    关键字的基数
#define MAX_SPACE 10000
typedef struct
{
    keytype keys[MAX_NUM_OF_KEY];   //关键字
    InfoType otheritems;            //其他数据项
    int next;
}SLCell;                            //静态链表的结点类型
typedef struct
{
    SLCell r[MAX_SPACE];            //静态链表的可利用空间,r[0]为头结点
    int recnum;                     //静态链表的当前长度
```

基数排序

```
}SLList;                        //静态链表的类型
typedef int ArrType[RADIX];     //指针数组类型
```

分配算法：

```
//静态链表 L 的 r 域中记录已按(keys[i+1],keys[i+2],…,keys[d-1])有序,本算法按第 i 个关键
//字 keys[i]建立 RADIX 个子表,使同一子表中记录的 keys[i]相同,f[0..RADIX-1]和 e[0..RADIX-1]
//分别指向各子表中的第一个和最后一个记录
void Distribute(SLCell r[], int i, ArrType &f, ArrType &e )
{
    for (j = 0; j<RADIX-1; ++j)
        f[j] = 0;                   //各子表初始化为空表
    for (p = r[0].next; p; p = r[p].next)
    {
        j = ord(r[p].keys[i]);      //ord 将记录中第 i 个关键字映射到[0..RADIX-1]
        if (! f[j])
            f[j] = p;
        else
            r[e[j]].next = p;
        e[j] = p;                   //将 p 所指的结点插入第 j 个子表中
    }
}
```

收集算法：

```
//本算法按 keys[i]自小至大地将 f[0..RADIX-1]所指各子表依次链接成一个链表
//e[0..RADIX-1]为各子表的尾指针
void Collect(SLCell r[], int i, ArrType f, ArrType e )
{
    for (j = 0; ! f[j]; j = succ(j))    //找第一个非空子表,succ 为求后继函数
        r[0].next = f[j];               //r[0].next 指向第一个非空子表中第一个结点
    t = e[j];
    while (j < RADIX)
    {
        for (j = succ(j); j<RADIX-1)&&(! f[j]); j = succ(j));    //找下一个非空子表
        if (f[j])
        {
            r[t].next = f[j];
            t = e[j];                   //链接两个非空子表
        }
    }
    r[t].next = 0;                      //t 指向最后一个非空子表中的最后一个结点
}
```

基数排序算法：

```
//对 L 作基数排序,使得 L 成为按关键字自小到大的有序静态链表,L.r[0]为头结点
```

```
void  RadixSort(SLList &L)
{

    for (i = 0; i<L.recnum - 1; ++ i)
        L.r[i].next = i + 1;           //将 L 改造为静态链表
    for (i = RADIX - 1; i>= 0; i-- )
    {  //按最低位优先依次对各关键字进行分配和收集
        Distribute(L.r, i, f, e);      //第 i 趟分配
        Collect(L.r, i, f, e);         //第 i 趟收集
    }
}
```

从算法中容易看出，对于 n 个记录(假设每个记录含 d 个关键字，每个关键字的取值范围为 rd 个值)进行基数排序的时间复杂度为 $O(d(n+rd))$，其中每一趟分配的时间复杂度为 $O(n)$，每一趟收集的时间复杂度为 $O(rd)$，整个排序需进行 d 趟分配和收集。所需辅助空间为 $2\times rd$ 个队列指针。当然，由于需用链表作存储结构，则相对于其他以顺序结构存储记录的排序方法而言，还增加了 n 个指针域的空间。

9.11　总　　结

本章介绍了 10 种内排序方法。由于这些方法各有其优缺点，难以得出哪个最好，哪个最差的结论。因此，需要在不同场合选用不同的方法。一般情况下考虑的原则有：

① 待排序的记录个数 n；

② 记录本身的大小；

③ 关键字的分布情况；

④ 对排序稳定性的要求；

⑤ 语言工具的条件等。

综合本章讨论的各种排序方法，提出下列几点建议。

(1) 若待排序的一组记录数目 n 较小(如 $n\leqslant50$)时，可采用插入排序和简单选择排序。且由于插入排序所需移动操作较选择排序多，因此在时间复杂度同为 $O(n^2)$ 的情况下，若记录本身较大(即所含数据项多，占存储量大)时，用简单选择排序较好。

(2) 若 n 较大，则应采用时间复杂度为 $O(n\log_2 n)$ 的排序方法：快速排序、堆排序或归并排序。快速排序是目前内部排序中被认为最好的方法，当待排序的关键字是随机的数据时，快速排序的平均运行时间最短；但堆排序只需 1 个记录的辅助空间，并且不会出现快速排序可能出现的最坏情况。这两种排序都是不稳定的排序方法。归并排序能满足稳定性的要求，通常可以和插入排序结合使用，即先利用插入排序得到长度<50 的有序段，然后再两两归并。

(3) 若待排序记录已按关键字基本有序，则宜采用插入排序或冒泡排序。

(4) 当 n 很大，而关键字位数较少时，采用链式基数排序较好。

(5) 在一般情况下，进行内部排序时，待排序记录用顺序结构存放即可，如本章讨论的算法，除基数排序外，都是在一维数组的基础上实现的。当记录本身较大时，为避免耗费大量时间移动记录，可类似于链式基数排序，以链表作存储结构。如插入排序和归并排序都易于在链表上实现，分别称为表插入和表归并。但有的排序方法，如快速排序和堆排序，无法对链表实

现,则可提取关键字建立"索引"进行排序,最后再调整记录。

习 题 9

一、简答题

1. 给定一组排序码 43,78,39,11,5,89,97,试写出直接插入排序、希尔排序每一趟的排序结果。

2. 已知关键字序列为 17,18,60,40,7,32,73,65,85,给出用冒泡排序法对该序列进行升序排序时每一趟的结果。

3. 在冒泡排序的过程中,什么情况下记录会朝向排序相反的方向移动,试举例说明,在快速排序过程中有没有这种现象发生。

4. 对初始状态如下(长度为 n)的各序列进行直接插入排序时,至多需要进行多少次关键字的比较(排序后的结果从小到大)?

(1) 关键字从小到大有序($k_1 < k_2 < \cdots < k_n$);

(2) 关键字从大到小有序($k_1 > k_2 > \cdots > k_n$);

(3) 序号为奇数的关键字顺序有序,序号为偶数的关键字顺序有序($k_1 < k_3 < k_5 < \cdots, k_2 < k_4 < k_6 < \cdots$);

(4) 前半部分关键从小到大,后半部分关键字从大到小($k_1 < k_2 < \cdots < k_{\lfloor n/2 \rfloor}, k_{\lfloor n/2 \rfloor+1} > k_{\lfloor n/2 \rfloor+2} > \cdots > k_n$)。

5. 给定关键字为 53,87,96,48,105,35,256,128,353,408,试写出归并排序每一趟的结果。

6. 如果只要求得到一个关键字序列中前 k 个最小元素的排序序列,最好采用什么排序算法,为什么?

7. 给定关键字序列为 153,66,512,78,908,131,267,385,649,416,试写出每一趟基数排序时分配和收集的结果。

二、算法设计与分析题

1. 设计一个用链表表示的直接插入排序算法。

2. 设计一个用链表表示的简单选择排序算法。

3. 一个线性表中的元素为正整数或负整数,设计一个算法将正整数和负整数分开,使线性表前一半为负整数,后一半为正整数,不要求对这些元素进行排序,但要求尽量减少交换次数。

4. 已知 $k_1, k_2, \cdots, k_n$ 是堆,试写一个算法将 $k_1, k_2, \cdots, k_n, k_{n+1}$ 调整为堆。

5. 编写一个算法,删除堆顶元素并使剩下的元素仍构成一个堆。

6. 如果输入的已为有序表,试证明使用快速排序,其时间复杂度为 $O(n^2)$。

7. 在实现快速排序的非递归算法时,可根据基准对象,将待排序关键字划分为两个子序列,若下一趟首先对较短的子序列进行排序,试分析在此方法中,快速排序算法所需栈的最大深度。

参 考 文 献

[1]　吴伟民,严蔚敏. 数据结构(C语言版). 北京:清华大学出版社,2009.

[2]　Horrqirz E, Sahni S. Fundamental of Data Structure. London:Pitmen Publishing Limited, 1976.

[3]　张乃孝. 算法与数据结构:C语言描述. 2版. 北京:高等教育出版社,2006.

[4]　李建中. 数据结构(C语言版). 北京:机械工业出版社,2006.

[5]　殷人昆. 数据结构(用面向对象方法与C++语言描述). 2版. 北京:清华大学出版社,2007.

[6]　殷新春,等. 数据结构学习与解题指南. 武汉:华中科技大学出版社,2000.

[7]　王聪华. 数据结构(C语言版). 北京:中国电力出版社,2010.

附录 上机实验

数据结构是一门实践性较强的软件基础课程,为了学好这门课程,每个学生必须完成一定数量的上机作业。通常,实验中的问题比平时的习题复杂得多,也更接近实际。实验着眼于原理与应用的结合,使读者学会如何把书上学到的知识用于解决实际问题,培养软件工作者的动手能力。

本章分为基础实验和综合实验两部分,基础实验主要是本书中各个数据结构及其相关算法的实现,一般不涉及实际问题;综合实验又称为课程设计,需要学生综合运用所学知识解决与实际应用紧密结合的、规模较大的问题,通过分析、设计、编码和调试等各环节的训练,使学生深刻理解、牢固掌握、综合运用数据结构和算法设计技术,增强分析问题、解决问题的能力,培养项目管理与团队合作精神。

第 1 部分 基础实验

实验步骤

(1)从相应单元中选出一个实验题目。

(2)简要描述题目要求,明确程序功能,选定数据结构,按照以数据结构为中心的原则划分模块,即定义数据结构及其上的操作,使得对数据结构的存取仅通过这些操作实现。在这个过程中,要综合考虑系统功能。写出每个过程和函数的算法头和规格说明,列出过程或函数之间的调用关系便完成了系统结构设计。

(3)半形式的算法设计对函数规格说明进一步求精:用 if、while 和赋值语句加上自然语言写出算法框架,不要陷入细节,这时不必确定很多局部数据结构和变量。

(4)编码:对半形式的算法一步求精,用某种高级语言表达出来,并进行反复检查(此阶段的检查为静态检查),使程序中逻辑错误和语法错误尽可能地减少。检查可采用如下两种方法:①用一组测试数据手工执行程序;②通过阅读或给别人讲解自己的程序而深入全面地理解程序逻辑,在这个过程中再加入一些注释和断言。

(5)调试程序:调试最好分块进行,自底向上,即先调试底层函数。调试中遇到异常现象,要尽快确定可疑点,不应坐着想。调试正确后,打印出一份清单及运行示例的结果。

(6)写出实验报告书,报告内容如下。

① 需求和规格说明:描述问题、简述题目要解决的问题是什么,规定软件做什么,原题条件不足的补全。

② 设计。

- 设计思想:存储结构、主要算法基本思想。
- 设计表示:每个函数或过程的头和规格说明;列出每个函数所调用和被调用的函数,也可通过调用关系图表达。

- 实现注释:各项功能的实现程度,在完成基本要求的基础上还实现了什么功能。
- 详细设计表示:主要算法的框架。

③ 写出使用说明。

④ 调试报告:调试过程中遇到的主要问题是如何解决的;对设计和编码的回顾讨论和分析;时空分析;改进设想;经验和体会等。

⑤ 原程序清单和结果:源程序要加详细注释。若题目规定了测试数据,则结果要包含这些测试数据和运行输出,也可以含其他的测试数据及运行结果。

实验内容

本书安排了八个实验单元,每个实验单元中安排了难度不等的几个实验题目,可根据实际情况进行选择。

实验 1　线性结构的顺序表示

实验内容为表达式的计算。

1. 问题描述

输入是形如某单字母变量＝中缀表达式的赋值语句。其中,中缀表达式可以包括整数,单字母变量,二元操作符＋、－、＊、/以及括号()。根据输入,所有单字母变量都能够求得数值解,试设计一个算法,要求:

(1) 将等式右边的中缀表达式转换成后缀表达式并求值,然后以下面的形式打印输出。

　　　　　　　　单字母变量　　　后缀表达式　　　值

(2) 在(1)的基础上,对用户提出的中缀表达式求值,若变量在内存表格中,则算法返回表达式的值(若非整数,则四舍五入取整);若变量不在表中,则返回一个错误信息。

2. 举例
输入:

A＝8＊D

B＝3

C＝(A－10)＊(B＋D/2)

D＝6

(1) 求得的表长为

A	8D＊	48
B	3	3
C	A10－BD2/＋＊	228
D	6	6

(2) 用户输入　算法返回

D	6
B	3
B＋C/A	8
C＋D－A	186
A＋D＋E	error

3. 说明

数据结构采用顺序表示的线性表,在中缀表达式转化为后缀形式时,要利用顺序栈。

实验2 链 表

2.1 约瑟夫环

1. 问题描述

约瑟夫(Joseph)问题是:编号为 1,2,…,n 的 n 个人按顺时针方向围坐一圈,每人有一个正整数编号。从某个位置上的人开始报数,数到 m 的人便出列,下一个人(第 $m+1$ 个)又从 1 数起,数到 m 的人便是第 2 个出列的人,依此重复下去,直到最后一个人出列,于是得到一个新的次序,试设计程序求出出列顺序。

2. 输入测试数据

$m=4,n=8$。

每个人编号 1~8。

3. 输出次序

48521376。

4. 说明

(1) 利用单向循环链表存储结构模拟此过程。

(2) 利用顺序结构模拟此过程。

2.2 停车场管理

1. 问题描述

设停车场内只有一个可停放 n 辆汽车的狭长通道,且只有一个大门可供汽车进出。汽车在停车场按车辆到达时的先后顺序,依次由北向南排列(大门在最南端,最先到达的第一辆车停放在车场的最北端),若停车场内已停满 n 辆汽车,则后来的汽车只能在门外的便道上等候,一旦停车场内有车开走,则排在便道上的第一辆车即可开入。当停车场内某辆车要离开时,由于停车场是狭长的通道,在它之后开入车场必须先退出车场为它让路,待该辆车开出大门外后,为它让路的车辆再按原次序进入车场。在这里假设汽车不能从便道上开走。每辆停放在车场的车在它离开停车场时必须按它停留的时间长短缴纳费用。试为停车场编制按上述要求进行管理的模拟程序。要求:根据各结点的信息,调用相应的函数或者语句,将结点入栈入队,出栈或者出队。停车场示意图如附图 1 所示。

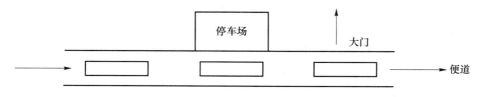

附图 1 停车场示意图

2. 管理算法的思想

(1) 接受命令和车号,当输入数据包括数据项为汽车的"到达"('A'表示)信息、汽车标识

（牌照号）以及到达时刻时，先判断停车场是否满，若不满，则汽车入停车场；否则汽车入便道排队等候，并输出汽车在停车场内或者便道上的停车位置。

（2）接受命令和车号，当输入数据包括数据项为汽车的"离去"（'D'表示）信息、汽车标识（牌照号）以及离去时刻时，将停车场栈上若干辆汽车入临时栈，为该汽车让路，这辆车出停车场栈，临时栈中汽车出栈，入停车场栈，再看便道队列是否为空，若不空则说明有汽车等候，从队头取出汽车信息，让该车进停车场栈，并输出汽车在停车场停留的时间和应缴纳的费用（便道上停留的时间不收费）。

（3）接受命令和车号，当输入数据项为（'P'，0，0）时，应输出停车场的车数；当输入数据项为（'W'，0，0）时，应输出候车场车数；当输入数据项为（'E'，0，0）时，退出程序；若输入数据项不是以上所述，就输出"ERROR!"。

2.3　模拟一个飞机场订票和退票系统

1. 问题描述

假定某民航机场有 m 个航次的班机，每个航次都只到达一个目的地。试为该机场售票处设计一个自动订票和退票系统。要求该系统具有下列功能。

（1）订票：若该航次余票数大于等于乘客订票数，则在该航次的乘客表（按乘客姓氏字母顺序）中，插入订票乘客的信息项，并修改该航次有关数据；否则，给出相应的提示信息。

（2）退票：若该航次当前退票数小于等于乘客原订票数，则在相应的乘客表中找到该乘客项，修改该航次及乘客表中有关数据。当退票使得该乘客的订票数为零时，要从乘客表中撤销该乘客项；否则，给出相应的提示信息。

（3）将某航次的余票数恢复初值——该航次的最大客票数。

2. 说明

（1）输入数据。T 为功能标志，不同的功能要求不同的输入数据。

① $T=0$，设置或恢复余票数初值。

• 输入 a：需要设置或恢复初值的航次。

② $T=1$。

• 输入 a：订票的航次；

• n：乘客姓名；

• c：订票数。

③ $T=2$，退票。

• 输入 a：退票的航次；

• n：乘客姓名；

• c：订票数。

（2）输出数据

① 订票成功时，打印（a，n，订票数）。

订票失败时（订票数＞余票数），打印（a，仅有余票数）。

② 退票成功时，打印（a，n，最终订票数）。

退票失败时（退票数＞原订票数），打印（"乘客未订票"）或者打印（乘客仅有的订票数）。

（3）数据结构

① 系统中用一个航次表（顺序表）反映各航次的余票情况；用乘客表（双链表），按乘客姓

氏字母顺序连接相同航次各乘客信息项。

② 结点结构,航次表结点结构如附图 2 所示。

附图 2　航次表结点结构

- data1:航班班次。
- data2:剩余票数。
- RLink:指向下一航班结点的指针。

乘客表结点结构如附图 3 所示。

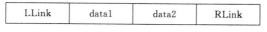

附图 3　乘客表结点结构

- LLink:指向上一乘客结点的指针。
- data1:乘客姓名。
- data2:订票数。
- RLink:指向下一乘客结点的指针。

2.4　两个有序链表的合并

1. 问题描述

输入两个有序序列,建立两个有序链表,然后把两个有序链表合并为一个,合并后链表仍然有序。

2. 说明

输入序列{5,8,12,17,25}和{7,9,14,19,21,28,30},建立两个有序链表,并对两个有序链表进行合并,不再建立新的结点。

实验 3　数组和广义表

3.1　十字链表矩阵相乘

1. 问题描述

已知两个稀疏矩阵 **A** 和 **B**,设计一个算法,求它们的乘积矩阵 **C**,要求用十字链表表示矩阵。

2. 输入数据

(1) 分别输入矩阵 **A** 和 **B** 的行数、列数和非零元素的个数,这些数据都应该是正整数。

(2) 按行、列输入矩阵 **A** 非零元素所在行、列以及该元素的值,值的大小应在系统允许范围内,然后以同样方法输入矩阵 **B** 的有关数据。

(3) 输出数据,以二维数组形式(行×列)输出 **A**、**B** 和 **C** 三个矩阵,仅列出其中的非零元素。

3. 说明

结点结构如附图 4 所示。

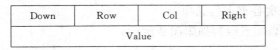

Down	Row	Col	Right
Value			

附图 4　矩阵十字链表表示的结点结构

对于非零元素,其中,

- Down:指向同一列中下一个非零元素,若它是列中最后一个非零元素,则是指向该列的头结点。
- Right:指向同一行中下一个非零元素,若它是行中最后一个非零元素,则是指向该行的头结点。
- Row、Col、Value 分别表示非零元素所在行、列、元素值。

对于行(列)的头结点,

- Row＝Col＝0。
- Down:指向本列第一个非零元素,若无非零元素,则指向自身。
- Right:指向本行第一个非零元素,若无非零元素,则指向自身。
- Value:连接下一个行(列)头结点。

对于矩阵总头结点,

- Row:矩阵行数。
- Col:矩阵列数。
- Value:指向第一个行(列)头结点。
- Down 和 Right 无用。

矩阵所需要的结点数是:

$$\max\{m,\ n\}+1+r$$

其中,m 为行数;n 为列数;r 为非零元素个数。

3.2　构造一个广义表

1. 问题描述

已知一个无共享、非递归广义表的逻辑表达式,要求在计算机中构造该广义表。

2. 举例

已知广义表 $A=(a,(b,c))$,选用如附图 5 所示的结点结构。

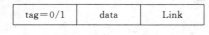

tag＝0/1	data	Link

附图 5　广义表的结点结构

其中,$\mathrm{tag}=\begin{cases}0,\text{表示该结点为原子结点}\\1,\text{表示该结点为子表结点}\end{cases}$。

实验 4　串

4.1　逆转两个指定字符间的子串

1. 问题描述

假设输入串 S,以链结构表示,每个结点的大小固定。要求设计一个算法,逆转串 S 中两个指定字符间的子串。

2. 举例

(1) 输入串 S ="cdabgadefg"要求逆转字符 d 与 g 之间(不包括 d 和 g)的子串。

输出结果 S ="cdbagadfeg"。

(2) 输入串 S ="c ⌐abc ⌐def ⌐g",要求逆转两个 ⌐字符之间的子串。输出结果 S ="c ⌐cba ⌐fed ⌐g"。

3. 说明

(1) 本题主要是进行串的删除和插入操作,可以有多种方法实现。但都与选用的结点结构有关。

(2) 若结点大小为 1,即 data 字段存放一个字符,如附图 6 所示,则算法可以是:①找到存放指定字符的两个结点;②将上述两个结点之间的其他结点逆转,实际是实现一个链表的逆转;重复①和②,直到查完串 S 为止。

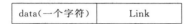

data(一个字符)	Link

附图 6 data 字段存放一个字符的结点结构

4.2 插入一个子串

1. 问题描述

设计一个在串 S 的所有 X 字符后面插入串 T 的算法。若串 S 中无 X 字符,则要求返回串 S 并略去其中的无用字符 ϕ。假定串以链结构表示,每个结点有两个字段:数据字段(data)和连接字段(Link)。数据字段存放 4 个字符,如附图 7 所示。

data1	data2	data3	data4	Link

附图 7 data 字段存放 4 个字符的结点结构

2. 说明

算法基本思想如下。

(1) 在串 S 中寻找字符 X。

① 找不到 X,则返回串 S,并略去其中的无用字符 ϕ;

② 在结点 p 找到 X。

若 X 在 p->data4,则将串 T 插在 p 结点之后;否则,以字符 X 为界,将 p 结点分为 p、q 两个结点。将串 T 插在 p 结点后面。然后对 p 到 q 之间的结点进行紧缩,再将全部存放无用字符 ϕ 的结点删除,归还存储池。

(2) 连续查找串 S 的余下部分,重复(1),直到查完串 S 为止。

实验 5 树

5.1 对二叉树进行遍历

1. 问题描述

建立一棵二叉树,并分别用前序、中序、后序遍历该二叉树。

2. 结点形式

二叉树的结点结构如附图 8 所示。

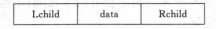

| Lchild | data | Rchild |

附图 8 二叉树的结点结构

3. 说明

(1) 输入数据:1,2,3,0,0,4,5,0,0,6,7,0,0,0,8,9,0,0,10,11,12,0,0,13,0,0,14,0,0,其中"0"表示空子树。

(2) 输出数据:

先序:1,2,3,4,5,6,7,8,9,10,11,12,13,14。

中序:3,2,5,4,7,6,1,9,8,12,11,13,10,14。

后序:3,5,7,6,4,2,9,12,13,11,14,10,8,1。

5.2 二叉树遍历的应用

1. 问题描述

运用二叉树的遍历算法,编写算法分别实现如下问题:

(1) 求出二叉树中的结点总数;

(2) 求出二叉树中的叶子数目;

(3) 求二叉树的深度;

(4) 释放二叉树中的所有结点。

2. 说明

运用 5.1 中所建立的二叉树,求出其结点总数、叶子数目、深度,最后释放所有结点。

5.3 哈夫曼编码

1. 问题描述

利用哈夫曼编码实现文件压缩。

2. 说明

利用哈夫曼树及其哈夫曼编码的原理,实现文件的压缩,根据 ASCII 码文件中各 ACSII 字符出现的频率创建哈夫曼树,再将各个字符对应的哈夫曼编码写入文件中,完成文件的压缩。

实验 6   图

6.1 图的遍历

1. 问题描述

用邻接表建立一个图,并分别按广度优先和深度优先搜索算法遍历图中的每个顶点。

2. 说明

(1) 存储结构采用邻接表结构。

（2）分别用深度优先和广度优先搜索对图进行遍历。

6.2 遍历算法的应用

1. 问题描述

试写一个利用遍历图的方法输出一条无向图 G 中从顶点 V_i 到 V_j 长度为 L 的简单路径的程序。

2. 说明

存储结构采用邻接表结构。

6.3 关键路径

1. 问题描述

已知一个假想工程活动图 AOE 网,试设计一个程序,要求:

（1）判断工程是否可行;

（2）求出工程中每个活动 i 的最早开始时间 $e(i)$、最迟开始时间 $l(i)$ 和全工程可以完成的最早时间;

（3）确定工程关键路径和可以使整个工程的工期缩短的关键活动。

2. 说明

（1）为了求得活动最早的开始时间,用邻接表表示 AOE 网,结点形式参见 7.7 关键路径一节。

（2）为了求得活动的最迟开始时间,再以同样的结点结构构造一个逆邻接表。

（3）为了输出关键活动,在求得关键路径的同时以附图 9 所示的结点形式记下各关键活动。

| Count | Vex1 | Vex2 |

附图 9 关键活动的结点形式

其中,Count 为记下经过该关键活动的关键路径数;Vex1 为记下活动所对应的起始事件（顶点）;Vex2 为记下活动所对应的终止事件。

实验 7 二叉排序树

7.1 二叉排序树的建立

1. 问题描述

掌握二叉排序树的建立算法,根据所给查找表建立二叉排序树。

2. 说明

建立序列为{45,24,53,45,12,24,96}的二叉排序树,给出运行结果,能够运用调试功能展示所建立的二叉排序树。

7.2　二叉排序树的删除

1. 问题描述

掌握二叉排序树的删除算法，在二叉排序树中删除一个元素后，仍为二叉排序树。

2. 说明

运用 7.1 中所建立的二叉排序树，删除某一元素后，运用调试功能展示二叉排序树。

7.3　哈希表的设计

1. 问题描述

设计哈希表实现电话号码查询系统。要求实现以下功能：

（1）哈希表中每个记录有下列数据项：电话号码、用户名、地址；

（2）从键盘输入各记录，以电话号码为关键字建立哈希表（至少要有 12 个以上的记录，哈希表的长度为 8）；

（3）采用链地址法解决冲突；

（4）显示建立好的哈希表，并在哈希表上查找、删除和插入给定关键字值的记录。

2. 说明

（1）采用除留余数法进行哈希表的散列，即以电话号码作为主关键字，将电话号码的 11 位相加，按照模 7 取余；

（2）解决冲突用链地址法。

3. 实验数据

（1）姓名：张三 电话号码：＊＊＊＊＊＊＊＊＊＊＊ 地址：保定

（2）姓名：李四 电话号码：＊＊＊＊＊＊＊＊＊＊＊ 地址：石家庄

实验 8　排　　序

实验内容为招工考试成绩处理。

1. 问题描述

假设某公司招工 n 名，报考者的政审、体检均已通过，现在要根据报考者的考试成绩择优录取。考试课程有政治、语文、数学、物理和化学五门。考试成绩分为四类：第一类为五门成绩都及格；第二类为一门成绩不及格；第三类为两门成绩不及格；其余为第四类。录取方法是按类次并在每一类中按总分从高到低录取。试设计一个成绩处理程序，要求打印输出 n 份录取通知书，列出录取者五门课程的成绩及总分（假设第 n 名与第 $n+1$ 名一定不会同类且总分相等）。

2. 说明

（1）输入数据：输入每个考生的姓名及各门课程的考试成绩。

（2）输出数据：按照择优录取的次序打印出 n 份录取通知书（如附图 10 所示）。

```
                    ADMISSION NOTICE
                    ××××××(姓名)
                   You have been admitted
                     Your scores:

        Politics              ××(成绩)
        Chinese               ××
        Mathematics           ××
        Physics               ××
        Chemistry             ××
        Total                 ××

                              ×××COMPANY
```

附图 10 录取通知书示意图

（3）每个考生建立一个记录,格式如附图 11 所示。

姓名	政治	语文	数学	物理	化学	总分	类别

附图 11 为每个考生建立的记录的格式

第 2 部分 综合实验

综合实验又称为课程设计,需要学生综合运用所学知识解决与实际应用紧密结合的、规模较大的问题,通过分析、设计、编码和调试等各环节的训练,使学生深刻理解、牢固掌握、综合运用数据结构和算法设计技术,增强分析问题、解决问题的能力,培养项目管理与团队合作精神。

整体要求:①该系统用控制台程序实现即可;②系统应有较好的人机交互功能,易于操作,若具有可视化界面更佳;③代码整齐,关键代码应有注释,编码风格良好;④编程语言不限。

本课程实验采用下面的步骤来完成,将软件开发过程分为需求分析、系统设计、编码实现、系统测试 4 个阶段。

（1）需求分析阶段:首先要充分分析和理解问题,明确要求做什么,限制条件是什么,即要确定需要实现哪些功能(任务),并对所需完成的任务做出明确的回答,还应该为调试程序准备好测试数据,包括合法的输入数据与非法的输入数据。同时,实验小组应该对设计工作进行分工,并形成小组成员通过的书面记录。

（2）系统设计阶段:设计通常分为概要设计与详细设计两步。在进行概要设计时,要确定数据的逻辑结构,并要求按照自顶向下逐步求精的原则划分模块,画出模块间的调用关系图。在进行详细设计时,要求定义数据的存储类型,并画出各模块(函数)的程序流程图或写出伪代码。

（3）编码实现阶段:在详细设计的基础上,用特定的程序设计语言编写程序。良好的程序设计风格可以保证较快地完成程序测试。程序的每行不要太长,每个函数不要太大,当一个函数太大时,可以考虑将其分解为较小的函数。对函数功能、核心语句、重要的类型和变量等应给出注释。一定要按凹入格式书写程序,分清每条语句的凹入层次,上下对齐层次的括号,以便发现语法错误。

（4）测试阶段:采用测试数据进行测试,列出实际的输入、输出结果和预期结果。

最后认真整理源程序及注释,提交带有完整注释且格式良好的源程序,并撰写课程设计报告。课程设计报告中除了上面提到的分析、设计过程外,还需要给出下面几方面的内容:①调试分析,即调试过程中主要遇到哪些问题? 如何解决的? ②算法分析,即核心算法的时间复杂度与空间复杂度分析。③改进设想、经验和体会。

实验 1　扑克牌小游戏设计与实现

1. 问题描述

计算机中有关扑克牌的一些小游戏基本上都要进行扑克牌的自动发牌和按照花色或游戏需要进行牌序整理。本实验就是完成扑克牌的自动发放和整理工作。

2. 说明

功能要求:选择自己熟悉的某种扑克牌游戏,实现根据游戏规则进行自动发牌,并且进行整理(按照花色或是大小)。

要求设计合理的数据结构,完成上述功能,并给出选择该数据结构的理由。

实验 2　单位员工通讯录管理系统

1. 问题描述

为某个单位建立一个员工通讯录管理系统,利用该系统可以方便地查询每一个员工的办公电话、手机号码及电子邮箱。其功能包括通讯录链表的建立,员工通讯录信息的查询、修改、插入与删除,以及整个通讯录表的输出。

2. 说明

可以采用单链表的存储结构,如定义如下的存储结构:

```
typedefstruct {    /*员工通讯录信息的结构类型定义*/
    charnum[5];              /*员工编号*/
    char name[10];           /*员工姓名*/
    char phone[15];          /*办公室电话号码*/
    char call[11];           /*手机号码*/
}DataType;
/*通讯录单链表的结点类型*/
typedef struct node
{
  DataType data;             /*结点的数据域*/
    struct node * next;      /*结点的指针域*/
}ListNode, * LinkList;
```

实验 3　基于哈夫曼编码的通信系统

1. 问题描述

利用哈夫曼编码进行通信,可以压缩通信的数据量,提高传输效率,缩短信息的传输时间,还有一定的保密性。现在要求编写一程序模拟传输过程,实现在发送前将要发送的字符信息进行编码,然后进行发送,接收后将传来的数据进行译码,即将信息还原成发送前的字符信息。

2. 说明

在本例中设置发送者和接收者两个功能。

发送者的功能包括:

① 输入待传送的字符信息;

② 统计字符信息中出现的字符种类数和各字符出现的次数(频率);

③ 根据字符的种类数和各自出现的次数建立哈夫曼树;

④ 利用以上哈夫曼树求出各字符的哈夫曼编码;

⑤ 将字符信息转换成对应的编码信息进行传送。

接收者的功能包括:

① 接收发送者传送来的编码信息;

② 利用上述哈夫曼树对编码信息进行翻译,即将编码信息还原成发送前的字符信息。

从以上分析可以发现,在本例中的主要算法有三个:

① 哈夫曼树的建立;

② 哈夫曼编码的生成;

③ 对编码信息的翻译。

实验 4　迷宫求解问题

1. 问题描述

以一个 $m \times n$ 的长方阵表示迷宫,0 和 1 分别表示迷宫中的通路和障碍。设计一个程序,对任意设定的迷宫,求出一条从入口到出口的通路,或得出没有通路的结论。

2. 说明

(1) 根据问题设计数据结构对迷宫进行表示,然后编写一个求解迷宫的非递归程序。求得的通路以三元组 (i, j, d) 的形式输出。其中,(i, j) 指示迷宫中的一个坐标,d 表示走到下一坐标的方向(1:右;2:下;3:左;4:上)。例如,对于下列数据的迷宫,输出一条通路为:$(1,1,1)$,$(1,2,2)$,$(2,2,2)$,$(3,2,3)$,$(3,1,2)$,…。

(2) 编写递归形式的算法,求得迷宫中所有可能的通路。

(3) 以方阵形式输出迷宫及其通路。

3. 测试数据

迷宫的测试数据如下:左上角(0,1)为入口,右下角(8,9)为出口,如附图 12 所示。

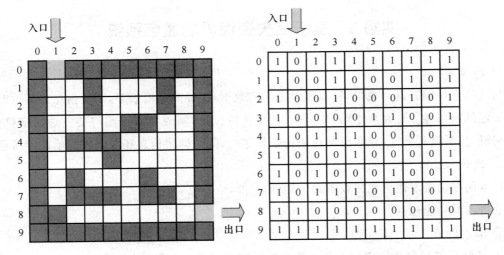

附图 12　迷宫

实验 5　校园导游程序

1. 问题描述

用无向网表示你所在学校的校园景点平面图,图中顶点表示主要景点,存放景点的编号、名称、简介等信息,图中的边表示景点间的道路,存放路径长度等信息。要求能够回答有关景点介绍、游览路径等问题。

2. 说明

(1) 查询各景点的相关信息。

(2) 查询图中任意两个景点间的最短路径。

(3) 查询图中任意两个景点间的所有路径。

(4) 增加、删除、更新有关景点和道路的信息。

实验 6　通讯录查询系统

1. 问题描述

设计散列表实现通讯录查询系统。

(1) 设每个记录有下列数据项:电话号码、用户名、地址;

(2) 从键盘或文件中输入各记录,分别以电话号码为关键字建立散列表;

(3) 采用二次探测再散列法解决冲突;

(4) 查找并显示给定电话号码的记录;

(5) 通讯录信息文件保存;

(6) 要求人机界面友好,使用图形化界面。

2. 说明

- 主函数:根据选单的选项调用各函数,并完成相应的功能。
- Menu()的功能:显示英文提示选单。

- Quit()的功能：退出选单。
- Create()的功能：创建新的通讯录。
- Append()的功能：在通讯录的末尾写入新的信息，并返回选单。
- Find()：查询某人的信息，如果找到了，则显示该人的信息；如果没有，则提示通讯录中没有此人的信息，并返回选单。
- Alter()的功能：修改某人的信息，如果未找到要修改的人，则提示通讯录中没有此人的信息，并返回选单。
- Delete()的功能：删除某人的信息，如果未找到要删除的人，则提示通讯录中没有此人的信息，并返回选单。
- List()的功能：显示通讯录中的所有记录。
- Save()的功能：保存通讯录中的所有记录到指定文件中。
- Load()的功能：从指定文件中读取通讯录中的记录。

实验 7　药店的药品销售统计系统

1. 问题描述

设计一系统，实现医药公司定期对销售各药品的记录进行统计，可按药品的编号、单价、销售量或销售额进行排名。

2. 说明

在本设计中，首先从数据文件中读出各药品的信息记录，存储在顺序表中。各药品的信息包括：药品编号、药名、药品单价、销出数量、销售额。药品编号共 4 位，采用字母和数字混合编号，如 A125，前一位为大写字母，后三位为数字。按药品编号进行排序时，可采用基数排序法。对各药品的单价、销售量或销售额进行排序时，可采用多种排序方法，如直接插入排序、冒泡排序、快速排序、直接选择排序等。在本设计中，对单价的排序采用冒泡排序法，对销售量的排序采用快速排序法，对销售额的排序采用堆排序法。

药品信息的元素类型定义：

```
typedef struct node{
    char num[4];                /*药品编号*/
    char name[10];              /*药品名称*/
    float price;                /*药品单价*/
    int count;                  /*销售数量*/
    float sale;                 /*本药品销售额*/
}DataType;
```

存储药品信息的顺序表的定义：

```
typedef struct{
    DataType r[MaxSize];
    int length;
}SequenList;
```

实验 8　图书管理系统

1. 问题描述

建立一个图书管理系统，所有图书信息需保存在外部文件中。要求能够实现基本的图书信息数据检索、插入、删除、更新和排序等功能。要求系统具有良好的交互界面，图书检索功能可以提供多种方式检索：书名检索、作者名检索、出版社检索以及组合检索，如作者名＋出版社。图书信息包括：书号、作者、书名、出版社、出版时间、库存数量、已借出数量等，可以按照书号顺序查看所有图书。学生可查看自己的借阅情况，每个学生限制借阅 5 本图书，学生可通过选择具体的图书实现还书功能。

2. 说明

（1）每种书的登记内容至少包括书号、书名、作者、出版社、库存数量和总库存数量六项。

（2）由于图书管理的基本业务活动都是通过书号（即关键字）进行的，所以要用对书号索引，以获得高效率。

（3）系统应实现的基本功能如下。

- 采编入库：新购入一种书，经分类和确定书号之后登记到图书账目中去。如果这种书在账中已有，则只将总库存量增加。
- 清除库存：某种书已无保留价值，将它从图书账目中注销。
- 借阅：如果一种书的现存量大于零，则借出一本，登记借阅者的图书证号和归还期限。
- 归还：注销对借阅者的登记，改变该书的现存量。
- 查询系统中某种图书以及某类图书的情况。

实验 9　连连看游戏设计与实现

1. 问题描述

连连看游戏是一款很流行的益智小游戏，这款游戏的规则很简单，只要将两个同样的牌用三根以内的直线连在一起就能消除。

2. 说明

具体功能要求如下。

（1）进入游戏，能够根据基本设置，比如游戏时间和棋局大小等自动生成棋局。

（2）完成牌的消除算法。

（3）能够判断棋局进入死局，且能够重置。

（4）游戏胜利后可以根据所得分数进入系统排名。

界面要求：有合理的提示，每个功能可以设立菜单，根据提示，可以完成相关的功能要求。

存储结构：根据系统功能要求自己设计，选择合理的数据结构。

实验 10　银行大厅业务模拟

1. 问题描述

假设某银行有 4 个窗口对外接待客户，从早晨银行开门（开门 9:00 am，关门 5:00 pm）起不断有客户进入银行。由于每个窗口在某个时刻只能接待一个客户,因此在客户人数众多时需要在每个窗口前顺次排队,对于刚进入银行的客户(建议:客户进入时间使用随机函数产生),如果某个窗口的业务员正空闲,则可上前办理业务;若 4 个窗口均有客户,他排在人数最少的队伍后面。

2. 说明

(1)编制一个程序以模拟银行的这种业务活动,并计算一天中客户在银行逗留的平均时间。

(2)建议有如下设置:

① 客户到达时间随机产生,一天客户的人数设定为 100 人。

② 银行业务员处理时间随机产生,平均处理时间 10 分钟。

(3)将一天的数据(包括业务员和客户)以文件方式输出。

实验 11　学生成绩综合管理系统

1. 问题描述

学生成绩管理是各个学校里常用的管理信息系统,该系统的数据管理一般通过各种数据库来完成。在此系统中,要求设计合理有效的数据结构来表示数据,并设计有效算法来解决下面的问题。

该系统主要是针对某班级学生及其成绩信息进行管理,系统总体功能包括学生管理、学生查找、成绩管理三大模块。在学生管理模块中,包含增加学生、修改学生信息、删除学生、单个查询(按照学号、姓名查询)这四个功能;在学生查找模块中,包含查看全体、按年级查找、按班级查找、按专业查找四个功能;在成绩管理模块中,包含成绩录入、单科排名、总分排名和挂科学生四个功能。

2. 说明

数据信息可以根据数据结构的设计情况存储到文件中,以便程序读取进行数据的初始化。根据系统的主要功能,设计高效的管理信息系统,是该问题的难点。应该利用所学,综合比较各种数据结构,结合算法,对学生及其成绩进行有效的管理。